W0211241

Constantin Uhde

# Der
# Holzbau

REPRINT – VERLAG
LEIPZIG

Die zum Teil geminderte Druckqualität ist auf den
Erhaltungszustand der Originalvorlage zurückzuführen

© REPRINT-VERLAG-LEIPZIG
Volker Hennig, Goseberg 22–24, 37603 Holzminden
ISBN 3-8262-2100-1

Reprint der Originalausgabe von 1903
nach dem Exemplar der Sächsischen Landesbibliothek-
Staats- und Universitätsbibliothek Dresden
(Signatur: Archit. 627m)

Lektorat: Andreas Bäslack, Leipzig
Einbandgestaltung: Jens Röblitz, Leipzig
Gesamtfertigung: Westermann Druck Zwickau GmbH

# DER HOLZBAU

SEINE KÜNSTLERISCHE UND GESCHICHTLICH-GEOGRAPHISCHE ENTWICKELUNG, SOWIE SEIN EINFLUSS AUF DIE STEINARCHITEKTUR

VON

CONSTANTIN UHDE.

VERLEGT BEI ERNST WASMUTH,
BERLIN W., MARKGRAFENSTRASSE 35.
1903.

# Inhalts-Verzeichnis.

Es könnte auffällig erscheinen, dass dieser Band, der über Holzbaukunst handelt, mit den Betrachtungen über ein vorhistorisches Steindenkmal beginnt und mit undatierbaren Steindenkmälern Amerikas schliesst.

Dem Leser wird der Zweck dieser Anordnung aber klar werden, wenn er sich vergegenwärtigt, dass die ganze Besprechung des Holzbaues nicht allein auf eine Beschreibung der jetzt noch vorhandenen Holzbauten hinausläuft, sondern sehr wesentlich den Zusammenhang mit der Textilkunst und dem Steinbau früherer Zeiten im Auge hat. Da alle diese Materialien stil- und formbildend in Wechselbeziehung zu einander stehen, so ist die einseitige Behandlung nur eines Materials ganz unmöglich. Auch gewinnt für den denkenden Architekten die Forschung nach der Entstehung und Entwickelung der Formen in verschiedenem Material ein grösseres Interesse, wie wenn ihm nur die fertigen Thatsachen, sozusagen als Dogma, vorgetragen werden.

Die bei der Bearbeitung des Bandes benutzten Werke sind am Schlusse des Textes und unter den Abbildungen namhaft gemacht. Auch will ich hiermit Herrn Dr. Carl Steinacker meinen besten Dank sagen für Beihilfe bei Redaktion des Textes.

CONSTANTIN UHDE.

DAS RECHT DER UEBERSETZUNG IN FREMDE SPRACHEN BLEIBT VORBEHALTEN.

# Allgemeines.

Die künstlerische Gliederung eines Gebäudes ist notwendig bedingt durch das Konstruktionsmaterial, in welchem der Bau ausgeführt ist — mag nun dieses Material ein echtes oder ein nur scheinbares, vorgestelltes sein. Der Eindruck ist immer der eines bestimmten Stoffes, dem allein die ästhetische Form entspricht.

Zwei Stoffe giebt es, die sich zur Konstruktion eines Hauses eignen, Holz und Stein. Das seit einigen Jahrzehnten hinzugetretene Eisen ist noch zu jung und daher zu wenig formbildend gewesen, um für die folgende historische Uebersicht in Betracht zu kommen.

Die Entwickelung der künstlerischen Form ist im wesentlichen stets in Verbindung mit den Gotteshäusern vor sich gegangen — natürlicherweise. Denn das Gotteshaus stand immer im Mittelpunkt der geistigen Interessen des Menschen. Mit seiner Errichtung war die Aufgabe verbunden, einem idealen Zwecke einen idealen, aber doch sinnlich greifbaren Ausdruck zu geben. Hier suchte der Mensch zuerst seine ästhetischen Empfindungen im Dienste einer Idee zum Ausdruck zu bringen. Die nötigende Veranlassung zu besonderem Schmuck fehlte beim Nutzbau, welcher einem praktischen materiellen Lebensbedürfnis entsprechen soll. Anders war es beim Tempel, der Kirche. Ihr Dasein verdanken diese Bauten einer religiösen Empfindung, welche einen äusseren, plastischen Ausdruck verlangt. Dieser wurde dargestellt durch die architektonische Form, welche das heilige Gebäude, seiner Bedeutung entsprechend, feierlich aus der Masse der übrigen profanen Bauten heraushob.

In minderem Grade kam diese Auszeichnung den bedeutenderen Profanbauten zu gute, indessen blieb die Initiative zur Formbildung im wesentlichen auf den Tempel, die Kirche beschränkt. Im Laufe der geschichtlichen Entwickelung beanspruchten freilich auch andere Baulichkeiten besonderen Schmuck, z. B. in älteren Zeiten die Paläste asiatischer Herrscher, in Rom die Staatsgebäude, in der Renaissance die Häuser der wohlhabenden Bürger. Doch bleiben alle diese Bauten in bestimmter Abhängigkeit von den bereits früher entstandenen Formen religiöser Gebäude, sie bedingen daher nicht annähernd eine so selbständige Entwickelung wie jene.

Der Stoff, in welchem recht eigentlich diese Bildung ästhetischer Architekturformen vor sich ging, war der Stein. Denn man suchte die Bedeutung des religiösen Zwecken dienenden Bauwerkes (auch Grabmäler sind hierher zu rechnen) durch ein besonders dauerhaftes Material zu erhöhen.

Vom Zelt ist man zu dem mit Steinen ausgefüllten Ständerwerk und weiter zum ausschliesslichen Steinbau fortgeschritten, wodurch sich erklärt, dass der Steinbau zuerst seine Formen vom Holzbau übernahm. Später wurden die durch Jahrhunderte ausgebildeten Zierformen der Steinbauten auf den Schmuck der gleichzeitig errichteten Holzbauten von formbildendem Einfluss. Die Formen des Steinbaues wirkten sogar formverändernd zurück auf Stoffe und deren konstruktiven Ausdruck, denen sie selbst vielfach erst ihren Ursprung verdankten.

Der Stein hat dann bis in die Gegenwart seine fast ausschliessliche formbestimmende Herrschaft behauptet. So hat man z. B. zu der Zeit, wo der Fachwerkbau Norddeutschlands unter dem Einfluss des Steinbaues stand, vielfach Steinformen in Holz ausgeführt.

Freilich ging das Holzhaus nicht an allen Orten dem steinernen voran. Die künstlerische Steinform ist also nicht unter allen Umständen auf vorhergegangene Holzbauten zurückzuführen. Doch sind wir gerade bei den Bauten der klassischen Völker, die für das Abendland allein mustergiltig sind, vielfach in der Lage, die Steinformen aus Holzkonstruktionen abzuleiten. Der Holzbau kann allerdings nicht immer als Zwischenglied zwischen dem Steinbau und den vorangegangenen ganz primitiven Hüttenanlagen vorausgesetzt werden. Häufig genug finden wir z. B. Steinarchitekturen, die unmittelbar vom Zelte ihren Schmuck übernommen haben. Man wird daher sagen dürfen, dass Holz- und Steinbauten ziemlich gleichzeitig primitivere Bildungen des Obdaches ablösten, je nachdem in den betreffenden Ländern das Steinmaterial oder das Holz leichter zu beschaffen war. So mag in dem einen Lande das Holz ursprünglich reichlicher und ausschliesslicher verwandt sein, in dem anderen dagegen der Stein, bis endlich letzterer infolge seiner Dauerhaftigkeit überall den Vorrang bekam.

Die Unzuträglichkeiten des Holzes bestanden hauptsächlich in seiner geringen Widerstandsfähigkeit gegen Brand und Fäulnis. Der letzteren suchte man freilich frühzeitig dadurch zu begegnen, dass man die Holzverbindungen durch einen steinernen Sockel und ein gut konstruiertes Dach vor den Witterungseinflüssen schützte. Gegen den Brand gab es überhaupt keinen Schutz.

Wir lesen von den häufigen und für die Alten so grausigen Bränden antiker Städte, wir finden noch jetzt ihre hohen Brandschichten wieder. Gewaltsame Zerstörungen eroberter Städte durch Brand kamen meist ihrer Vernichtung gleich. Das hören wir von Troja, von Persepolis, durch Alexander verbrannt, von Karthago, vom Brande Roms unter Nero u.s.w. Der begonnene Wiederaufbau glich stets einem Neubau; das lässt sich besonders an den damals verbrannten Stadtteilen Roms feststellen und wird durch die Schriftsteller bestätigt.

Wir sind deshalb zu der Annahme gezwungen, dass jene alten Städte und besonders die griechisch-römischen, die uns am meisten interessieren, das Holz in ausgiebigstem Masse verwendet haben, selbst bei öffentlichen Gebäuden, ja die Tempel nicht ausgeschlossen.

Welche Teile der Bauwerke waren wohl aus Holz?

Das Dach und die Decke zunächst — was schon aus struktiven Gründen geboten war. Die Dachstühle der altchristlichen Basiliken haben die Ueberlieferungen antiker Tempeldächer bewahrt.

Der Brand des Artemistempels zu Ephesus beweist die reiche Verwendung von Holzmaterial. Die Ausgrabungen in Sizilien und Griechenland liefern ebenfalls zahlreiche Beweise von der Verwendung des Holzes bei Tempelbauten, die um so mannigfaltiger war, je älteren Charakter die Gebäude zeigten. Naturgemäss sind am frühzeitigsten die Mauern und dann die Einzelstützen in Stein errichtet, während das Gebälk, wie schon der Name sagt und alle sonstigen Konstruktionen, die auf Mauer und Säulen ruhten, aus Holz bestanden. Ein noch früherer, durch Funde nicht mehr unmittelbar nachweisbarer Zustand war der, als man auch Wände und Stützen aus Holz konstruierte. Die ältesten Säulen des Heraion zu Olympia lassen sich als solche noch bestimmen. Die entsprechende Entwickelung aus anderem Material — es braucht nicht immer Holz zu sein — haben ebenfalls die Bauten anderer Kunstepochen gehabt. In Aegypten z. B. lässt sich die Umbildung nicht aus dem Holzbau, sondern aus dem Zelt ableiten und diese Form ist vielfach vorbildlich für Griechenland geworden. Die mannigfachen Formbildungen solcher Zeiten, in denen man von einem Baumaterial zu einem anderen überging, bieten keine typischen Formbeispiele. Wir finden solche vielmehr ausschliesslich bei den in der Folge historisch zu besprechenden, materialcharakteristisch ausgeführten Bauten. Eine selbständige Formbildung konnte in den Uebergangsepochen nicht eintreten, welche den schwankenden Zwischenzustand zwischen zwei in ihrem Wesen verschiedenen Baustoffen mit scharf von einander abweichenden Kunstformen bezeichnen.

Diesen Zwischenzustand charakterisiert recht eigentlich das Surrogat, ein Material, welches Negation und Imitation zugleich bedeutet.

Durch das Surrogat wird Täuschung beabsichtigt, es wird ein wirklich struktiv thätiges Material versteckt, ein anderes, nicht wirklich vorhandenes Material scheinbar hergestellt.

Machen wir uns in diesem Sinne die Entwickelung der steinernen Säule klar.

Zuerst sehen wir einen hölzernen Ständer, der mit seinem Nachbar durch einen auf ihnen ruhenden Holm vereinigt ist und das über ihm liegende Stück des Daches trägt. Die Zwischenräume zwischen den Ständern wurden ausgefüllt — zunächst durch Teppiche und Flechtwerk, dann durch Holzwerk und Mörtel, dann durch Stein. Noch immer war der Ständer der struktiv allein thätige Teil der Mauer und während man bald von der Fachwerkwand zur massiven Steinmauer vorgeschritten ist, blieb die Holzstütze mit dem von ihr getragenen Dach im alten Material. Denn bei der Säule war die Umbildung in Stein nicht ohne grosse struktive Veränderung, beim Dache überhaupt nicht möglich. Der erste Schritt zur Umbildung der Holzstütze in eine steinerne Säule konnte nur durch eine Umkleidung des Vorhandenen vor sich gehen. Man legte z. B. bei der ägyptischen Kelchsäule um den hölzernen, allein tragenden Kern einen Mantel, der struktiv nicht mit thätig war und nur die Säule dem Material und den Abmessungen der danebenliegenden Mauer gleichmachen sollte. Diese Säule war also kein Surrogatgebilde, sondern eine ehrliche, deutliche Inkrustation.

Eine andere scheinbare Verwendung des Holzes als Stein bestand darin, dass durch einen Kreis von tragenden dünnen Hölzern ein Hohlkörper gebildet wurde, der dann aussen mit Mörtel überzogen und wie eine Wand dekoriert wurde (ägyptische Bündelsäule). Hier ist in der That bereits eine Täuschung eingetreten, da das Material eines steinernen Kernes vermutet werden soll. Die weitgehendste Täuschung bestand endlich darin, dass man den tragenden Holzkern der Säule wieder mit einem polygonen Bretterkasten umgab, diesen dünn mit Stuck überzog und direkt steinfarbig bemalte.

Das Gebälk konnte nicht in gleicher Weise behandelt werden, da jenen naiven und mit äusserst sicherem Takte empfindenden Naturvölkern eine täuschende rechteckige Umkleidung der weitgespannten Rundhölzer nicht statthaft erschienen wäre. Sie würden die wirkliche Möglichkeit ihrer scheinbaren Surrogatbildungen immer vorausgesetzt haben, im Gegensatz zu späteren, das Surrogat willkürlich behandelnden Zeiten.

Ein weiterer Schritt war es, die scheinbare Steinsäule zu einer wirklichen umzuwandeln, d. h. die Stütze aus dem Uebergangszustande des Surrogats in das neue Material mit charakteristischen Formen hinüberzuführen.

Erst die wirklich ausgeführte Steinsäule erlaubte die Umgestaltung auch des Gebälkes in Stein. In rohester Form zeigt uns der Steinring von Stonehenge in England die Bildung der ersten steinernen Architrave, bei denen die Vereinigung von Stütze und

Balken noch ganz der Zapfenverbindung der Holzkonstruktion gleicht. Da der Stein jedoch nicht die Zähigkeit der Holzbalken besitzt, mussten die Säulen näher aneinander gerückt werden. Auch mussten die Steinarchitrave bei gleicher Länge viel höher als die Holzbalken gefertigt werden, um nicht zu brechen.

Da es sich beim Stein- und Holzgebälk von vornherein um konstruktive Gegensätze handelte, die durch keine Scheinbildung verdeckt werden konnten, war jener schwebende Zwischenzustand zwischen Holz und Stein wie bei der Säule nicht möglich. Die Konstruktion verlangte ein scharfes Entweder — Oder. Als man sich für den Stein entschieden hatte, trat sogleich das Material voll und ganz an seine Stelle und die Umwandlung der voraufgegangenen Holzformen in die des Steins konnte ohne weiteres beginnen.

Anders gestaltete sich die Entwickelung in Griechenland. Der Unterschied gegen die bereits früher vom Holze zum Stein übergegangenen Länder liegt darin, dass Griechenland nach Vorbildern eben dieser Länder (Aegypten, Asien) arbeiten konnte, die jene nicht besassen. Daher konnte in Griechenland das Gebälk durch ein Surrogat hergestellt werden.

Hier zeigt sich der Begriff des Surrogats in besonderer Schärfe. Er ist nur anwendbar, wo es sich um Nachahmung eines Stoffes durch einen anderen handelt, in der Architektur also bei der Nachahmung eines Baumaterials durch ein anderes. Ein Surrogat bezweckt nicht die täuschende Nachahmung der Natur, diese ist in Stein oder Holz überhaupt nicht möglich, nein, die dargestellte Blume, die Feder ist nur das Mittel, um eine künstlerische Belebung des Gebäudes zu erreichen.

Das Surrogat benutzt in der Architektur die bereits ästhetisch umgebildeten Naturformen, nicht diese unmittelbar. Dabei wird die Form in möglichster Treue wiedergegeben mit Verleugnung des andersartigen Stoffes, in welchem sie nachgeahmt werden soll. Aber jede Kunstform ist für einen bestimmten Stoff ausgebildet und nur in Verbindung mit demselben genetisch denkbar. Das Surrogat bezweckt, eine Kunstform darzustellen, auch wenn der zugehörige Stoff nicht vorhanden ist.

In Griechenland ist vor dem Steinbau ein konstruktiv entwickelter Holzbau vorauszusetzen, ohne bedeutenden materialcharakteristischen, künstlerischen Schmuck. Das alte Heraion Olympias war ursprünglich ein völliger Holzbau mit allen wesentlichen Schmuckformen des späteren Steinbaues. Ein grosser Teil dieser Formen ist jedoch nicht, wie man bisher glaubte, auf den Holzbau zurückzuführen, sondern auf das Vorbild des ägyptischen Steinbaues, wie wir in der Folge begründen werden. Viele Formen dieses Holzbaues sind also eine absichtliche Nachahmung eines vorbildlichen Steinbaues, und demnach ein Surrogat.

Doch begnügte sich der feinfühlige Grieche nicht mit dem Surrogat allein. Rasch und sicher hatte seine Steintechnik die Formen seiner Vorbilder erreicht, ja sie übertroffen. Das echte Material fand wieder den Ausdruck der dafür geeigneten Form. Kein Bau der Blütezeit der griechischen Kunst zeigt mehr einen unausgeglichenen Widerspruch zwischen Stoff und Form.

An den Bauten der späten römisch-hellenistischen Zeit trat wieder eine Bevorzugung des Surrogats aus Sparsamkeit, Bequemlichkeit und Raffinement ein. Dort kann man umgekehrt einen Rückschritt vom ausgebildetsten Steinbau zum Surrogat erkennen; doch nicht aus technischem Unvermögen, sondern hervorgehend aus der römischen Technik des Gussmauerwerks und des Ziegelsteins. Diese bedingten ganz neue Konstruktionen und begünstigten die Anwendung des Surrogats für die scheinbare Darstellung eines Quaderbaues. Auch scheute man sich nicht mehr, unverkennbaren, in Stein unmöglichen Holzkonstruktionen durch das Surrogat das Ansehen von Steinbauten zu geben (Pompeji).

Andererseits wurde in Rom zuerst der Stoff, mit dem das Surrogat ausgeführt wurde, nämlich Mörtel, Cement oder Gips wirklich materialcharakteristisch verwandt, sodass z. B. bei einer römischen Stuckdecke nicht von einer Vortäuschung eines nicht vorhandenen Steinmaterials die Rede sein kann. Der Stuck wurde so deutlich als solcher geformt, dass das Material offen eingestanden war. Freilich konnte das Material des Surrogats immer nur Inkrustation sein, blieb daher in der Architektur stets von sekundärem, dekorativem Wert und konnte nie wirklich zur Konstruktion dienen. Diese dekorative Bedeutung des Surrogats wurde daher in den entarteten Bildungen der Renaissance, im Barok und Rokoko von besonderem Einfluss. Mit seiner Hilfe wurden Scheinarchitekturen geschaffen, besonders im Innern der Gebäude, wo die Wirkung des zerstörenden Wetters nicht so sehr zu befürchten war. Sie gingen weit über das hinaus, was der Stein technisch und struktiv zu leisten imstande war. Diese schrankenlose Ausbeutung des Surrogates hatte eine gesteigerte Benutzung desselben zur Folge in Fällen, wo nicht über das Mass der Leistungsfähigkeit oder Glaubwürdigkeit des Steines hinausgegangen wurde. Man scheute sich nicht, mit dem billigeren Material des Holzes grosse anscheinend steinerne Prunkbauten herzustellen, bei denen der Fachwerkkern der Wände durch bretterne Pilaster, Architrave und Gesimse überkleidet wurde. Aber der Widerspruch zwischen Form und Material solcher Surrogatbauten ist gar zu gross, er rächt sich durch äusserst mangelhafte Haltbarkeit. Denn das Holz eignet sich seiner Natur nach zu Balken, Rahmen- und Riegelwerk, also als deckender, tragender und haltender Körper. Bei Surrogatbauten wird es aber äusserlich als Flächenbekleidung zugelassen, als Inkrustation, als angehängtes Brett, ohne tragende oder lastende Funktion. Die diese Arbeit wirklich verrichtenden hölzernen Kernteile werden dagegen absichtlich versteckt und verhüllt, um den wahren Charakter als Holzbau zu unterdrücken. Bei diesen Verkleidungen tritt die zerstörende Wirkung des Wetters sehr bald ein. Die Ecken, Kanten, und Fugen der hölzernen Steinarchitekturprofile faulen und fallen herab. Fast kein Gebäude dieser Art, von denen es z. B. im Herzogtum Braunschweig zahlreiche gab, hat sich bis heute erhalten, während andere bürgerliche Fachwerkbauten, die weit älter, aber materialcharakteristisch behandelt sind und die ungünstigen Einflüsse des Wetters berücksichtigen, noch heute erhalten sind.

Solche Verwendung des Surrogats findet bis in unsere Zeit statt, wo das Eisen ihr eine erweiterte und vielfach neue Bedeutung gab. Das Eisen trat plötzlich und mit den grössten Ansprüchen als konstruktives Baumaterial zu Holz und Stein hinzu. Seinem Stoff entsprechende Formen können natürlich, wie vorher beim Stein und Holz, nur ganz allmählich entstehen. Daher griff man von vornherein beim Schmuck des Eisenbaues auf die vorhandenen, aber nicht passenden Architekturformen zurück. So wurde der konstruktionbildende Stoff des Eisens zum Surrogat, indem man versuchte, ihm Form und Aussehen des Steinbaues zu geben, oder wenn man Teile des Steinbaues in Eisen nachmachte.

Ein anderer Weg, um der mangelhaften künstlerischen Ausdrucksfähigkeit des Eisens zu begegnen, war der, dass man seine konstruktivthätigen Teile überall hinter einem anderen Material versteckte. Dies geschah z. B. bei modernen Ausstellungsbauten, welche hinter antiken Steinfaçaden aus Eisen und Glas konstruierte Hallen verbergen.

Demnach trat das Surrogat überall notwendig da ein, wo ein Uebergang von einem älteren Baumaterial zu einem jüngeren stattfand, wo ihm deshalb eine berechtigte vermittelnde und fruchtbare Bedeutung zuzuerkennen ist.

Für die Formentwickelung hat das Surrogat niemals eine selbständige Bedeutung gehabt. Deshalb haben wir im folgenden bei der geschichtlichen Betrachtung nur mit den Kunstformen in Verbindung mit echtem Material zu thun. Die Gesichtspunkte der historischen Uebersicht suchen die dem Stoffe charakteristischen Formen zu ergründen und abzuleiten.

Der Steinbau hat eine so hervorragende Bedeutung in der Architektur gewonnen, dass durch die Beziehung zu ihm der Holzbau erst sein höchstes Interesse für uns bekommt. Der Holzbau bietet grösstenteils den Ausgangspunkt für die wichtigere Betrachtung des Steins. Seine selbständige künstlerische Entwickelung geht nach dem Erscheinen des Steinbaues nur dürftig und lückenhaft neben diesem her, wird dagegen oft und in erdrückender Weise von ihm abhängig.

Indem wir uns zunächst der Betrachtung des Holzbaues zuwenden, thun wir es in der Voraussetzung seines höheren Alters. Ueberall greift der Steinbau auf ältere Vorbilder zurück, aus Bauten und Schmuckformen primitiveren Materials seine künstlerischen Formen nehmend. Es ist nicht zweifelhaft, dass in Gegenden, welche Stein und Holz in gleicher Fülle boten, der Mensch zuerst zum Holze griff, um seine Bauten aufzuführen. In den klassischen Ländern war das Holzhaus bereits konstruktiv völlig entwickelt, als der Steinbau erst jung und schüchtern neben ihm aufzutreten begann. Dies wird bewiesen durch die Thatsache, dass die klassische griechische Architektur noch deutliche Spuren der Anlehnung ihrer Kunstformen an die ältesten Holzformen zeigt.

Aber während uralte Formen des Steinbaues uns erhalten wurden, sind natürlich alle Holzbauten des Altertums und die meisten des Mittelalters verloren gegangen.

Indem wir nunmehr zur Untersuchung der Denkmäler übergehen, sind wir hinsichtlich der Holzbauten gerade der interessantesten und ältesten Perioden meist auf den späteren Steinbau angewiesen, aus dem wir die ursprünglichen Holzgebäude in ihrer Konstruktion und in ihrer künstlerischen Form erst wieder herauszuinterpretieren haben.

Wir werden in den folgenden Betrachtungen also nicht allein die Reihe der in den verschiedenen Ländern noch erhaltenen Holzbauten zu untersuchen haben, sondern auch deren wechselseitige Beziehungen zum Steinbau.

Diese Vergleiche und gegenseitigen Beeinflussungen der Formen des einen auf diejenigen des anderen Materials sind meist von grösstem Interesse in Bezug auf die Entstehung und Entwickelung der Kunstform.

Kap. I.

# I. Prähistorisches.

Da von dem Holzbau des Altertums nichts mehr vorhanden ist, so können wir uns nur an steinerne Kopien halten, um ihn uns zu vergegenwärtigen. Diese Ueberreste alter, meist nicht genau zu bestimmender Zeiten sind naturgemäss roh in den Formen und einfach in der Konstruktion. Letztere beschränkte sich auf einzelne Stützen oder

Fig. 1.
Teil des Steinringes von Stonehenge bei Salisbury

Mauern und frei darüber gelegte Decksteine. In der That zeigt der grösste Steinring Europas, zu Stonehenge bei Salisbury, Fig. 1, an den oberen Enden der stehenden Monolithen roh angearbeitete Zapfen, die in entsprechende Höhlungen (Zapfenlöcher) an der Unterseite der darauf liegenden Kappsteine (Decksteine) eingreifen. Bei der sonst nur sehr geringen Bearbeitung der Flächen dieses Steindenkmals ist auf die Nachahmung der Holzkonstruktion der grösste Wert zu legen, weil dadurch die noch frühere Herstellung von Holzbauten zu analogen Zwecken bewiesen wird. Der jetzt noch erhaltene Steinbau ist vermutlich das Ergebnis einer verhältnismässig langen, vorhergehenden Kulturarbeit.

Fig. 2.
Grab eines Tui Tonga bei Mua. Globus 1886. Bd. 50. p. 100.

Eine andere Holzverbindung in Stein, nicht durch Zapfen, sondern durch Gaffel, aber ganz im Geiste jenes englischen Steinringes, ein Grab auf einer Tongainsel, wird in Fig. 2 wiedergegeben. Eng verwandte Bauten finden sich also auf entgegengesetzten Teilen der Erde und ohne jeden Zusammenhang.

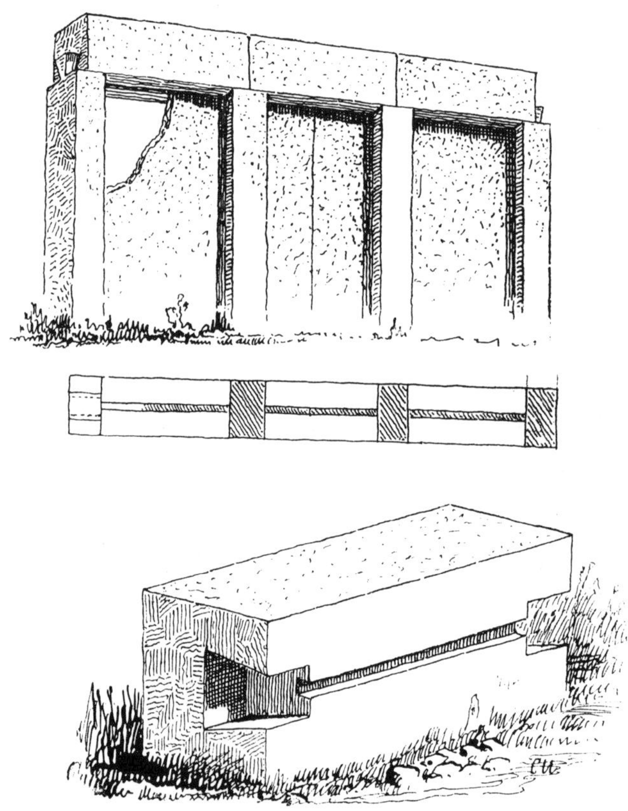

Fig. 3.
Kaser Semana in Wadi Doga. H. S. Cowper. p. 150.

Eine weit genauere und sorgfältigere, daher wohl weit jüngere Nachahmung von Holzkonstruktionen bemerken wir auf Fig. 3 an Bauten des nördlichen Afrika. Die Zapfenverbindung zwischen Ständer und Balken ist hier sogar zu einer Schwalbenschwanzverbindung geworden. Die Füllung des Ständerwerks gleicht ganz einer Bretteinlage — grosse dünne Steinplatten werden durch Nuten in der Unterseite der Balken gehalten.

Fig. 4.

Senam in Terr'gurt, Tripoli.

Vor demselben Opferaltar.

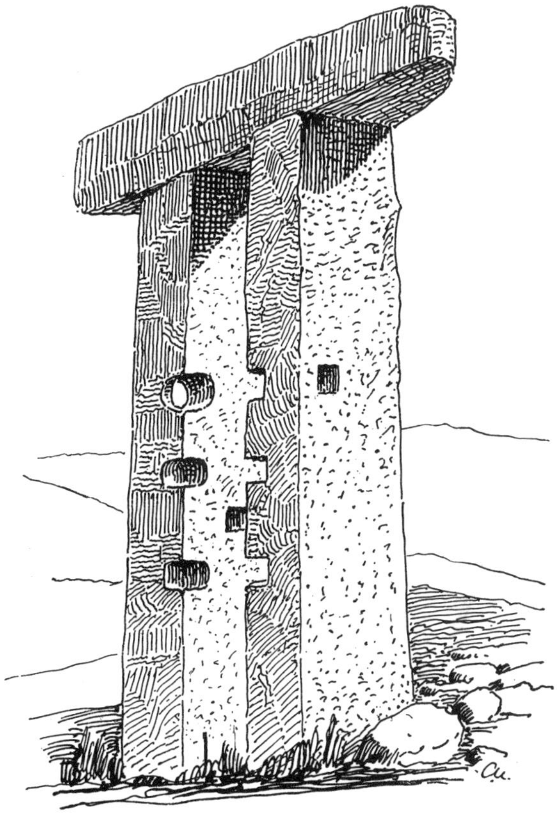

Fig. 5.

Senam bei Kasr Doga.

H. S. Cowper, p. 239.

Ein anderes Beispiel von sozusagen versteinertem Ständerwerk sehen wir in Fig. 4, wo Ständer aus verschiedenen Teilen zusammengesetzt sind — die Teile der einzelnen Ständer in ihrer Höhenlage symmetrisch zu einander. Hier und noch deutlicher auf

Fig. 6.

Gruppe von Senams bei Semana (Terr'gurt) Tripoli. H. S. Cowper, p. 165.

Fig. 5 erkennen wir einzelne Löcher, die wohl einst Hölzer umschlossen hielten. Man mag die letzte Figur auch mit den steinernen Prunkthoren der ältesten indischen Stupen vergleichen (Fig. 477 u. 478).

Fig. 6 zeigt eine Gruppe von Steinpfeilern, die statt des Kapitäls einen deutlichen hammerartigen Aufsatz besitzen, also auch einen Anklang an Holzkonstruktion geben.

Kap. II.

# Lykien.

Fig. 7.
Gruppe lykischer Gräber zu Telmissus.

Den wertvollsten Aufschluss über Fachwerkbauten des Altertums bekommen wir in Lykien, Kleinasien, wo ganze Façaden von Holzbauten an den Felsengräbern nachgebildet sind. Fig. 7 zeigt eine Reihe solcher Façaden zu Telmissus, Fig. 8 ein einzelnes Grab.

Wir können hier unmittelbar jedes einzelne Detail in den technisch meisterhaften Holzbau zurückübersetzen. Fig. 9 zeigt die konstruktive Zusammensetzung des einstigen hölzernen Vorbildes. Sämtliche Holzteile mit Ausnahme der runden Hölzer der Dübeldecke sind vierkantig bearbeitet. Zu unterst liegt eine Schwelle. Rechtwinklig darauf folgt eine zweite, stärkere, in welche die Füsse der Ständer eingezapft sind. Es war nur eine geringe Verkämmung der beiden Schwellen möglich, um ihr Holz zum Halten der Ständerzapfen nicht zu sehr zu schwächen. Um jedoch ein Verschieben der zweiten Schwelle ganz unmöglich zu machen, wurde noch ein besonderer Keil in ihre über-

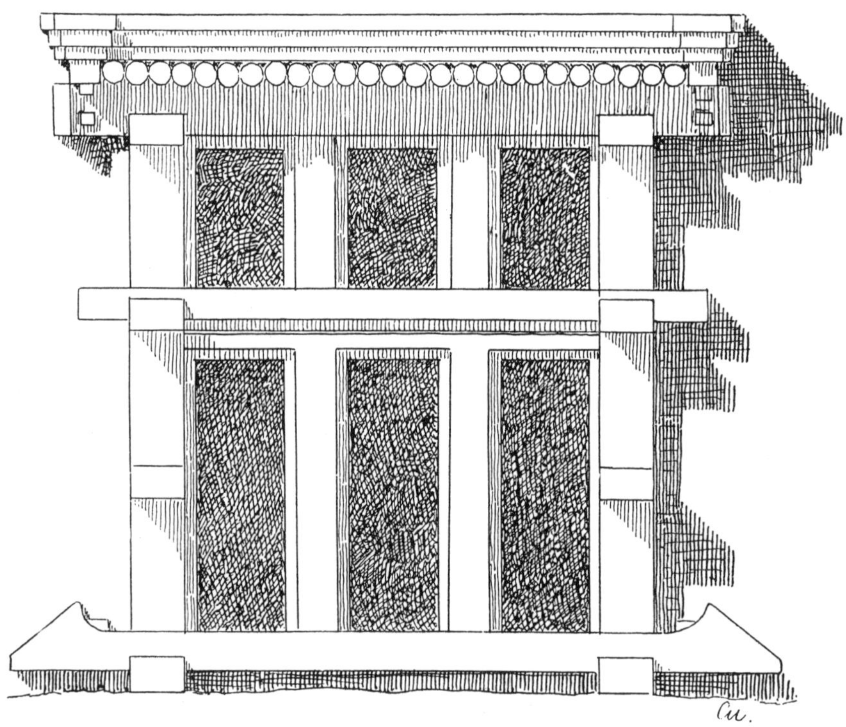

Fig. 8.
Felsengrab des Arsaces zu Myra.

stehenden Enden getrieben und die Enden selbst — wohl um ein Spalten zu verhüten — stärker als das übrige Holz gelassen. Aehnlich, nur einfacher, mit überstehenden Enden (der Verkämmung wegen) sind die Schwellen des ersten Stockwerks (oder die Riegel der Wände?) gebildet. Darauf erheben sich wieder Ständer. Die Rahmen sind verkämmt, jedoch auch diesesmal nicht zur Hälfte, sodass ihre unteren Flächen nicht in einer horizontalen Ebene liegen. Zwischen den Ständern, Schwellen und dem Rahm ist ein fensterähnliches Rahmenwerk eingefügt. Der obere Rahmen der Front ist seitlich noch einmal durch doppelte Verzapfung mit einer Tiefenschwelle verbunden, auf der eine starke Bohle ruht, welche die runden Dübelhölzer zusammenhält. Auf dieser Decke liegt eine Bretterschicht und auf deren Rande eine zwiefache, übereinander vorspringende Bohlenlage, den Kasten

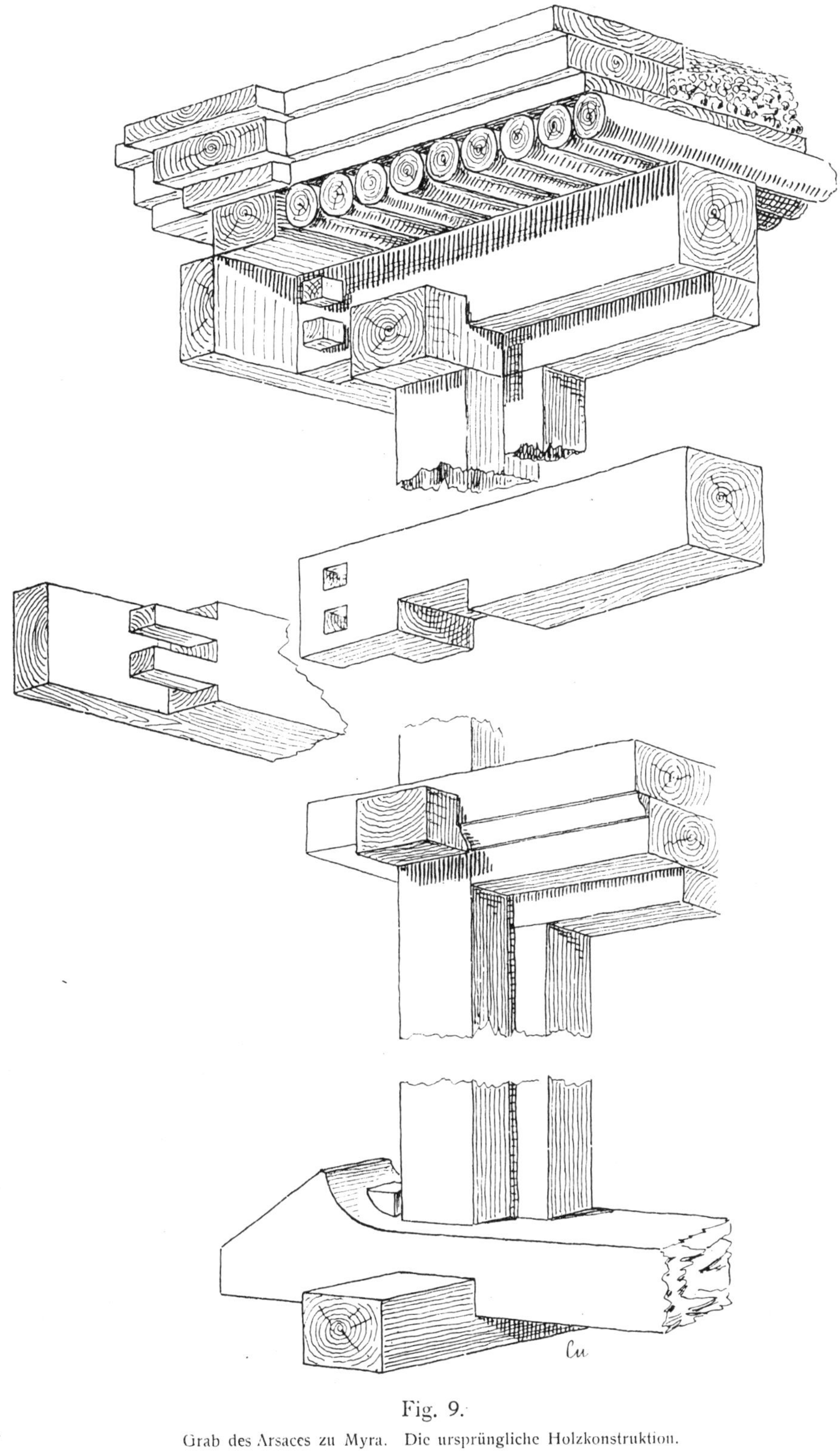

Fig. 9.
Grab des Arsaces zu Myra. Die ursprüngliche Holzkonstruktion.

Fig. 10.
Ursprüngliche Decken-
konstruktion vom Grabe
des Arsaces zu Myra.

für das flache Estrichdach bildend, Fig. 10. Diese Deckenbildung erinnert lebhaft an die später zu besprechende alt persische und ist wohl nicht ohne Zusammenhang mit derselben; auch wird ihre Beziehung zur ägyptischen und ionischen Ordnung noch gezeigt werden.

Fig. 11.
Grab zu Phellus

Fig. 12.
Felsengrab zu Myra (Lykien).

Statt dieser blossen Fronten erscheinen zuweilen ganze Grabbauten aus dem Felsen herausgehauen und von allen Seiten als Nachahmung einer Holzkonstruktion behandelt. Indessen zeigen solche Bauten immer nur eine steile Dachform mit abgerundeten Flächen. Jene Bauten mit flachem Dach scheinen stets nur mit einer ausgeführten Seite vorzukommen, auch wenn alle Seiten frei sind, Fig. 11. Die blosse Front einer solchen Holzkonstruktion mit abgerundetem Dach zeigt Fig. 12. Die Konstruktion bis zur flachen

Decke entspricht durchaus der vorher beschriebenen. Darauf ruht ein Giebelfachwerk mit etwas gebogenen Dachseiten. Man erkennt die Köpfe der Pfetten und darauf den Dachbelag. Die Spitze schmückt eine Art von Akroterion, das wohl nach den neuesten Forschungen O. Benndorfs als der Kopf einer die Sparren oben zusammenhaltenden, das Dach beschwerenden, kräftigen Firstpfette zu erklären ist. Aehnliche Hölzer scheinen seitlich am Fusse des Giebels gelegen zu haben, wie die Eckakroterien zeigen. Vielleicht hielten sie den Dachbelag (Teppich) fest, oder sind selbst die aufgerollten Fortsetzungen der das Dach (Katafalk) deckenden Gewebe.

Fig. 13 zeigt ein solches freistehendes, nur in den Umrissen ausgehauenes Grab. Wir

Fig. 13.
Grab zu Telmissus.

bemerken daran schon einen besonderen Sockel.

Noch deutlicher wird diese Unterscheidung an dem Grabe Fig. 14. Ein massiger, durchaus in Stein gedachter, rechteckiger Unterbau, mit Fuss und Kranzgesimse, trägt einen ganz mit Reliefs besetzten Aufsatz, und erst auf diesem

Fig. 14.
Lykisches Grab. Jetzt im British Museum nach Viollet-le-Duc; Entretiens pl. 1.

ruht die Nachbildung des giebelgekrönten Holzhauses, sodass das Ganze mehr wie ein Holzsarkophag auf steinernem Unterbau erscheint. Wir sehen seitlich die Köpfe der durchlaufenden Balken hervortreten, auch die Firstpfette ist zu erkennen. Die Dach- und Firstflächen sind mit Skulpturen bedeckt — man möchte an Teppiche, wie vorhin schon angedeutet, denken, mit denen das hölzerne Vorbild, vielleicht ein Brandkatafalk, an den gleichen Stellen überzogen war.

Die Skulpturen dieses Monumentes lassen eine Datierung zu. Sie haben durchaus griechischen Charakter und werden in die zweite Hälfte des 4. Jahrhundert v. Chr.

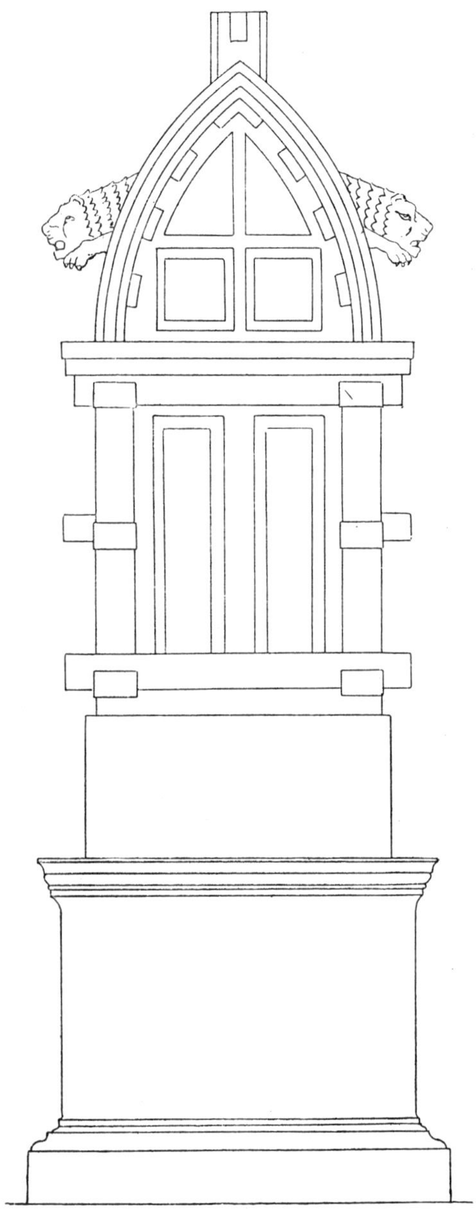

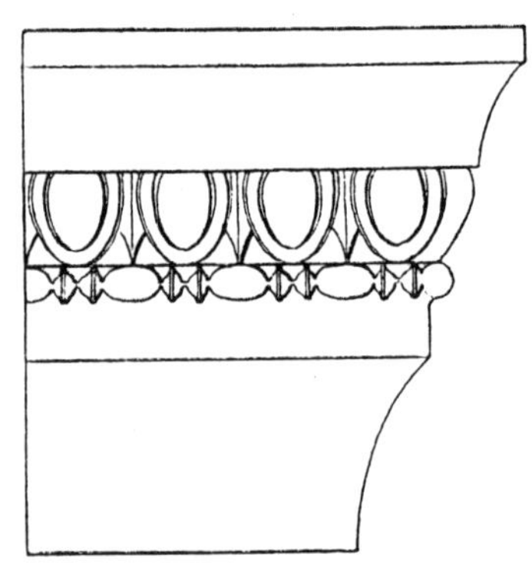

Fig. 15.
Sarkophag in Antiphellus.

gehören. In dieser Zeit also waren hölzerne Fachwerkhäuser in diesen Gegenden noch allgemein im Gebrauch.

Fig. 15 giebt die Vorderansicht eines Grabes gleicher Form. Die weit vorspringenden Tierköpfe des Daches zeigen einen auffallenden Widerspruch zu dem noch streng festgehaltenen Holzkonstruktionsschema, auch wenn man sie sich aus den Griffen des Sarkophags (Katafalkdeckel) entstanden denken wollte. Das Detail der Figur giebt die etwas verrohten griechisch ionischen Formen des Sockelkranzgesimses.

Eine ganz durchgeführte Umbildung solcher Monumente in den Stein — hellenistischer Form — zeigt Fig. 16. Auch hier an der Seite des Daches jene eigentümlichen, henkelartigen Ansätze. Bis an das Gebälk ist alles Untersatz — dieses und das Dach sind hohl zu denken, wie es die Thür — hässlich das Gebälk und Gesimse durchbrechend — beweist.

Jene Felsenfaçaden mit gradlinigem Giebeldreieck (ein solches haben wir bereits auf Fig. 7 gesehen) zeigen schon eine Anlehnung an griechische Formen. Es scheint, dass diese gradlinigen Giebel — im Gegensatz zu denen mit gebogenen Seiten — überhaupt erst von den Griechen übernommen sind.

Fig. 16.
Grab in Antiphellus.

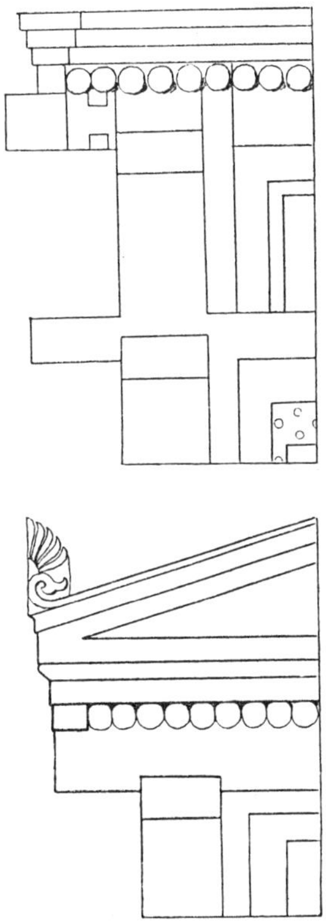

Fig. 17.
Gräber von Telmissus.

Fig. 17 lässt oben eine der bekannten flachgedeckten Façaden sehen, darunter auf einem ganz ähnlichen Unterbau über der Dübeldecke eine Giebelbildung mit einfachen, aber offenbar griechisch beeinflussten Profilen. Das Eckakroterion ist hier durchaus im griechisch ästhetischen Sinne angewandt. Solche Uebergänge in die Steinkonstruktion mit Benutzung griechischer Vorbilder lassen sich mannigfach nachweisen, sie scheinen alle erst ziemlich jungen Zeiten anzugehören.

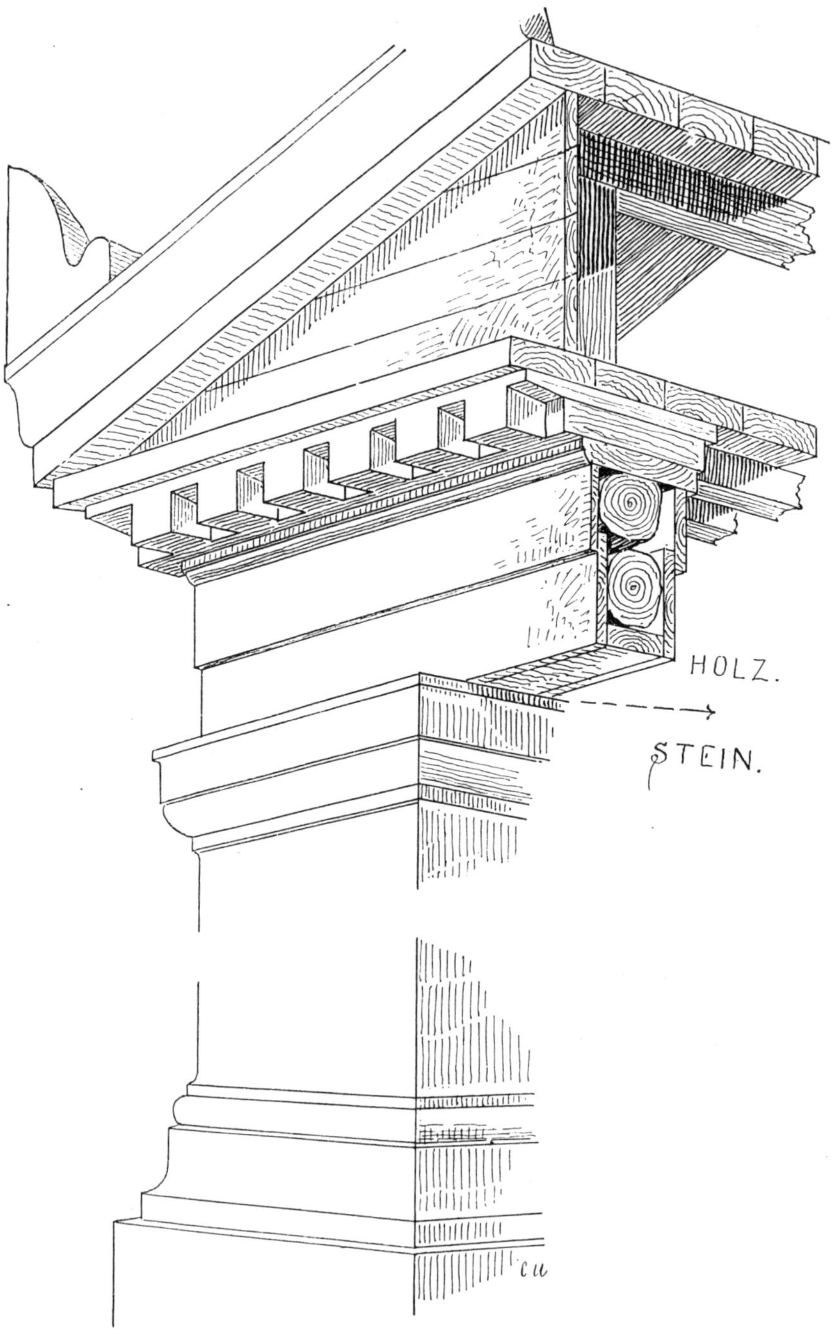


Fig. 18.

Vom Grabe des Amyntas zu Telmissus.

In Fig. 18 haben wir versucht, an einem solchen Mischbau griechischer und heimischer Formen die Holzkonstruktion wiederherzustellen.

Fig. 19.

Grab zu Myra.

Aehnlich, aber noch inniger mit ionischen Steinmotiven verschmolzen ist das Grab Fig. 19. Hier ist bereits das ionische Kapitäl übernommen. Die Löwenköpfe, als Kapitäl der Wandpfeiler, weisen auf östlichen, persischen Einfluss hin.

Hierher gehört auch der Marmorsarkophag aus Amathus auf Cypern, der ganz eine Nachbildung einer aus Brettern zusammengefügten Holzkiste ist mit Füssen und Deckel. Fig. 20.

Fig. 20.

Marmorsarkophag aus Amathus.

(Aus: Cypern, seine alten Städte, Gräber und Tempel von Palma di Cesnola. Tafel XLIV. Jena, Costenoble 1879).

Die Ornamentik sowohl wie die Reliefs gehören der frühgriechischen Zeit an, haben sonst aber grosse Aehnlichkeit mit denen, welche an der Cypern gegenüberliegenden, lykischen Küste gefunden sind.

Wir bemerken, dass die künstlerisch ästhetische Ausbildung dieser lykischen Grabfaçaden erst mit dem Einfluss der griechischen Steinbauten beginnt. Solange wir getreue Kopien des lykischen Holzbaues vor uns hatten, fehlt jeglicher Schmuck. Das Holzhaus jener Gegend scheint also, so konstruktiv vollendet es war, ohne jede Spur einer künstlerischen Behandlung gewesen zu sein. Nicht einmal eine Abfasung, von der man glauben möchte, dass sie aus praktischen Gründen sich empfohlen habe, konnten wir irgendwo entdecken. Es scheint fast, als ob eine besondere Neigung des Volkes hier alle Zierformen ferngehalten habe, um mit einer möglichst deutlich und in den Verhältnissen glücklich, d. h. äusserst zweckmässig wirkenden Konstruktion Eindruck zu machen. Das ist ja das Eigentümliche des Holzbaues, dass er viel mehr als der Steinbau seinem Wesen nach durch rein konstruktive Gliederung zu wirken vermag und die Bedeutung der Konstruktionsteile auch ohne künstlerische Betonung lebhaft veranschaulicht. Beim Steinbau hat gerade die Kunstform den Zweck, die oft ohne scharfe Grenzen ineinander übergehenden Konstruktionsteile zu sondern. Beim Holzbau wirkt die Konstruktion für sich schon künstlerisch, wenn nur ihre einzelnen Teile selbst in richtigem, d. h. konstruktiv notwendigem Verhältnis zu einander stehen. Hier hat die Kunstform den Zweck, Schärfen zu mildern, Gegensätze zu verbinden oder auszugleichen — ganz anders als beim Steinbau. Bei diesem bringt erst der Schmuck recht eigentlich die Konstruktion zur vollen Deutlichkeit, beim Holzbau ist sie auch ohne jeden Schmuck erkennbar. Hierin liegt hauptsächlich die weit grössere formbildende Kraft des Steinbaues. Und wie wir in Lykien beobachten konnten, dass der Stein dem Holz seine Schmuckformen aufdrang, werden wir ähnliches auch bei den christlichen Völkern in späterer Zeit bemerken. Es entspricht das der natürlichen Formenschwäche des Holzbaues gegenüber dem formbildenden Wesen des Steins.

Kap. III.

# Persien.

Fig. 21.

Festes Zeltdach an der alten Römerstrasse über den Taurus durch die cilicischen Pässe auf dem Wege von Eregli nach Adana. (Alte Provinz Cilicien).

Ganz andere Eindrücke bekommen wir von den Resten alt persischer Baukunst. Hier erscheint zuerst die Säule in charakteristischer, für den ganzen Stil ausschlaggebender Benutzung bei der Herstellung fester und ambulanter Zelte. Fig. 21 u. 22 wurden nach Photographien unserer Bagdad-Bahn-Expedition gezeichnet. Auch die grossen Mauer-

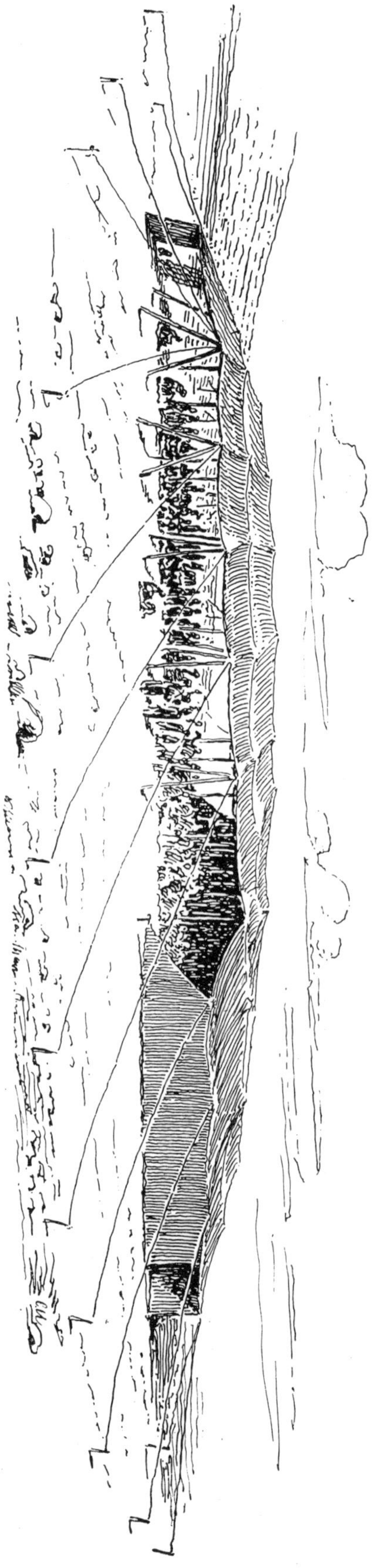

Fig. 22. Zelt des Ibrahim Pascha in Wezanschehir zwischen Urfa und Mardin.

flächen sind nun durch Thüren und Fenster mehr als bisher belebt. Die vorhandenen steinernen Säulen zeigen zwar keine eigentliche Holzformen, doch haben sie deutlichen Inkrustationscharakter, d. h. sie ahmen eine dekorative Umhüllung eines tragenden Kernes nach. Diesen Kern wird man sich jedenfalls ursprünglich aus Holz zu denken haben; aber die zur äusseren Erscheinung kommende Umhüllung des Kapitäls geht unmittelbar aus der Posamentierkunst hervor, Fig. 23.

Auch der Fuss der Säule besteht aus einer blattartig gebildeten Franse, die oben mit einer Schnur, einem Rundstab befestigt ist, Fig. 24.

Der Schaft der Säule soll nach Semper, Band 2 S. 399 ursprünglich aus getriebenen Blechplatten bestanden haben, die einen tragenden Holzkern umschlossen. Die weiten Säulenabstände setzen Architrave und Decken aus Holz voraus. Und wir sind so glücklich, diese natürlich verschwundenen Holzkonstruktionen uns wieder vergegenwärtigen zu können. Die Steinkapitäle zeigen zwischen den Nacken der Stiere ein viereckiges Stück, das offenbar ein wirkliches Balkenkopfende nachahmt. Dieser Balken lief ursprünglich als eine Art von Unterzug, Joch, über die hölzernen Träger hin, um sie in ihrer Richtung zu halten, was ja dann bei den schwereren, fester fussenden Steinsäulen nicht mehr so nötig war. Fig. 25 u. 26. Auf diesem Joch über den Säulen und den kopfbandartig die Last seitlich stützenden Stierköpfen ruhte der Architrav. Er bestand meist, ähnlich wie im ionischen Stil, aus drei übereinander liegenden Balkenlagen oder mit Brett umkleideten Rundhölzern s. Fig. 18. Rechtwinklig zu diesen und in die oberste Schicht etwas eingekämmt, folgten die dünneren wenig von einander entfernten Balken der Dübel-

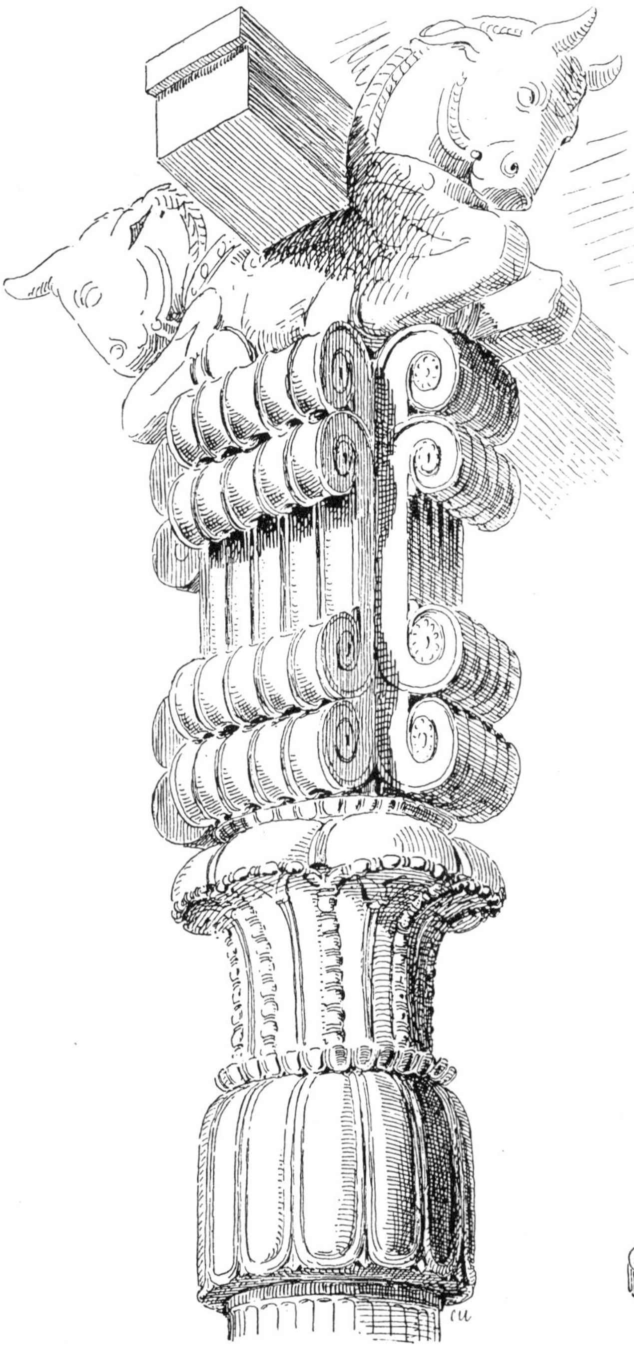

Fig. 23.

Säulenkapitäl vom Porticus No. I, Persepolis.
Flandin & Coste.

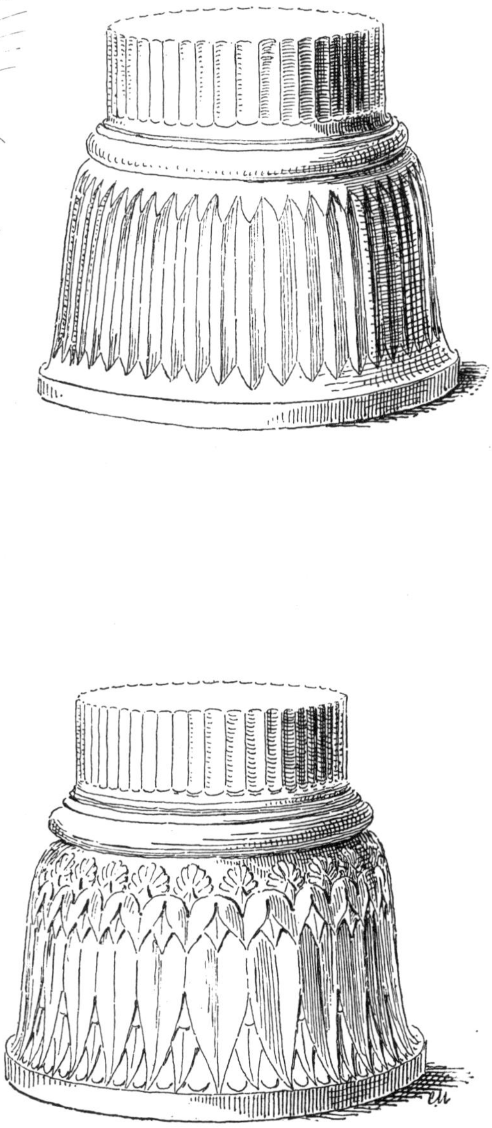

Fig. 24.

Persepolis. Säulenfuss vom Porticus No. I.
Persepolis. Palais No. II.

Fig. 25.
Restauration des Gesimses vom Palast des Xerxes zu Persepolis (nach Dieulafoy) und dem Felsengrabmal daselbst.

Fig. 26.
Restauration des Holzwerkes an den Hallen zu Persepolis. Nach Dieulafoy Bd. 2, pl. 12.

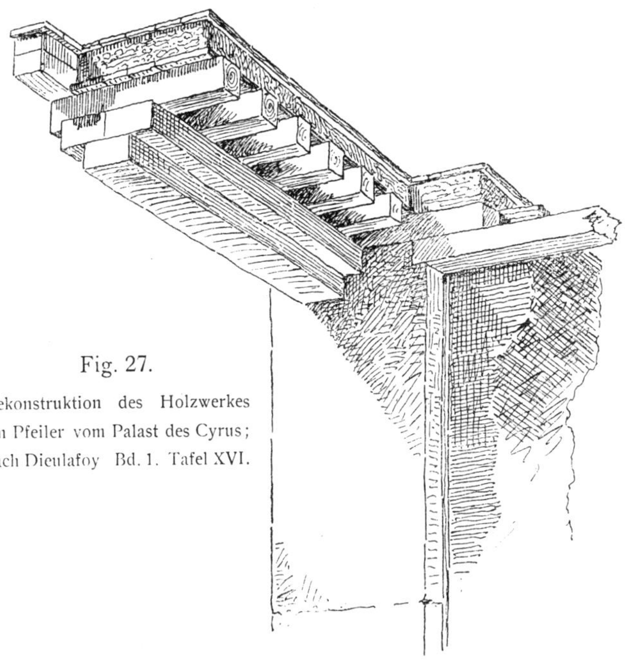

Fig. 27.

Rekonstruktion des Holzwerkes am Pfeiler vom Palast des Cyrus; nach Dieulafoy Bd. 1. Tafel XVI.

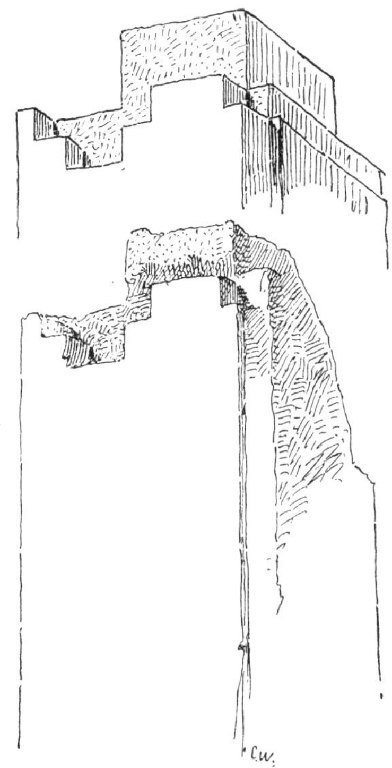

decke. Ihre Kopfenden traten etwas über den Architrav hervor und nahmen hier die Form des sogenannten Zahnschnitts an. Ueber diesem Zahnschnitt und noch ein wenig mehr nach aussen vorgeschoben lagen eine oder mehrere Schwellen. Sie bildeten mit den dahinter liegenden, den Raum deckenden Bohlen einen Kasten, der mit einer lehmartigen wasserdichten Masse, Estrich, ausgestampft war (Fig. 10). Darüber mag noch eine abschliessende dünne Holzschicht gelegen haben. So bildete auch an diesen persischen Bauten die Decke zugleich das Dach.

Die Verbindung dieser Hölzer mit der steinernen Wand hat man noch nachweisen können. Fig. 27.

Nachbildungen derartiger Konstruktionen in Stein zeigen die Felsengräber persischer Könige. Fig. 28.

Noch heutzutage ist eine im wesentlichen gleiche, nur in der Form primitivere Art der Decken- und Dachkonstruktion in Vorderasien in Gebrauch. Fig. 29.

Die Bearbeitung der Hölzer an den altpersischen Bauten muss eine durchaus vollkommene gewesen sein. Alle noch jetzt gebräuchlichen Verbindungen vierkantiger Hölzer zu Baukonstruktionen sind auch jenen Zeiten, um 500 v. Chr., zuzusprechen.

Fig. 29.

Konstruktion eines Daches von einem Bauernhause am kaspischen Meere; nach Dieulafoy. Bd. 2, p. 47.

Fig. 28.
Façade des Felsengrabes zu Persepolis.

Kap. IV.

## Mesopotamien.

In Babylon, dem mit Aegypten fast gleichaltrigen Kulturlande, bildete der Thon, selten gebrannt, meist nur an der Sonne getrocknet, das charakteristische Baumaterial.

Fig. 30.
Restoration of Northern angle of Palace Court Khorsabad.
Titelblatt: Palaces of Ninive and Persepolis by James Fergusson.

Denn hier zwang die Holzarmut des reich mit Feldern bedeckten Landes zur Verwendung eines anderen Baustoffes.

Auch der gewachsene Stein war in diesem Flussschwemmlande nicht vorhanden. Daher war die Deckenbildung schwierig.

Fig. 31.
Rekonstruktion des Palastes zu Khorsabad.

Wir wissen aus Ueberresten, dass die Decken zum grossen Teil gewölbt waren, was nicht ausschliesst, dass neben den gewölbten auch flache, d. h. Holzdecken vorkamen, von deren Konstruktion wir uns jedoch mangels vorhandener Ueberreste keine bestimmte Vorstellung machen können.

Assyrien, mehr in den nördlichen und gebirgigeren Teilen Mesopotamiens gelegen, bleibt in seinen Bauten abhängig von Babylon. Steinplatten, wenigstens zur Inkrustation des thönernen Mauerkerns, wurden mit verwandt, dazu vielleicht flache hölzerne Decken, die jedoch wahrscheinlich noch keine grosse architektonische Rolle spielten. Fergusson hat versucht, einige dieser Bauten zu rekonstruieren. Fig. 30 u. 31.

In Babylon und in Assyrien geht die künstlerische Belebung der Wände, wie in Aegygten, auf textile Vorbilder zurück. Irgend ein Rückschluss auf Holzbau ist durchaus nicht möglich.

Ganz ebenso liegen die Verhältnisse bei einzelnen Grabfaçaden, bei denen das Zelt der damals noch wandernden Völker nicht nur als Vorwurf genommen, sondern sogar direkt kopiert ist.

Ein sehr interessantes Beispiel dieser Art liefert uns das Grab des Midas, Fig. 32. In diesem sind die textilen Vorbilder genau auf den Stein übertragen, wie aus den gemusterten Flächen hervorgeht, welche in Kette und Schuss zergliedert das reliefierte Muster in Stein zur Anschauung bringen. Fig. 33.

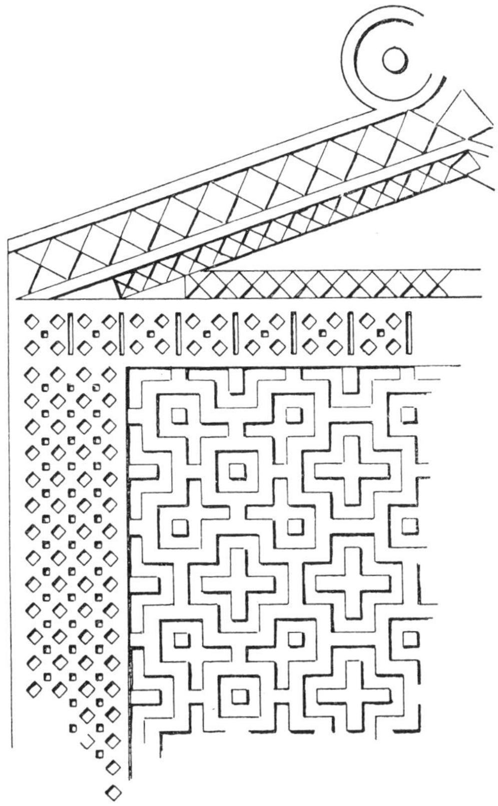

Fig. 32.

Grab des Midas; nach Texier.

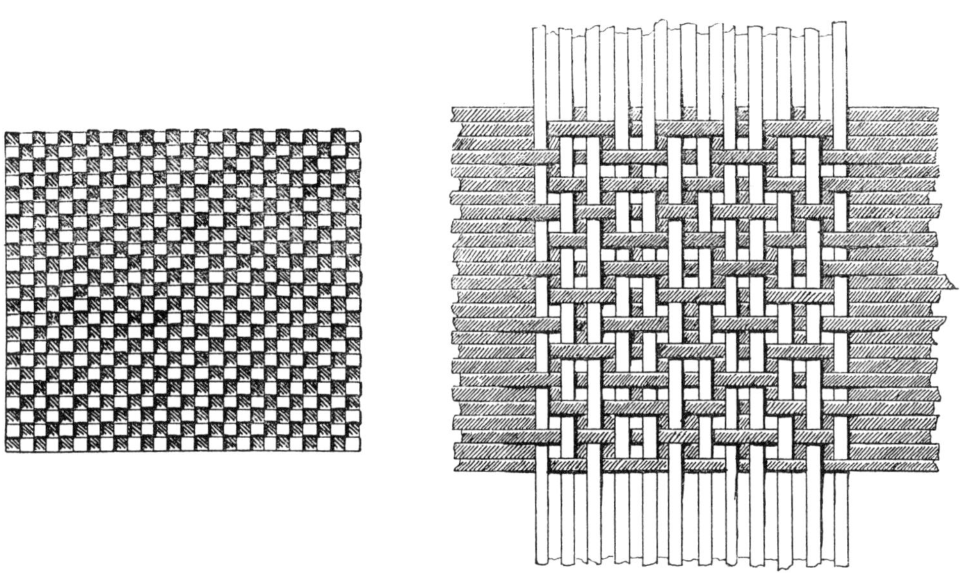

Fig. 33.

Flechtwerk vom Grabe des Midas.

Kap. V.

## Aegypten.

Die ältestesten noch im wesentlichen erhaltenen Steinbauten finden wir in Aegypten. Leider ist dort die Ausbeute für den Holzbau besonders gering. Allerdings hat man auch hier versucht, den Steinbau unmittelbar aus vorangegangenem Holzbau abzuleiten. Als Hauptbeweis diente stets nur ein einziges Stück, der steinerne Sarkophag des Mykerinos, Fig. 34, der eine Nachbildung eines Holzgebäudes ist.

Fig. 34.

Sarkophag des Mykerinos.

L'Egypte, Perrot & Chipiez. Bd. I. p. 509, Fig. 289.

Nichts kann uns jedoch bestimmen, hieraus die Abhängigkeit des Steinbaues vom Holzhaus anzunehmen, wie das häufig geschieht.

Die Möbel zeigen ebenfalls eine sehr originelle, materialcharakteristische Ausschmückung. Wir dürfen nur mit Vorsicht aus diesen erhaltenen Holzmöbeln oder möbelartigen Gegenständen auf die verwandten hölzernen Hauskonstruktionen schliessen. Z. B. bildet der Gegenstand unserer Fig. 35 ganz deutlich einen steinernen Tempel nach.

Fig. 35.

Hölzernes Tabernakel.
L'Egypte, Perrot & Chipiez. Bd. I, S. 360.

Fig. 36.

Thür an einem Grabe in Sakkarah.
L'Egypte, Perrot & Chipiez. Bd. I, S. 512.

Die an Grabwänden und in Handschriften gemalten Baldachine und Andeutungen von Gebäuden, in deren Inneres oft die dargestellten Scenen verlegt sind, zeigen stets ein zeltartiges Gebilde, das mit einem Holzhause keine Aehnlichkeit hat.

Auch Fig. 36, Eingang zu einem Grabe in Sakarah, lässt erkennen, dass die zugehörige Konstruktion in Holzrahmenwerk ausgeführt wurde, jedoch den eigentlichen Verschluss bildet ein auf eine Walze aufgerollter Teppich, keine in Rahm und Füllung gestemmte Holzthür. Nichts weist am ägyptischen Steinhause auf ein vorangegangenes vorbildliches Holzgebäude zurück. Ganz deutlich ist dagegen der Ursprung des architektonischen Steinschmuckes aus dem mit Teppichen bekleideten Holzgerüst, dem Zelt erkennbar, wie es z. B. die jüdische Stiftshütte auch war.

Wir können hier also feststellen, dass der Steinbau uns keine Möglichkeit bietet, ein vor ihm in Aegypten vorhanden gewesenes Holzhaus zu rekonstruieren. Dagegen weisen die dürftigen, erhaltenen Nachbildungen von Holzgebäuden auf eine neben dem Steinbau zwar fortlaufende Benutzung des Holzhauses hin, das indessen im Schmuck durchaus abhängig ist vom Zelt und stets, wie noch heute in Aegypten, eine nur ganz nebensächliche Rolle spielte.

Die Gründe für das nur sekundäre Vorkommen des Holzbaues sind wohl in der frühzeitigen Holzarmut des Landes und in der geringen technischen Brauchbarkeit seiner wenigen Bäume zu suchen. Der verbreitetste Baum war die Palme, die nur als Rundholz ohne Bearbeitung, also ohne feste Verbindung der einzelnen Stämme durch Verzapfung, Ueberblattung, Verkämmung zu benutzen war. Daher ergab sich eine ganz rohe und kunstlose Technik für die Bauten aus diesem Material, die aus parallel oder rechtwinklig und durch ein besonderes Bindemittel (Stricke, Bast, Nägel) miteinander zusammengefügten Rundhölzern bestanden. Die Schmuckformen dieser Bauten waren die des Steinbaues, nämlich textile Vorbilder. Hätten sich solche Bauten erhalten, so würde man wohl oft im ernstlichen Zweifel sein, ob ein derartiges Haus nicht noch ein richtiges Zelt sei, wovon es sich wahrscheinlich nur durch die fehlende Transportfähigkeit unterschied.

Fig. 37.
Vorhof eines egyptischen Tempels (Edfu)

Man wird daher die Verwendung leichter zeltartiger Räume neben den Steinbauten bei den wohlhabenderen Aegyptern annehmen können, von denen die wenigen wirklichen Holzhäuser nur eine dauerhaftere Abart bildeten. Die ärmere Bevölkerung wird dagegen, wie heute noch, höhlenartige Häuser aus Lehm bewohnt haben.

Auch im Hinblick auf die spätere griechische Architektur ist die Ansicht näher zu begründen, dass der ägyptische Tempel aus dem Zelt entstanden sei.

Hierzu ist es zunächst erforderlich, die Steinmassen der Tempel sich zu Flächen und Stäben zusammengeschrumpft zu denken, also den Tempelbau seiner starren und wuchtigen Massen zu entkleiden und nur die Kunstform zu belassen.

Unter dieser Voraussetzung ist die Fig. 37 nach dem Tempel zu Edfu entstanden, ohne an der Konstruktion oder den künstlerischen Zuthaten etwas zu ändern.

Zur Ermöglichung einer direkten Vergleichung der Formen werden die Figuren 38, 39, 40, 41 dienen.

Aus Fig. 37 erklären sich die nach oben verjüngt zulaufenden Mauern, die untere, fransenähnliche Verzierung derselben, wie die Verbindung an den Ecken durch runde Schnüre. Ebenso die Ausbildung des Architravs aus dem Behang von Zeltstab zu Zeltstab und schliesslich die mit einer Schnur, einem Rundstab befestigte freistehende Federkrönung.

Fig. 38.
Vom Tempel zu Edfu.

Diese Federkrönung kommt meistens in Gruppen von je drei Federn vor und ist bei dem Tempel zu Denderah, Fig. 40, sogar durch angehängte Troddeln mit der Rundschnur verbunden. Es ist besonders festzustellen, dass diese das ägyptische Gebäude krönende Hohlkehle aus einem vornübergeneigten, stehenden Federschmuck besteht, der zu je drei Federn in Zwischenräumen unten durch eine Schnur an der Mauer befestigt ist.

Fig. 39.
Denderah. Vom Hathor-Tempel.

Fig. 41.
Von der Kolonnade zu Philae.

Ferner sehen wir die Zeltstangen auf dem Boden in breite Fussplatten eingelassen, wie wir noch heute Gerüststangen, die nicht in den Untergrund eingegraben werden können, mit einem breiten Gipsschuh umkleiden, um sie im Lot festzuhalten. Diese ab-

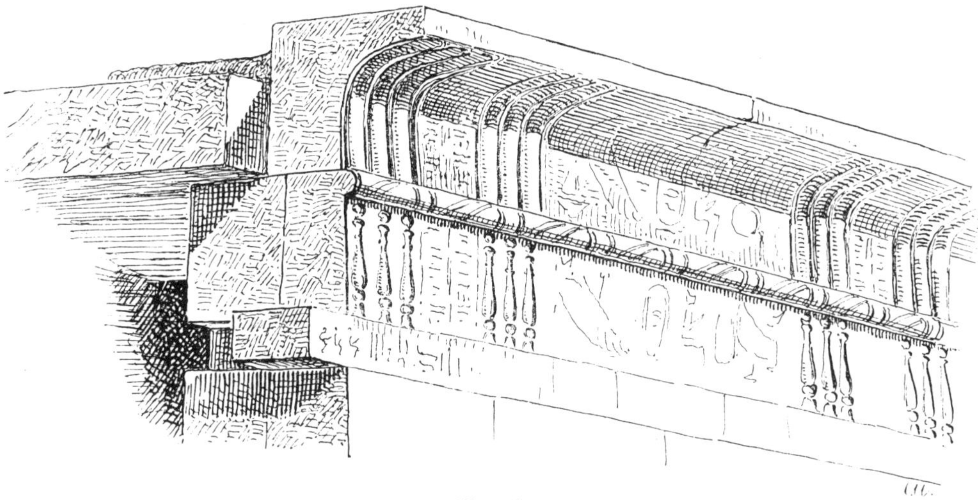

Fig. 40.
Vom Tempel zu Denderah. Hauptgesimse.

Fig. 42.

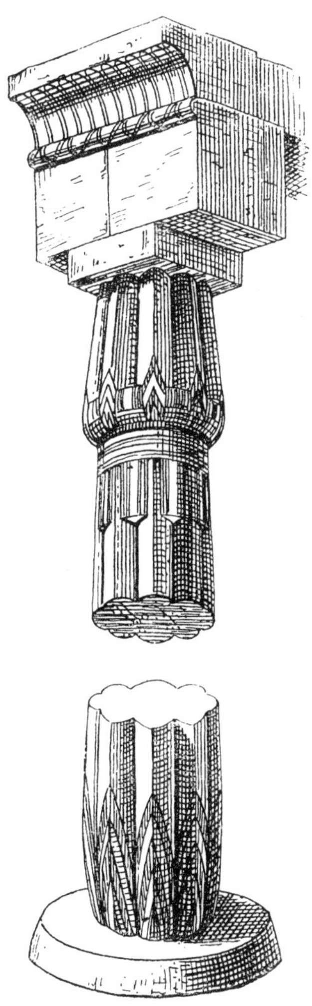

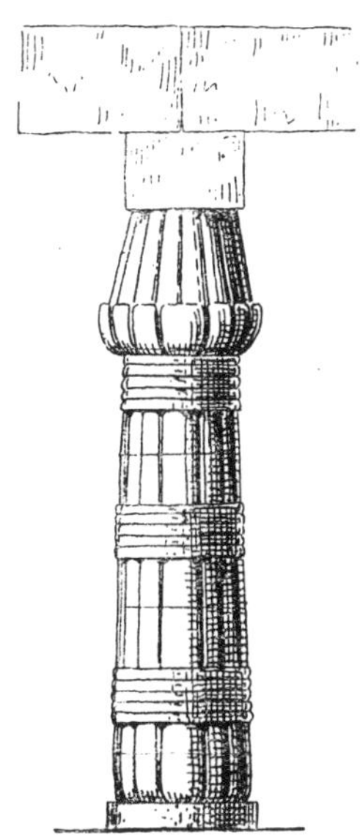

Fig. 43.

Histoire de l'Art dans l'Antiquité. Bd. I. L'Egypte von Perrot & Chipiez.

gerundeten Platten bilden das konstruktive Motiv des Säulenfusses. Den mit konvexen Kanneluren versehenen Schaft hat man sich als Rohrbündel zu denken. Fig. 42, 43.

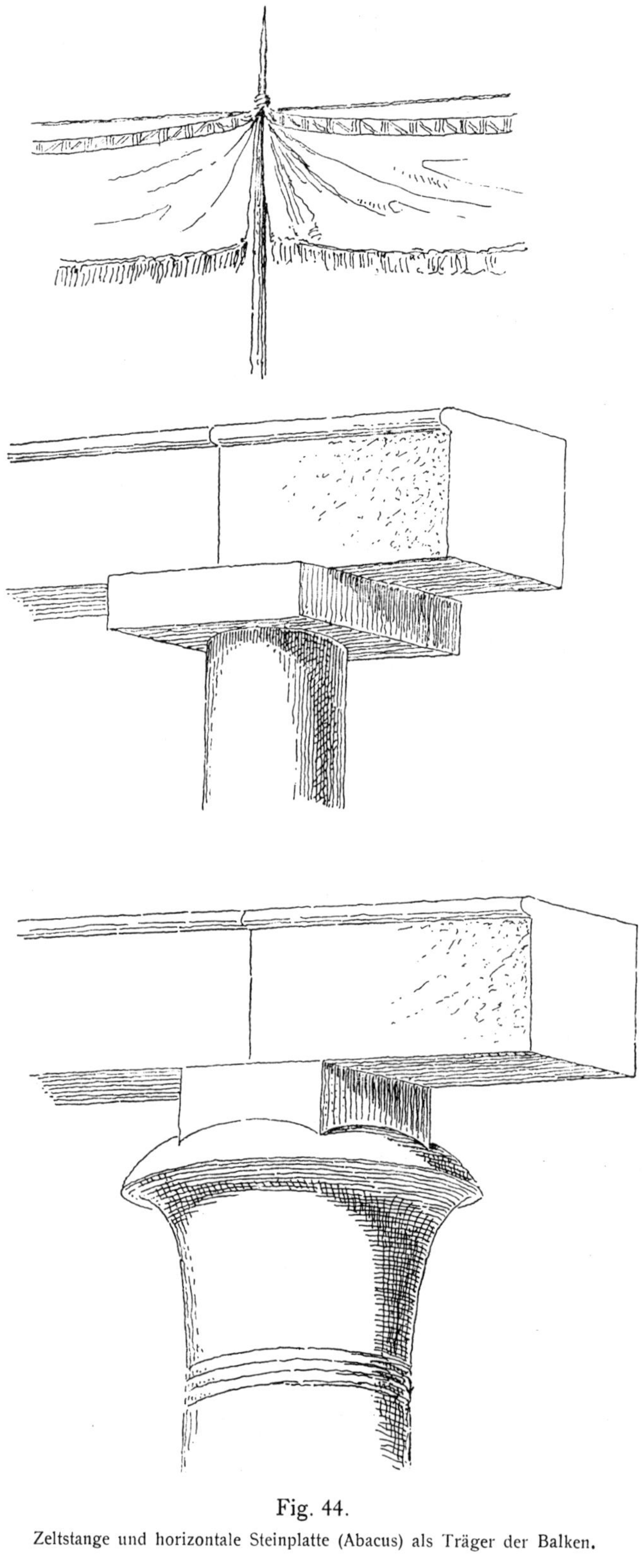

Fig. 44.
Zeltstange und horizontale Steinplatte (Abacus) als Träger der Balken.

Bei weiterer Verfolgung dieses Gedankenganges würde das Kapitäl aus den zugehörigen Knospen und Blüten der Rohrschafte der Lotos- oder Papyrosstaude oder des

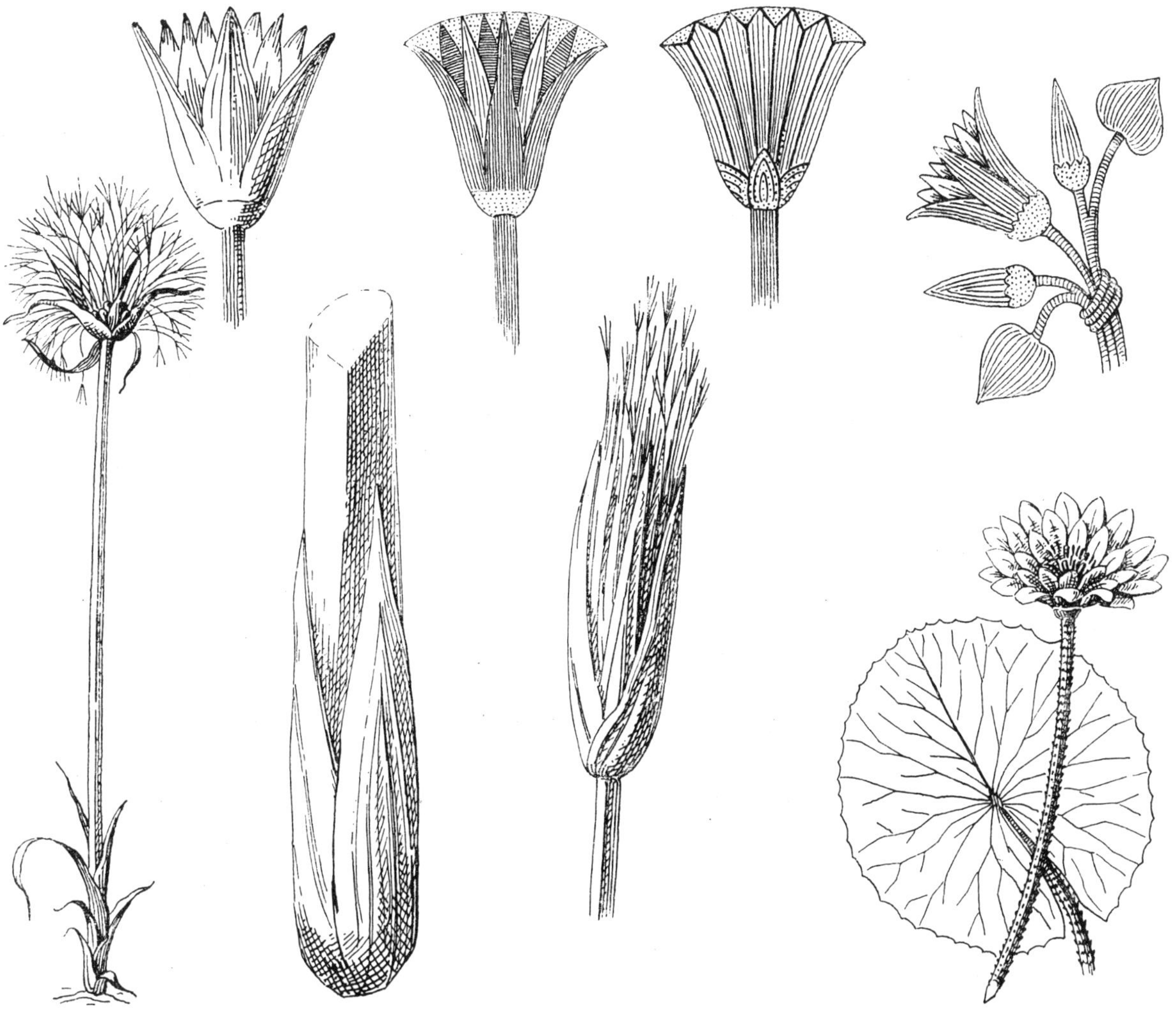

Fig. 45.
Naturstudien nach der Lotos- und Papyrus-Staude.

Palmenblattes zu bestehen haben. Auf die dekorativen, elastischen Formen des Pflanzenkelches musste die tragende, konstruktive Platte des Abakus folgen, um das sichere Auflager der auf der Mitte der Säule gestossenen Architravbalken zu geben. Denn mit der Uebertragung des Zeltes in die massige Steinkonstruktion musste die runde dünne Zeltstange unter dem Behang, welch letzterer nun zum Architrav mit breitem Unterlager wurde, verschwinden und an ihre Stelle die viereckige horizontale Platte des Abakus treten, und zwar in der Breite des steinernen Architravbalkens. Fig. 44.

Bis auf diese Abakusform lassen sich alle Konstruktionsteile des ägyptischen Tempels aus dem Zelt übertragen, diese ist die direkte Folge der Uebertragung jener in den Stein.

Aus der Verwendung der Pflanzenformen geht hervor, dass die Aegypter, so sehr sie das Zelt als Grundlage für ihre Tempelbauten benutzt haben, nicht minder die Natur studierten, um aus dem grossen Formenschatze der Pflanzen- und Tierwelt eine Reihe von Motiven abzuleiten, die der ganzen Kunst den Stempel der Originalität aufprägten.

Ausser der Lotos- und Papyrosstaude, Fig. 45, welche in allen Kunstperioden der Aegypter vielfache Verwendung fanden, bildet das Palmenblatt und der Federschmuck

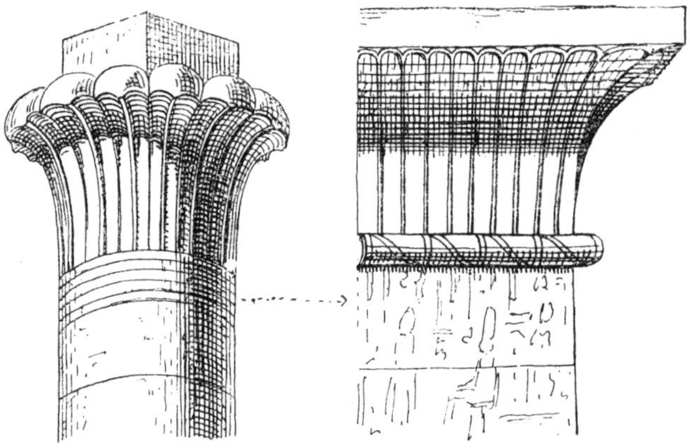

Fig. 46.

Fig. 48.

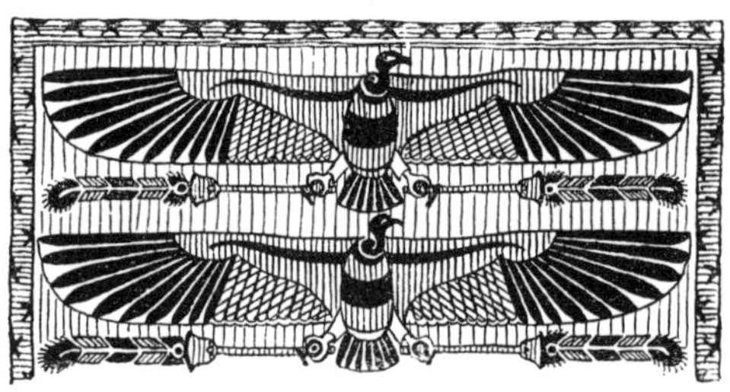

Fig. 47.

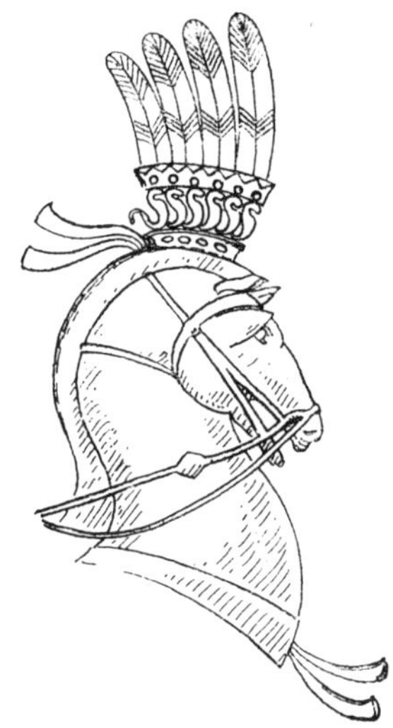

Fig. 49.

Histoire de l'Art dans l'Antiquité. Bd. I. L'Egypte von Perrot & Chipiez.

wie die schon gegebenen Krönungen und Fig. 46, 47, 48, 49 zeigen, eine weitere Gruppe von Formen.

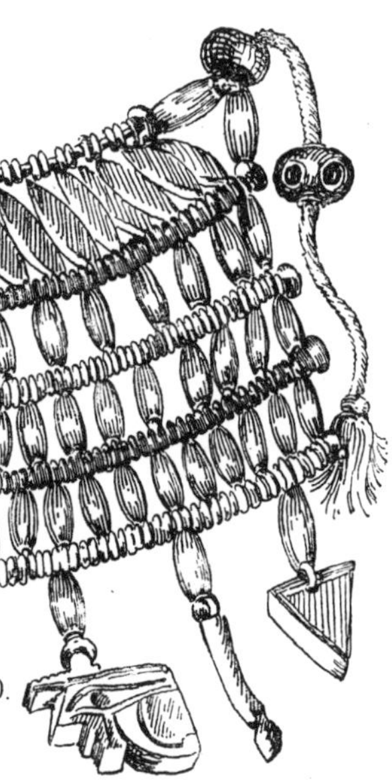

Fig. 50.

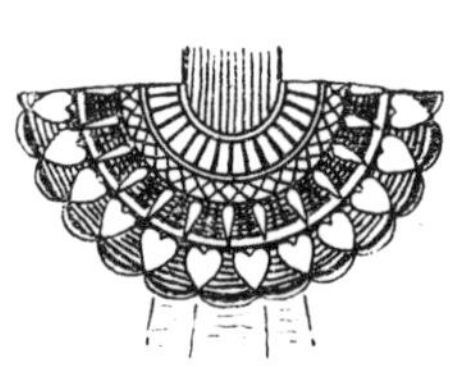

Fig. 51.

Histoire de l'Art dans l'Antiquité. Bd. I. L'Egypte von Perrot & Chipiez.

Ihnen schliessen sich die Gewebeornamente, besonders das Band und andere Formen der Kleinkunst an. Fig. 50, 51, 52.

Fig. 52.

Historie de l'Art dans l'Antiquite.
Bd. I. L'Egypte
von Perrot & Chipiez.

Fig. 53.

Aus dem Felsengrabe zu Beni-Hassan,
nach Horeau.

Bei den mit der Architektur vereint auftretenden Bildwerken erscheint der Mensch regelmässig in voller Bekleidung, und zwar als Stütze unter Decken oder Wächter vor den Eingängen der Bauten. Das Tier kommt in Reliefdarstellung häufig in seiner Beziehung zum Menschen vor, als selbständiges plastisches Kunstwerk dagegen meist als Sphinx. Ebenso werden die Götterfiguren mit Tierkopf und Klauen gebildet.

Ueberblicken wir das ganze Feld der ägyptischen Architektur, so finden wir im Laufe der Jahrtausende naturgemäss ein Werden, ein Blühen und einen Verfall, wie in allem von Menschenhand Geschaffenen. Die neuere Forschung hat ergeben, dass die ägyptische Architektur aus einer Reihe nebeneinander herlaufender Stilarten besteht, die den Gesamtcharakter ebenso vertreten, wie z. B. in späterer Zeit die verschiedenen Säulenordnungen der Griechen gemeinsam die griechische Kunst repräsentieren.

Diese Unterschiede beziehen sich hier fast ausschliesslich auf die Säule. So unterscheiden wir Säulen mit Knospenkapitälen, Fig. 42, 43, 53, mit Kelchkapitälen, Fig. 54, 55, 56, 57, und solche mit Palmenblättern, Fig. 38, 41.

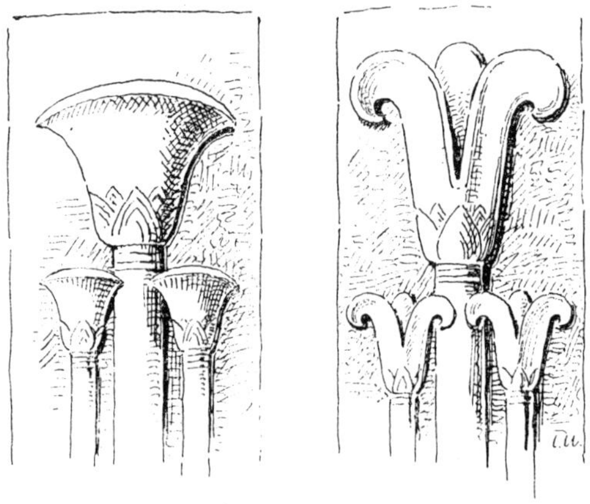

Fig. 54.
Lotospfeiler von Tontmes III. in Karnak
(XVIII. Dynastie).

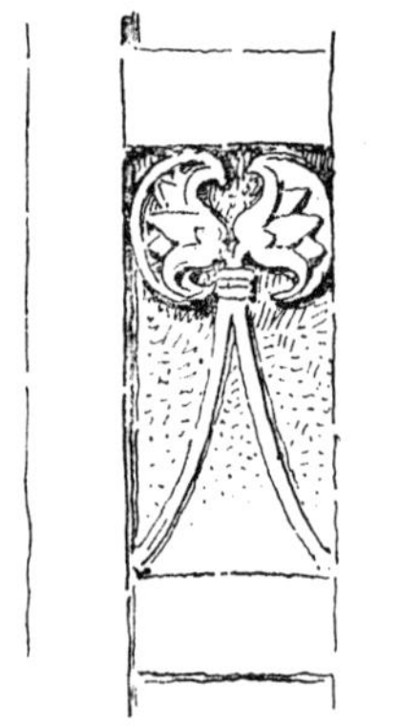

Fig. 55.
Aus der Nekropole von Gizeh
(IV. Dynastie).

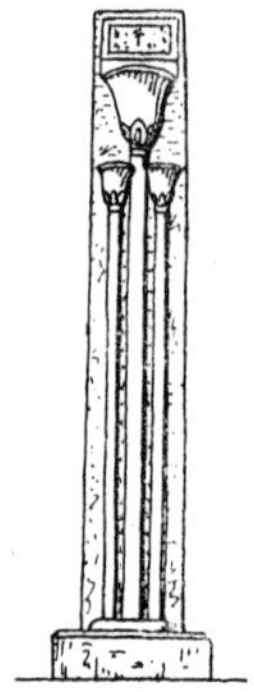

Fig. 56.

Fig. 57.

Historie de l'Art dans l'Antiquité. Bd. I. L'Egypte von Perrot & Chipiez.

Dazu kommen noch die Beispiele der sog. protodorischen Säule, bei der die Säule keinen Fuss hat, der Schaft kanneliert ist und das Kapitäl nur aus der Platte des Abakus besteht.

Die Gräber von Beni Hassan, Fig. 58, und der Tempel zu Deir-el-Bahari, Fig. 59, geben von dieser Säulenordnung die entsprechenden Beispiele.

Fig. 58.
Die Gräber von Beni-Hassan (nach Jules Gailhabaud).

Fig. 59.
Mittlere Terrasse vom Tempel Deir-el-Bahari, Hof der Anubis.
(Nach Photo im Journal of the Royal Institute of British Architects Vol. III 1896, p. 546. Transactions.)

Die Säulen dieser Ordnung sind ihrer Bearbeitung nach entschieden der Steinkonstruktion entsprungen, wie aus Fig. 60 hervorgeht.

Der Grundriss erläutert die viermalige Bearbeitung des Steins vom Quadrat bis in die kannelierte Form.

Dagegen ist die Decke des Grabes von Beni-Hassan mit einem sparrenartigen Ueberstande offenbar dem Holz in Stein nachgebildet, während der Tempel von Deir-el-Bahari über dem Architrav die typische schliessende Hohlkehle zeigt.

Fig. 60.

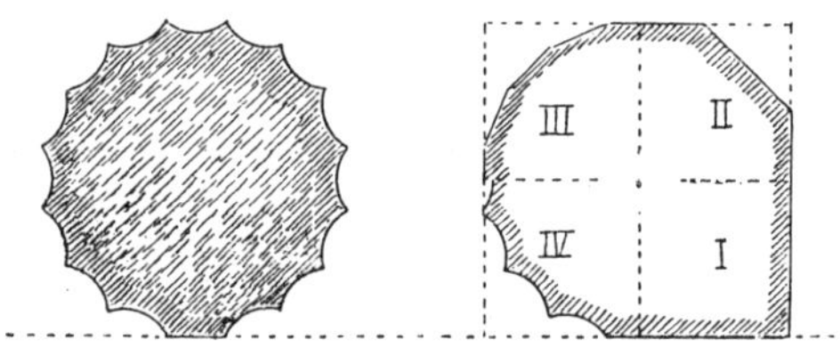


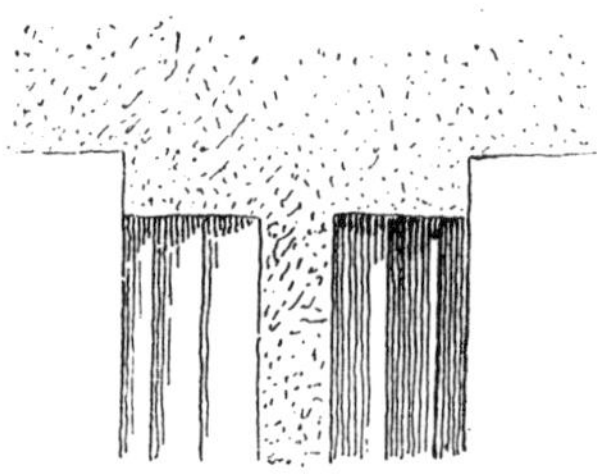

Detail vom Grabe in Beni-Hassan.
Globus 171, Bd. 19, p. 119. Nordhallen.

Alle diese Formen werden in gleichaltrigen Kunstperioden gleichmässig verwandt und zeigen, wie schon bemerkt, Blüte und Verfall. Charakteristisch für den ganzen ägyptischen Architekturstil ist, dass es äusserlich nur Mauern mit Krönungen giebt. Im Innern, in den Höfen, finden wir Säulenstellungen mit Architraven, auf welche letztere sich direkt die krönende Hohlhehle aufsetzt, wie auf die volle Mauer äusserlich. Die Decke legt sich hinter diese Krönung ebenfalls auf die Oberkante des Architravs, unten eine Fläche bildend, die als Nachahmung der aus gespannten Teppichen bestehenden Zeltdecke dieser ähnlich dekoriert ist. Abgesehen von einem oben auf diese Balkendecke gebrachten schützenden Estrich fehlt allen ägyptischen Bauten das eigentliche Dach, wie ebenso allen vorher besprochenen Stilarten.

Kap. VI.

# Griechenland.

Verfolgt man die Geschichte der Entstehung des griechischen Baustils, so wird man finden, dass er sich in seiner Konstruktion wie in seiner Durchbildung sehr an den ägyptischen Stil anlehnt. Viel geringer ist, besonders in den älteren Zeiten, der Einfluss seitens der asiatischen Bauten des Euphrat- und Tigristhales gewesen.

Nimmt man die sog. protodorische Säulenstellung der Aegypter ebenso als einen ägyptischen Säulenstil an, wie wir den dorischen, ionischen und korinthischen griechischen Stil unterscheiden, so braucht man auf die protodorisch-ägyptische Säulenstellung, Fig. 59, nur das Holzdach aufzulegen, um die dorisch-griechische zu erhalten.

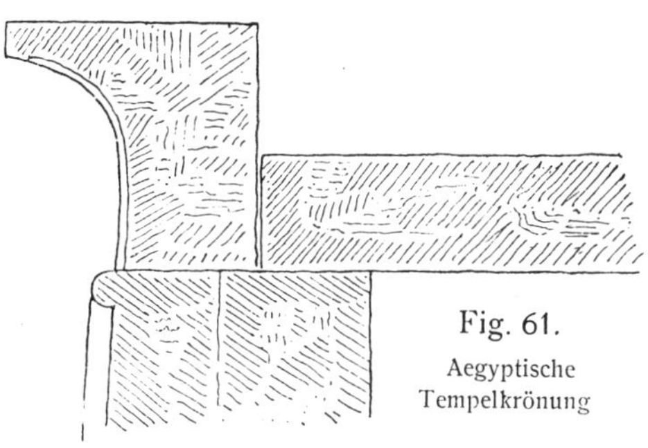

Fig. 61. Aegyptische Tempelkrönung

Fig. 62. Aegyptische Tempelkrönung mit aufgelegtem Dach.

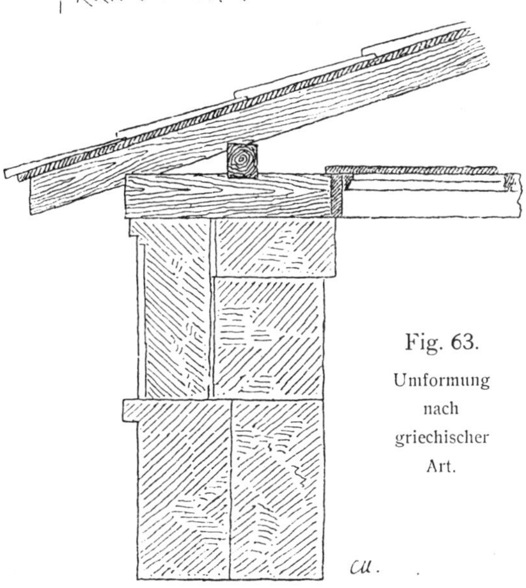

Fig. 63. Umformung nach griechischer Art.

Denn das eigentliche Dach ist eine griechische Erfindung, die durch das Klima hervorgerufen und geboten war.

Mit dieser Vermehrung der Konstruktionen greifen die Griechen zunächst zu einem anderen Material, zum Holz. Ferner geben sie die steinerne Balkendübeldecke auf, um die Sparrenlage mit der Balkendecke zu vereinigen und letztere ebenfalls in Holz darzustellen. Bei dieser Umformung bleibt die äussere Erscheinung des ägyptischen Architravs mit der freien Krönung fast unverändert, nur wird die Hohlkehle der letzteren vertikal aufgerichtet und dann die Dübeldecke in eine Balkendecke mit Zwischenräumen umgewandelt. Fig. 61, 62, 63.

Es ist hier nochmals hervorzuheben, was aus allen ägyptischen Konstruktionen, auch aus der Skizze über den Ursprung dieser Formen aus dem Zelt hervorgeht. Die Steindecke oder der Teppich überspannt den Raum, die Hohlkehle oder der Federschmuck krönt die Façade.

Derselbe Gedankengang findet sich in der griechischen Gestaltung der Decke und des Triglyphenfrieses wieder. Beide sind vollständig unabhängig von einander.

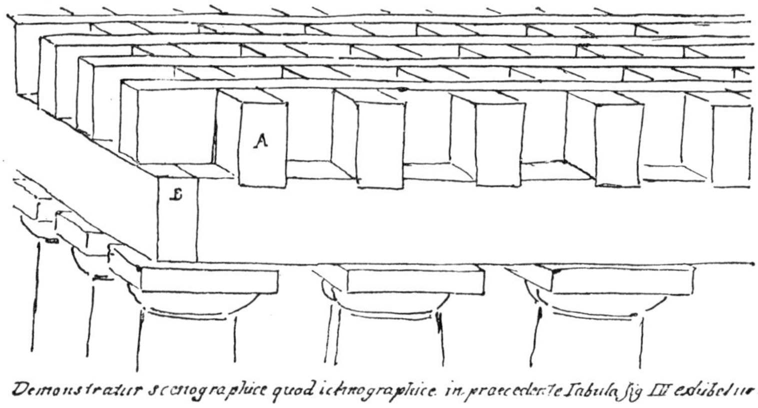


Fig. 64.

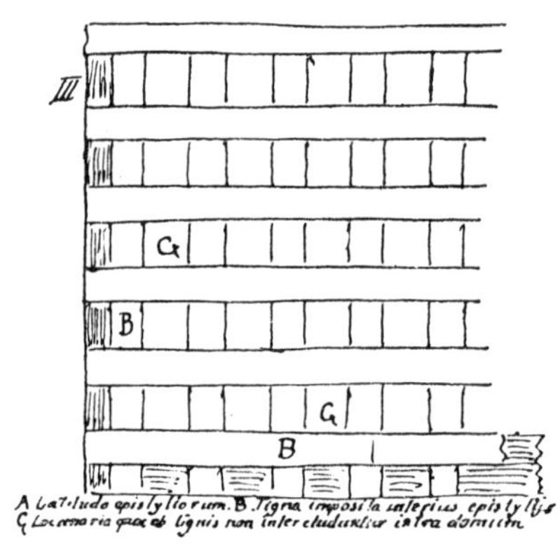


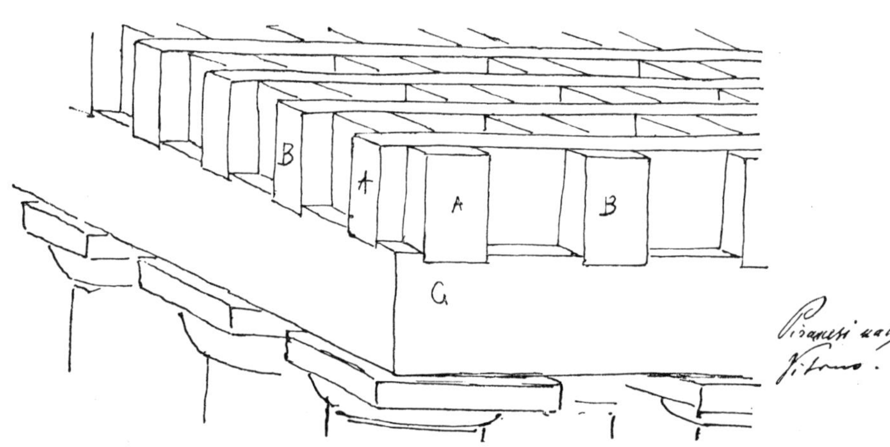


Piranesi: De Romanorum magnificentia et Architectura. Romae 1761. Tafel XXV Fig. 1, 2, 3, Tafel XXVI Fig. 1.

Ist es nicht ebenso bei allen Façaden von Steinbauten und der hinterliegenden Balkenlage oder dem Dache? Die annähernde Höhe dieser die Innenräume durch Fussboden und Decke abschliessenden Konstruktionen ist äusserlich in der Façade durch steinerne Gurtgesimse symbolisch angedeutet, ohne dass die Balkenlagen selbst durch die Steinfaçaden hindurchtreten. Ganz anders liegt natürlich der Fall bei Fachwerksbauten. Auf die Rahmwerke der Wände legt sich quer die Balkenlage, die äusserlich durch geschnitzte Balkenköpfe, durch unterstüzende Knaggen oder ornamentierte Brettverkleidungen in Erscheinung tritt.

Durch das Verwechseln und Vermischen der Decke oder der Dachkonstruktionen, also der horizontalen oder geneigten Tiefenkonstruktionen mit der äusseren Ansicht der Façade scheitern eben alle Erklärungen des dorischen Frieses.

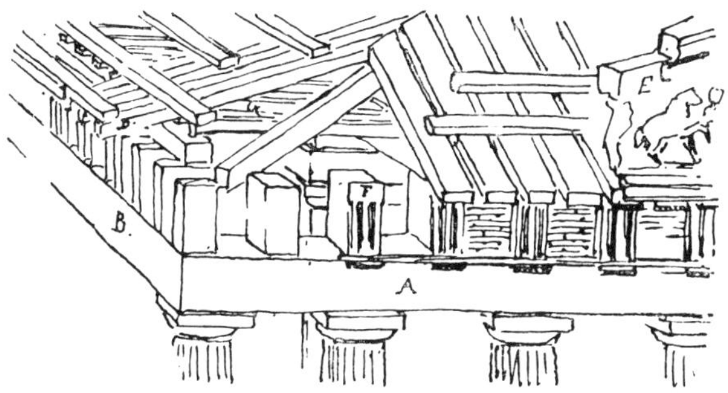


Fig. 65.

Tafel XXVII derselbe Band.

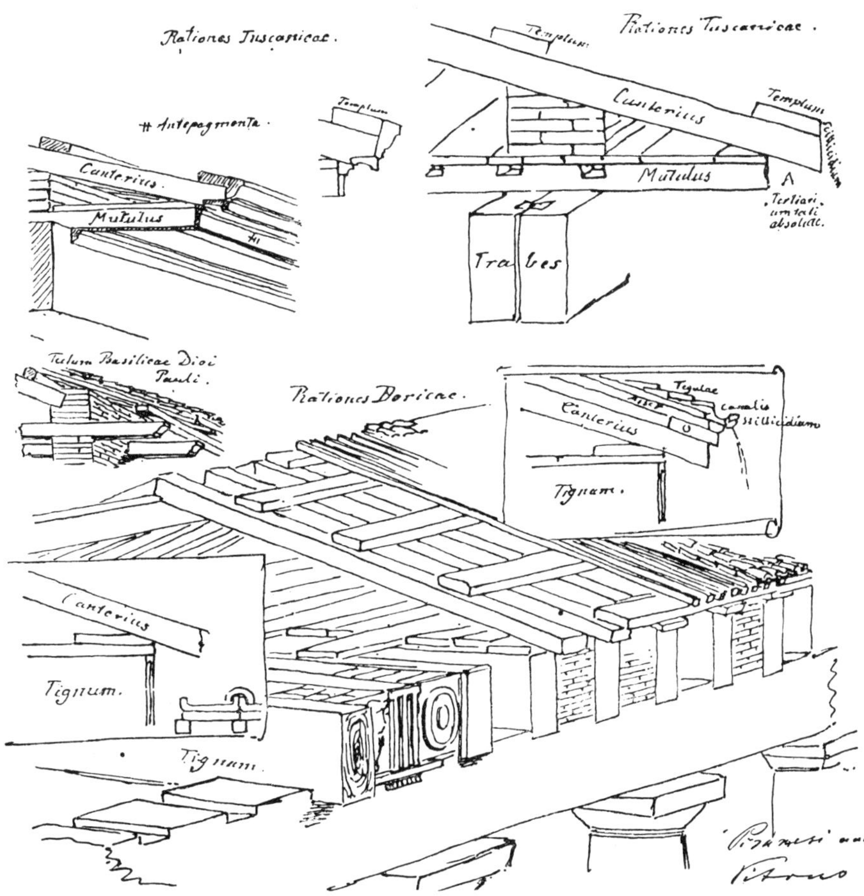


Piranesi: De Romanorum magnificentia et Architectura. Romae 1761. Tafel XXXII Fig. 6, Tafel XXVII.

Schon früher ist erörtert worden, wie die ägyptische, stehende, krönende Hohlkehle nichts mit der hinterliegenden Steindecke zu thun hat, wie deshalb die Höhen beider ganz verschieden sein können. Daraus folgt naturgemäss weiter, dass in der griechischen, von der ägyptischen abgeleiteten Form die der Höhe und Lage nach analoge Friesform der Metopen und Triglyphen keine konstruktive Beziehung zu der Balkenlage hat. Dies trifft um so mehr zu, als die griechische Decke gar nicht in der Höhe der Hohlkehle bezw. der Metopen und Triglyphen liegt, jedenfalls nicht auf der Oberkante des Architravs anfängt. Schon aus diesem inneren, konstruktiven Zwiespalt ist ersichtlich, dass es konstruktiv nicht möglich ist, die Triglyphen als die Kopfseiten (Stirnflächen) der Balkenlagen anzusehen, trotzdem dies von antiken und modernen Schriftstellern behauptet wird. Solche Annahme führt stets zu Widersprüchen mit den Monumenten, während nach der von mir vorgeschlagenen Entstehungsweise der Friesform die griechischen Bauten bis in ihre Einzelheiten vollständig zu erklären sind.

In dem Rhytmus der Form des Metopen- und Triglyghenfrieses liegt eine augenfällige Analogie mit der ägyptischen Krönung. Die drei Federn sind durch die Drei-

Fig. 66.
Griechische Dach- und Deckenkonstruktion nach Dieulafoy. Vol. II, p. 65.

schlitze ersetzt, die Namen der Könige (Königsschilde) durch die Darstellung der Thaten der Heroen, denen der Tempel geweiht war. Schon Pennethorne weist in: The Geometry and Optics of the ancient Architecture, S. 187, 188 auf die Aehnlichkeit beider Formen hin. Zudem ist der Wechsel der Metopen und Triglyphen nach den Säulenaxen eingerichtet, oder wenn man will, sind die Säulen in die vertikalen Axen jener gestellt. Wie aus diesem Vergleich zu entnehmen, hat der Dreischlitz mit der hinterliegenden Decke oder deren Balken nicht das geringste zu thun.

Vitruv machte schon den Anfang und bis Dieulafoy gehen diese Verwirrungen. Wenn man in Piranesi die Rekonstruktion nach Vitruvs Beschreibung ansieht, Fig. 64, 65 und mit diesen diejenige des Dieulafoy (Vol. II S. 65) vergleicht, Fig. 66, so muss man zunächst des Glaubens werden, dass die alten Griechen wahre Urwälder zur Verfügung gehabt hätten.

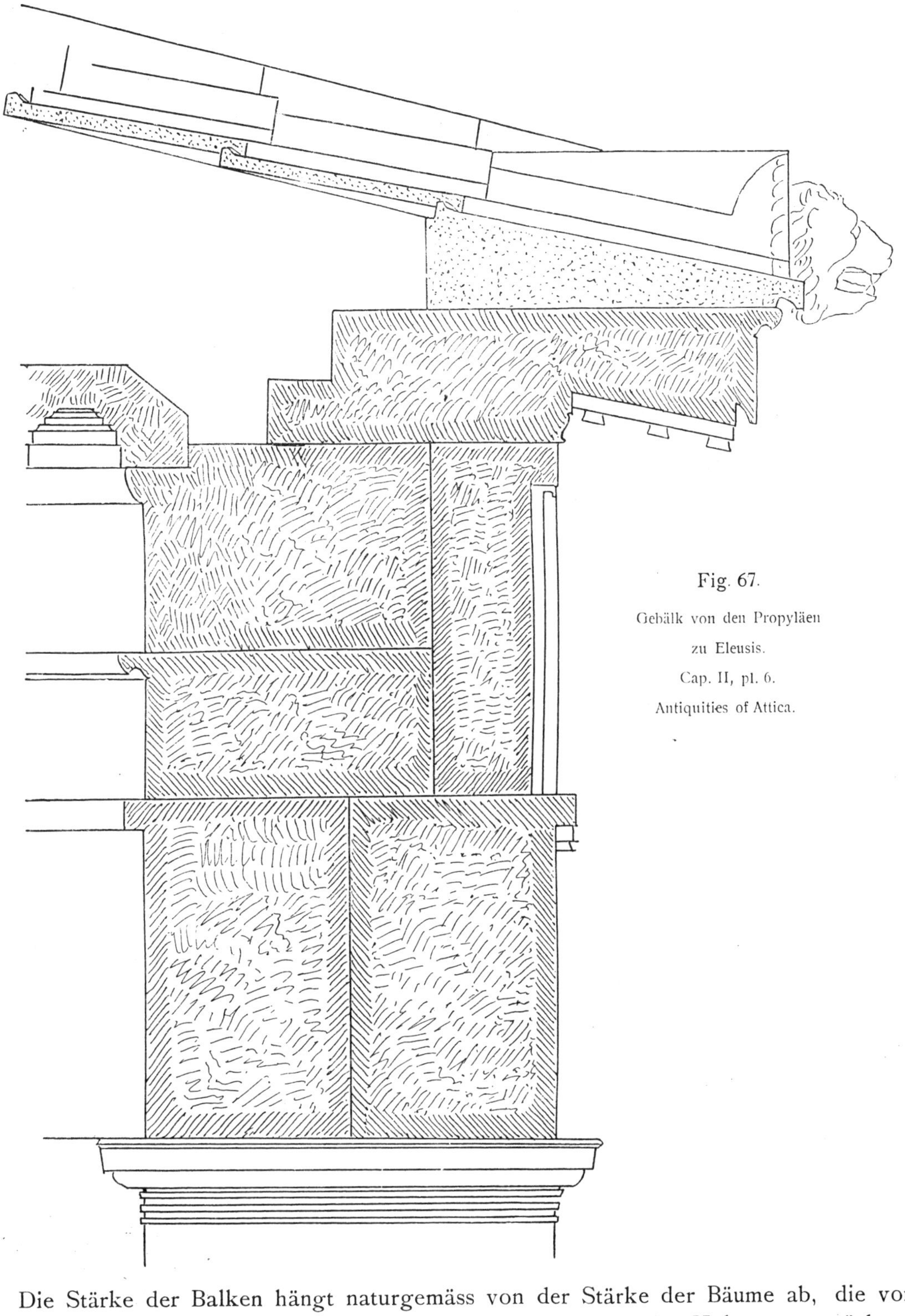

Fig. 67.

Gebälk von den Propyläen

zu Eleusis.

Cap. II, pl. 6.

Antiquities of Attica.

Die Stärke der Balken hängt naturgemäss von der Stärke der Bäume ab, die vorhanden waren. Die ältesten griechischen Tempel, die doch der Holzära am nächsten lagen, haben Triglyphenhöhen von 1,30 m in Segesta, von 1,40 m in Selinunt und gar von 1,50 m in Agrigent. Auch nur annähernd so starke Bäume für die Erbauung ihrer Tempel haben die Griechen zweifellos nicht besessen.

Das Wachsen der Grössen der Einzelformen mit dem Grösserwerden des Kunstwerkes, dies Grundgesetz der griechischen Tempelarchitektur, ist in der Praxis wohl in Stein,

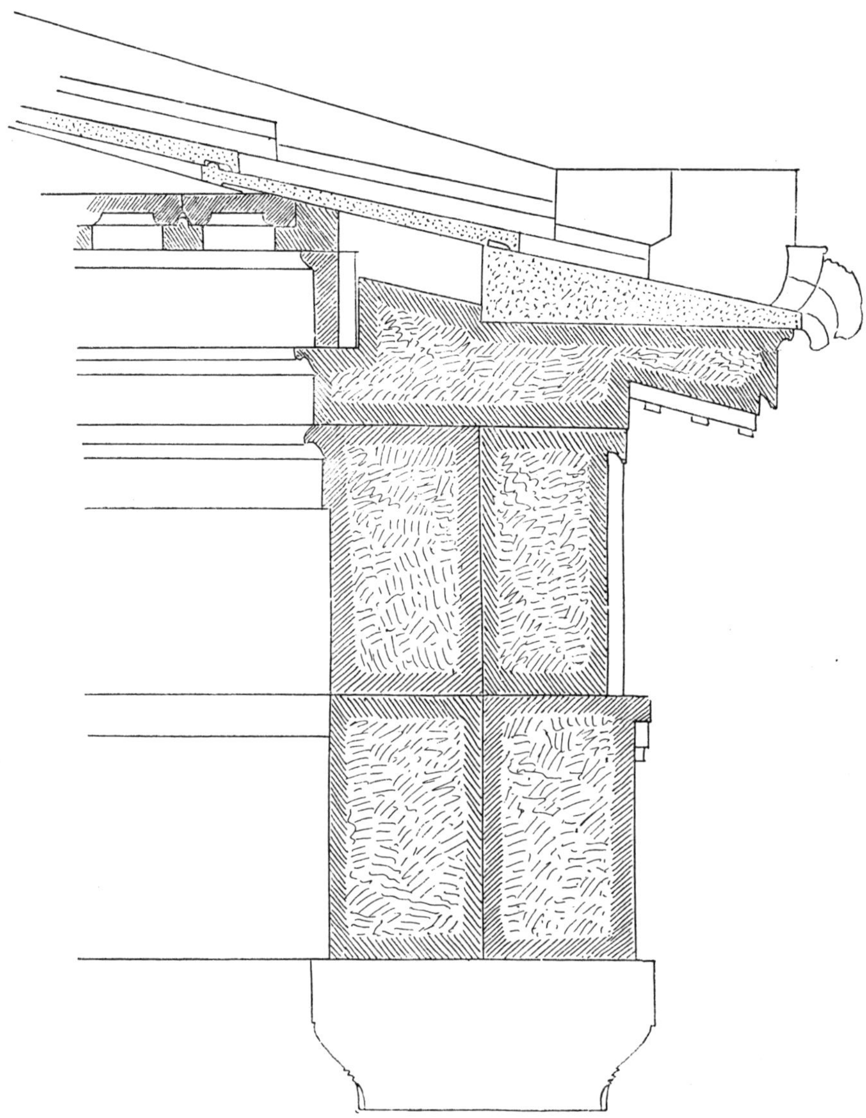

Fig. 68.
Gebälk vom Tempel der Nemesis zu Rhamnus. Chap. VI, pl. 5. The Society of Dilettanti.

nicht aber in Holz durchführbar. Es führt bei der Verwendung dieses letzteren Materials sofort zu den grössten Ungereimtheiten. Die angeführten Tempel haben in Wirklichkeit hinter der äusseren Steinarchitektur verschwindend dünne Holzdecken, welche die Räume überspannen (siehe Hittorff).

Die Griechen legten das hölzerne Dach auf die ägyptische, steinerne Hohlkehle, den Schluss des ägyptischen Baues. Diese Krönung wird fortan zur griechischen Frieshöhe der Metopen- und Triglyphenreihe. Es liegt sehr nahe, dass man die Balkenlage als Anker benutzte und mit den beiden schräggeneigten Sparrenlagen durch Pfetten verband. Die Balkenlage, d. h. also die innere Decke, liegt fortan (um die Verbindung von Balken- und Sparrenlage herstellen zu können) annähernd um die Triglyphenhöhe höher, als die ägygtische Decke. Die Höhenlage der griechischen Balkendecke schwankt nur insofern als die Unterkante der Balken entweder auf die Oberkante der Triglyphen oder um die Balkenstärke tiefer hinter die Triglyphen gelegt wird.

Fig. 69.
Gebälk von den Propyläen von Eleusis,
zu Fig. 67.

Sobald man die Verquickung der Triglyphen mit den Balkenköpfen aufgiebt, hat man sofort eine Erklärung, die sich mit den Thatsachen, d. h. mit den Monumenten deckt.

Ursprünglich ist nur die sogenannte Hauptbalkenlage mit der Sparrenlage des Daches von Holz gewesen, dagegen tragen der Architrav und der Fries vollständig den Steincharakter, wenn auch ihre Ausführung zuerst in Holz gedacht sein mag.

Der Wechsel im Material und der dem Material entsprechenden Formgebung liegt beim griechischen Tempel also nicht unterhalb, sondern oberhalb des Frieses. Hierin beruht die Abweichung meiner Ansicht von der von anderen Autoren ausgesprochenen.

Wie genau die griechischen Architekten das ursprüngliche Vorbild der Holzkonstruktion in den besten Bauten der Blütezeit beibehalten haben, geht aus den beiden Figuren, der Gebälke der Propyläen von Eleusis, Fig. 67 und des Tempels der Nemesis zu Rhamnus, Fig. 68, hervor.

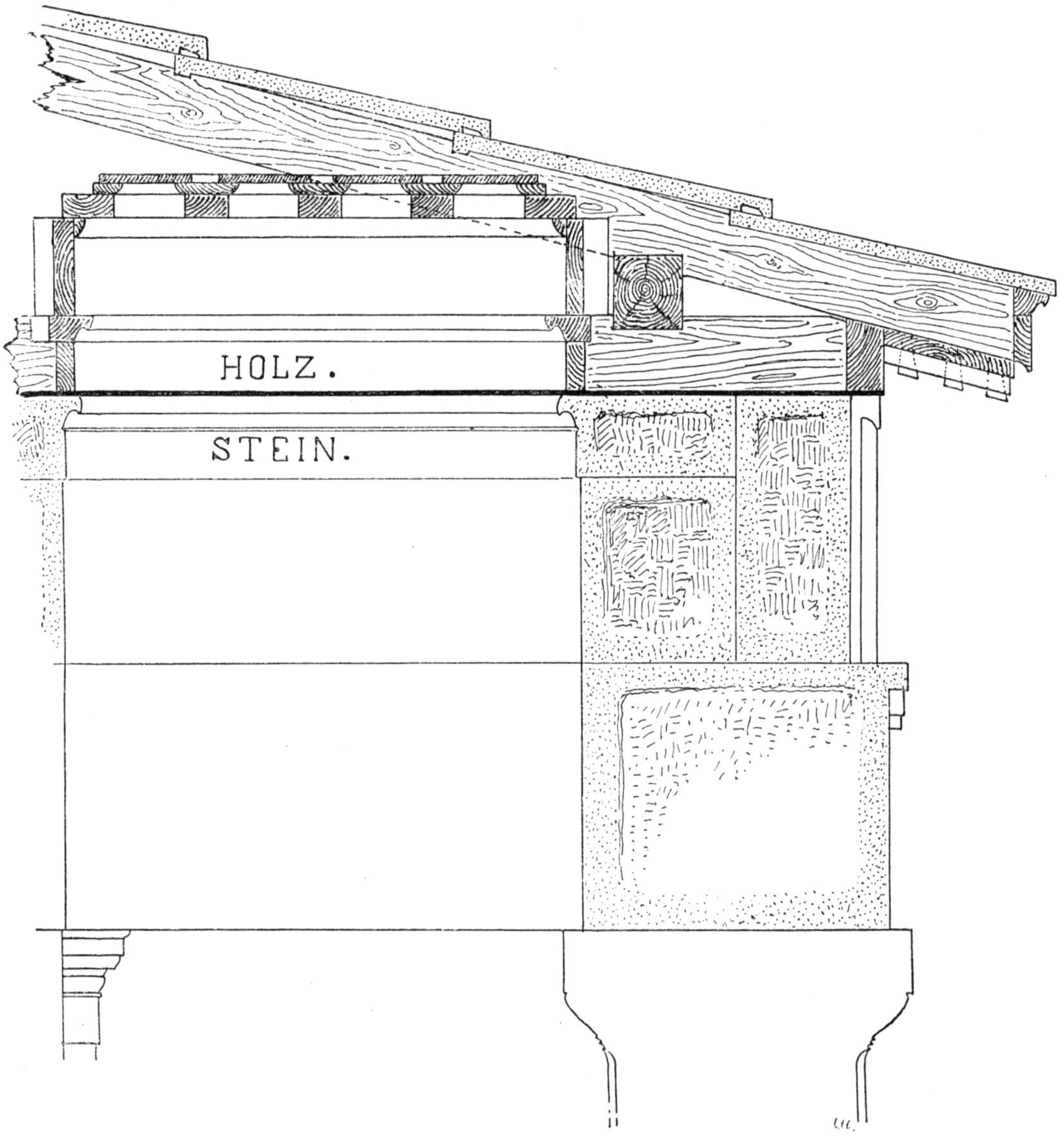


Fig. 70.
Gebälk vom Tempel der Nemesis zu Rhamnus,
zu Fig. 68.

In diesen Querschnitten, welche aus den Antiquities of Attica, Chap. II pl. 6 und The Society of Dilettanti, Chap. VI pl. 5 entnommen sind, ist ohne die geringste Aenderung der äusseren Form, in Fig. 69 und 70 die Steinkonstruktion der Decke und des Dachüberstandes in Holz umgestaltet.

Man wird aus dem Vergleich der Figuren ersehen, mit wie peinlicher Genauigkeit sich die Steinkonstruktionen dem Holze angepasst haben. Die Dachschräge, die starke Unterschneidung des Stirnbrettes zur Abführung des Wassers, die untere Verkleidung der Sparrenüberstände mit Platten (viae), die mit Holznägeln an jenen befestigt werden mussten, alle diese Formen gehen direkt mit der Holztechnik zusammen und aus ihr hervor. Die Platten mit je achtzehn Steinpfropfen zu verzieren, die oft schon während der Bearbeitung abbrachen und nachträglich wieder eingebohrt und eingesetzt werden mussten, diese Ornamentierung der Steinhauerkunst anzudichten, ist doch ganz unmöglich. Viel eher könnte man die Darstellung dieser Tropfenplatten in Stein als ein Kunststück bezeichnen, während sich die Formen, wenn ihre Ausführung in Holz gedacht wird, ganz organisch ergeben.

Es ist doch ein überwundener Standpunkt, zu glauben, dass nur der Stein berechtigt sei, monumentale Formen zu gestalten. Sobald man dem Holz, dem Metall und den textilen Künsten das Recht einräumt, den Gedanken für Formenbildungen zu liefern, wird deren Erklärung einfach und oft sehr leicht. So ist es auch hier der Fall. Das griechisch-dorische Hauptgesimse ist im eminentesten Sinne eine Holzkonstruktion, welche der grösseren Dauerhaftigkeit halber in Stein übertragen wurde.

Geht es uns modernen Architekten nicht häufig gerade umgekehrt, dass wir wegen Mangel an Geld ein der Form nach steinernes Gesimse als Bretterkasten herstellen müssen? Ist es nicht selbst Raphael bei Erbauung des Palastes Pandolphini in Florenz ganz ähnlich ergangen? (Fig. 100.)

Wir müssen noch auf einige Einzelheiten eingehen, die der Erklärung bedürfen. Zunächst ist das Vorkommen der Triglyphen auch an der Giebelseite des Tempels zu erwähnen. Diese Aenderung der Richtung in der äusseren Krönung vollzieht sich durch die Hohlkehle der ägyptischen Tempel ganz ohne Schwierigkeiten. Sieht man nun die Triglyphen- und Metopenreihe als eine Nachbildung der Hohlkehle an, so ist das horizontale Umlaufen des dorischen Frieses ganz normal und logisch richtig. Sobald man aber den Triglyph zum Balkenkopf stempelt, mit dem er freilich, auch in der Art der Bearbeitung, nicht die geringste Aehnlichkeit besitzt, so wird die Sache kompliziert und passt nicht mit irgend einem der Monumente.

Da will man, wie Reimers: Zur Entwickelung des dorischen Tempels, S. 34, den Ecktriglyphen als Endigung eines Stichbalkens frisieren und kommt dabei in den Einzelheiten zu den gröbsten Ungereimtheiten.

Oder wenn Dieulafoy sagt: „ils oublient que les triglyphes sont des denticules agrandis et espacés, et que ces deux ornements sont par conséquence exclusifs l'un et l'autre," so vergleicht er die Triglyphen mit vergrösserten Zahnschnitten — unter Hinweis auf die lykischen Gräber — während beide Formen ganz verschiedene Motive darstellen.

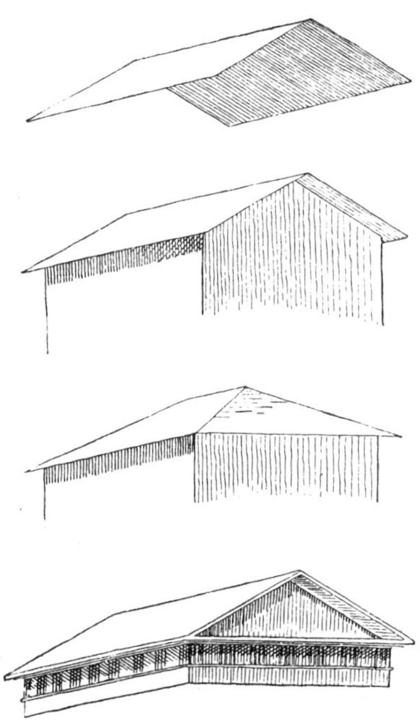

Satteldach

Walmdach.

Fig. 71.
Dachformen.

Nun sind noch die Dachformen zu besprechen. Die einfachste Gestalt hat das Satteldach, bestehend aus zwei schräg gegeneinander geneigten Rechtecken. Wollte man den Bau als reinen Konstruktionsbau, etwa als Scheune ausführen, so brauchte der Giebel äusserlich keinen horizontalen Schluss, weil der letzte Balken hinter der Mauer liegt. Wird dagegen ein Säulenbau, ein Peripteros ausgeführt, so muss aus rein ästhetischen Gründen der an den Seiten horizontal ausgeführte Schmuck auch in der Front durchgehen. Sieht man ganz von dem ägyptischen Ursprunge ab, so ist der umlaufende Triglyphenfries in der Hauptfront (Giebel) eine künstlerische Notwendigkeit. Ueber diesem Fries liegt dann nur das Dach, bestehend aus Sparren, Dachbedeckung und vorderem Schluss der Ziegelreihen. Fig. 71.

Dachkonstrukti

Den Triglyphenfries nochmals schräg an den geneigten Dachflächen in die Höhe ziehen zu wollen, würde ein Nonsens sein, unkonstruktiv und durch die Verschneidung in den Giebelecken unschön. So erklärt es sich sehr einfach, dass die Untersicht der hängenden Platte — des Dachüberstandes — im Giebel einfach nur eine tragende Eckleiste (Kyma) gegen die Mauer zu erhält.

Will man sich auch für den Giebel die ursprüngliche Dachkonstruktion ausgeführt denken, so stellt diese etwa Fig. 72 dar.

Der Wechsel in der Richtung der Sparren, sowie die Stichsparren des Giebels mit dem Eckstichsparren geben die ganze konstruktive Grundlage für die Befestigung der Bekleidungsbretter der hängenden Platte des Kranzgesimses.

Das Walmdach (testudinatum des Vitruv) mag dagegen bei Reihebauten benutzt sein, mag auch früher als das Giebeldach vorkommen; bei freistehenden Bauten aber, wie es die Tempel waren, liegt die Durchführung des Giebels sowohl in der Konstruktion wie in dem ästhestischen Bedürfnis.

Wollte man aus der hier gegebenen Erklärung der Entstehung des dorischen Frieses den letzten Schluss ziehen, so wäre es der, dass die Griechen aus rein konstruktiven Rücksichten nur den Architrav der Aegypter anzuwenden nötig hatten, um auf diesen direkt das Dachwerk, d. h. Balken- und Sparrenlage zu legen. Damit wäre ihnen indessen das reiche Motiv der ägyptischen Tempelkrönung, die Hohlkehle, entgangen. Deshalb gestalteten die Griechen diese durch Aufrichten in die Vertikale um, wodurch mit dem überstehenden Dache eine Ecke gebildet wurde, welche durch ihre Schattenwirkung in kräftigerer Weise, als es die Hohlkehle allein thun konnte, dem Gebäude den oberen Schluss verlieh.

Sobald dagegen asiatische Elemente in die griechische Architektur Eingang fanden, fiel die dorische Verzierung und Einteilung des Frieses. Derselbe wurde Bilderträger ohne vertikale Teilung. Als Schrift, Ornament und figürlicher Schmuck den Fries nicht mehr zierten, wie in den meisten römischen Bauten, blieb er leer und überflüssig. Aber diese nichtssagende weisse Platte über dem Architrav zeigt uns, wie zähe der Mensch an alten Ueberlieferungen und vorgefassten Meinungen auch in der Kunst festhält.

Das ionische Hauptgesimse hat ebenfalls seine Entstehungsgeschichte.

Ist in den vorigen Erörterungen gezeigt, wie das dorische Gebälk in seinen Einzelformen aus der Textilkunst, aus einem natürlichen Schmuck und aus der Holzarchitektur hergeleitet werden musste, um die fertige Form organisch zu erklären, so ist der Ursprung des ionischen Gebälks lediglich in einer Holzkonstruktion zu suchen.

Die lykischen Gräberfaçaden, die man recht eigentlich versteinerte Holzhäuser nennen könnte, geben zu dieser Erklärung das erwünschte Bindeglied und Material. Denn Gebälk und Giebel z. B. vom Grabe des Amyntas zu Telmissus, wie sie in ihrem inneren Gefüge durch Fig. 18 erläutert sind, geben ohne weiteres den gewünschten Aufschluss für die Entstehung des ionischen Hauptgesimses.

Die Umkleidung knüppelartiger Balken mit übereinander vorspringenden Brettern ist bei den maurischen Bauten Regel, ebenso wie bei römischen Bauten (Pompeji) das Umkleiden wahnkantiger Balken mit einem Putzüberzug, um diese für den oberflächlichen Beschauer als Monolithe erscheinen zu lassen. Die vertikale Ansicht des Architravs ist hier meist in einer Putzfläche hergestellt, während die mit Brett überkleideten Flächen fast regelmässig aus zwei oder drei Absätzen oder Vorsprüngen bestehen, da man keine Bretter von der Höhe des Architravs zur Verfügung hatte. Schon Semper weist auf diese Verkleidung hin.

Der Fries ist bei den lykischen Bauten nicht vorhanden, da sich ganz konstruktiv die Decke sofort auf den Architrav legt. Ein solches griechisches Beispiel bietet uns auch die Karyatidenhalle am Erechtheion zu Athen. Erst die durchgebildete griechischionische Bauweise hat in Anlehnung an den dorischen Stil des Schmuckes halber den Fries eingeführt.

Die Deckenbalken treten, wie Fig. 18 zeigt, mit ihren Kopfenden äusserlich an der Façade zu Tage. Sie ruhen auf dem oberen Umfütterungsbrett des Architravkastens und tragen den Deckenbelag. Aus dieser Konstruktionsgrundlage schreibt sich das fast regelmässige Zwischenlagern der Zahnschnitte (Balkenstirnen) zwischen einem Unter- und einem Ober-

Fig. 73.

Inneres der Cella vom Parthenon. Nach James Fergusson.

Fig. 74.
Essai de Restitution d'un temple hypaetre, p. Ch. Chippiez.

gliede her, d. i. die später konventionell gewordene Reihenfolge der Unterglieder des ionischen Hauptgesimses. Der Bohlenbelag des Spitzgiebels greift schliesslich über die horizontale Decke als schützendes Dach, während das Giebeldreieck mit schlichten Brettern verkleidet ist.

Von diesen griechischen Dach- und Deckenkonstruktionen ist natürlich nichts erhalten. Man hat sie verschiedentlich, wenigstens auf dem Papier, wiederhergestellt, wobei man die oft noch erkennbaren Auflager der Hölzer auf dem Stein nach Möglichkeit benutzt hat.

Fig. 75.

Innere Ansicht des Empfangssaales auf der Akropolis, Athen, nach F. Schinkel.

In Fig. 73 sehen wir den Versuch der Dach- und Deckenkonstruktion des Parthenons durch ein offenes Spreng- und Hängewerk, nach Fergusson.

Fig. 74 giebt den Rekonstruktionsversuch des Dachgestühls der allerdings recht problematischen, hypäthralen Tempelanlage.

Fig. 76.
Inneres der Walhalla. Regensburg. L. v. Klenze.

Den modernen Entwurf eines griechisch-gedachten Innenraumes mit Holzdecke und teilweiser Benutzung von Bronze und Eisen giebt Fig. 75 nach Fried. Schinkel.

Einen solchen ausgeführten Plan mit Oberlicht, entsprechend der Annahme regelmässig hypäthraler Anlage griechischer Tempel, sehen wir in Fig. 76, dem Inneren der Walhalla bei Regensburg von L. von Klenze.

Die scheinbar hölzerne Deckenkonstruktion ist freilich in Wirklichkeit aus bronzebekleidetem Eisen hergestellt (s. Fig. 120, Bd. I).

Ausser diesen Konstruktionen oder vielmehr deren Umformungen in Stein ist in Griechenland nichts wesentliches erhalten, was uns einen heimischen Holzbau vergegenwärtigen könnte.

Fig. 77.
Thür einer Marmorstele von Delos, nach Abel Blouet III, pl. 16.

Es mag hier nur noch die Abbildung einer Thür an einer delischen Marmorstele beigefügt werden, Fig. 77, die deutlich das hölzerne Rahmenwerk der Pfosten mit Benutzung ionischer Gesimsemotive verrät. Die Thürflügel mit ihren Spiegeln zeigen die Arbeit des Tischlers.

Kap. VII.

# Italien.

In Italien sind wir hinsichtlich der Vorstellung von hölzernen Dachkonstruktionen und Innenarchitekturen etwas glücklicher daran, als in Griechenland. Schon Etrurien bietet ein günstiges Feld. Ja, altitalische Graburnen bilden bereits genau das Aeussere eines Holzhauses nach. Ein solches bestand aus in die Erde gesteckten Rundhölzern, an deren oberen Enden Querhölzer mit Stricken befestigt waren. Das Dach war ähnlich aus Sparren zusammengesetzt.

## Etrurien.

Aus jüngerer, etruskischer Zeit, dem vierten und dritten Jahrhundert v. Chr., sind uns zahlreiche Grabbauten erhalten, die nicht, wie jene in Lykien, das Aeussere, sondern das Innere eines Wohnhauses darstellen. Die hölzerne Balkenlage der Decke ist dabei auf das genaueste nachgebildet.

Fig. 78.
Felsen-Grabkammer in Vulci.

Zwei Typen lassen sich unterscheiden — einmal eine Anlage mit flacher Decke, Fig. 78, und eine zweite, besonders für Italien charakteristische Form, mit vier Walmflächen, Fig. 79.

Die erste Art setzt über der Decke noch ein besonderes Dach voraus; die weitgetrennten Balken werden kaum einen starken, gegen rauhes Wetter hinreichend schützenden Estrich haben tragen können. Vielleicht ist diese Form besonders abhängig von der griechischen, deren in Stein verwandelten Kassettendecken wir später wieder begegnen werden.

Die zweite, eigentlich italische Deckenform (Walmdach) bildet Dach und Decke zugleich. Balken und Sparren sind zu einem Gliede verschmolzen, sie schiessen von allen vier Seiten sehr flach ansteigend in die Höhe. Die Hauptarbeit der Konstruktion dieses strebenden Dachwerkes verrichten die Gradsparren, sie tragen einen viereckigen, offenen Rahmen in der Mitte des Daches. Die übrigen Balken (Sparren) sind an dieses Gerüst

Fig. 79.

Felsen-Grabkammer, Corneto.

angeschiftet. Die Dachöffnung dient zur Beleuchtung des Innenraumes und als Abzugsloch des Rauches zugleich.

Dach und Gebälk der etruskischen Tempel waren ebenfalls aus Holz, wie die weiten Säulenabstände vermuten lassen und alte Beschreibungen bestätigen. Das Gebälk hatte im wesentlichen die Formen des griechischen Steinbaues übernommen und mag zu jenen Surrogatbildungen gehört haben, von denen wir in der Einleitung gesprochen haben.

## Rom.

Die in Fig. 79 besprochene, sehr bemerkenswerte Form der Bedachung eines Hauses mit Oberlicht, können wir ähnlich bei den komplizierten römischen Hausanlagen wiedererkennen. Der ursprünglich einzigste Raum des Hauses wurde als Atrium zum Mittelpunkt einer mannigfaltigen Anlage von Gemächern. Er wurde oft hofartig ausgedehnt und die Lichtöffnung entsprechend erweitert, aber seinen Charakter als Innenraum verlor er doch nie vollständig.

Fig. 80.

Restauration des Inneren eines pompejanischen Hauses, nach Nicolini Fas. LXXXXIV.

Fig. 80 lässt die wohl ziemlich getreue Wiederherstellung der Holzdecke eines solchen Atriums in Pompeji erkennen; Fig. 81 eine andere Anlage mit leichterer Konstruktion.

Das rekonstruierte Aeussere eines pompejanischen Hauses zeigt Fig. 82. Auf einem steinernen Unterbau erhob sich ein nach der Strasse vorgekragtes Fachwerkgeschoss. Die sichtbaren Hölzer scheinen ganz schmucklos gewesen zu sein und die Wandfläche suchte man mit Putz zu überziehen, sodass von einer eigentlichen Holzarchitektur nicht die Rede sein kann.

Fig. 81.
Restauration eines pompejanischen Hauses, nach Nicolini, Tafel V.

Fig. 82.
Restauration eines Ladens in Pompeji, nach Nicolini, Fas. XCIX. Tafel IV.

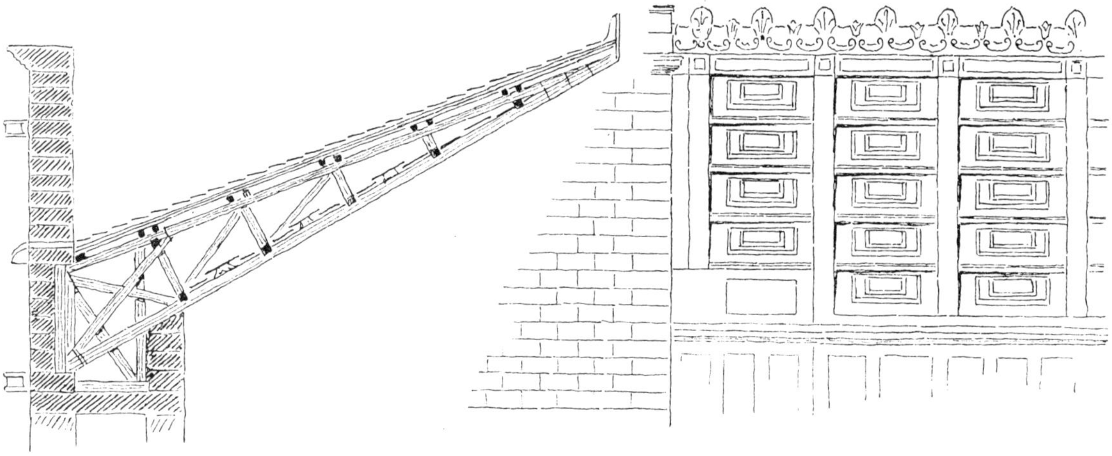

Fig. 83.
Rekonstruktion des Daches im altrömischen Theater in Orange, erbaut unter Marc Aurel, (nach Charistie, Orange.)

Die mutmassliche Konstruktion eines freischwebenden Pultdaches sehen wir auf Fig. 83. Es ist die Decke des nach dem Zuschauerraum offenen Prosceniums vom Theater in Orange. Die untere Fläche war vielleicht durch ein Rahmenwerk konstruktiv kassettiert. Abgesehen von diesen Einzelheiten ist nichts erhalten oder zu bestimmen — und nur durch das für die Kunstforschung glückliche Ereignis der Zerstörung Pompejis ist es möglich gewesen, diese wenigen Kunstformen der Verwendung des Holzes zur Zeit des alten Rom zu rekonstruieren. Erst die altchristliche Zeit und das Mittelalter geben uns ferneren, doch auch nur dürftigen Aufschluss darüber.

## Altchristliches.

Auf antike Traditionen geht ohne Zweifel das offene Sprengwerk der Dachstühle altchristlicher Basiliken zurück. Ein solches sehen wir aus der Zeit um 800 n. Chr. auf Fig. 84 von Alt-St. Peter in Rom.

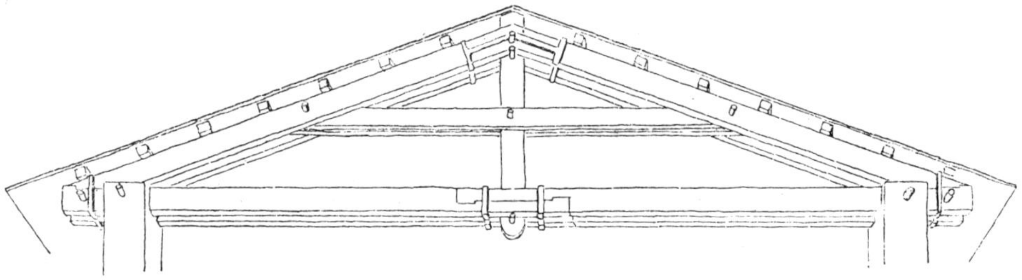

Fig. 84.
Dachstuhl im Hauptschiff vom alten St. Peter in Rom, ca. 26 m Spannweite. Erbaut um 800 n. Chr.

Eisenbänder dienen, wie man sieht, zur Verknüpfung der Hauptglieder. Die weite Spannung, 26 m, verlangte eine sorgfältige Verkämmung der aus zwei Stücken zusammengesetzten, bohlenartigen Balken. Je zwei und zwei Balken und Sparren sind immer zu einem Gebinde vereinigt und umschliessen die ebenfalls verhältnismässig dünne Hängesäule.

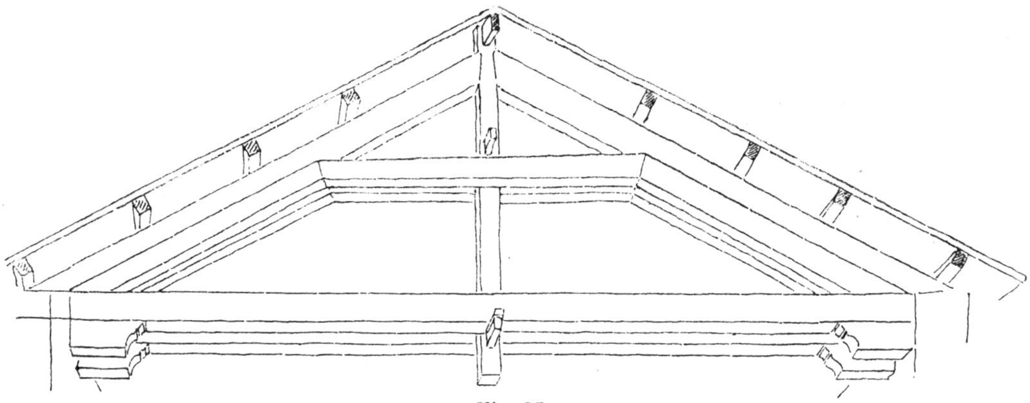

Fig. 85.
Dachstuhl von St. Maria in Cosmedia. Rom um 800 n. Chr.

Eine andere Verbindung veranschaulicht Fig. 85, der Dachstuhl von St. Maria in Cosmedia in Rom, ebenfalls um 800.

Die Dimensionen dieser Kirche sind bedeutend kleiner als die von St. Peter, daher laufen die stärkeren Balken über das ganze Schiff, ohne Zusammensetzung. Ein Spreng-

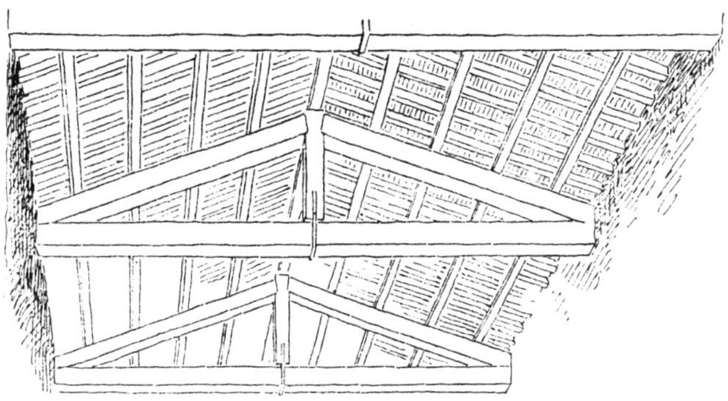

Fig. 86.
Dachstuhl
von
St. Nereo und Achilleo.
Rom um 800 n. Chr

bock aus zwei Streben und Spannriegeln ist zur Verstärkung unter die Hauptstreben gezogen. Eisenbänder sind nirgends benutzt.

Aus gleicher Zeit ist das ganz schlichte Hängewerk, Fig. 86.

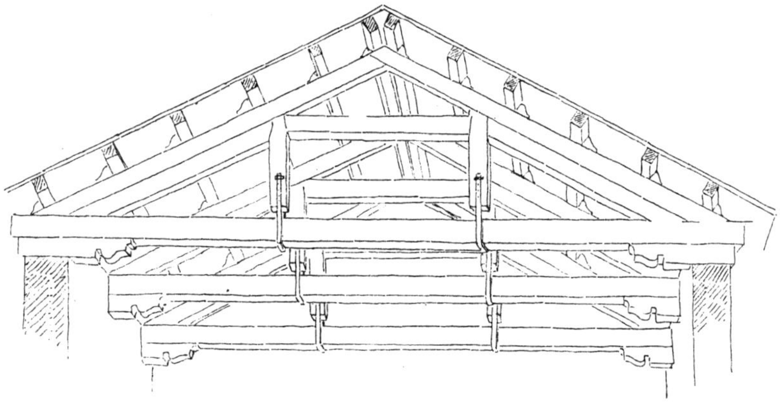

Fig. 87.
Dachstuhl von St. Maria
in Trastevere-Rom.
Nach Bunsen,
Die Basiliken des
christlichen Roms.

Ein ähnliches grösseres, mit zwei Hängesäulen und einem Spannriegel zwischen ihnen sehen wir in Fig. 87, bereits aus dem 12. Jahrhundert.

Wie man erwarten konnte, blieb die Tradition solcher rein konstruktiven Verbindungen stets die gleiche, wie überhaupt ein nach zwei Seiten abgeschrägtes Dachwerk bei gleicher Neigung nur ein bestimmtes Konstruktionsschema zulässt, welches stets angewandt werden muss, soll ein entsprechender Raum überdacht werden. Da das Bedürfnis nach Neuerrichtung solcher Konstruktionen seit der Römerzeit fortgesetzt bestand, blieb die Tradition ihrer zweckmässigsten Zusammensetzung gewahrt.

Fig. 88.
Decke im Seitenschiff St. Michael in Hildesheim.

## Mittelalter.

Die ältesten Basiliken Roms, noch einer künstlerisch leistungsfähigen Zeit angehörend, legten unter den Dachstuhl eine Kassettendecke. Die flachgedeckten romanischen Basiliken Deutschlands zeigen stets Deckenverschalungen, doch nicht in jener antiken Kassettenform, sondern nur eine einfache, mehr oder weniger bemalte bretterne Unterlage — z. B. St. Michael in Hildesheim. Fig. 88.

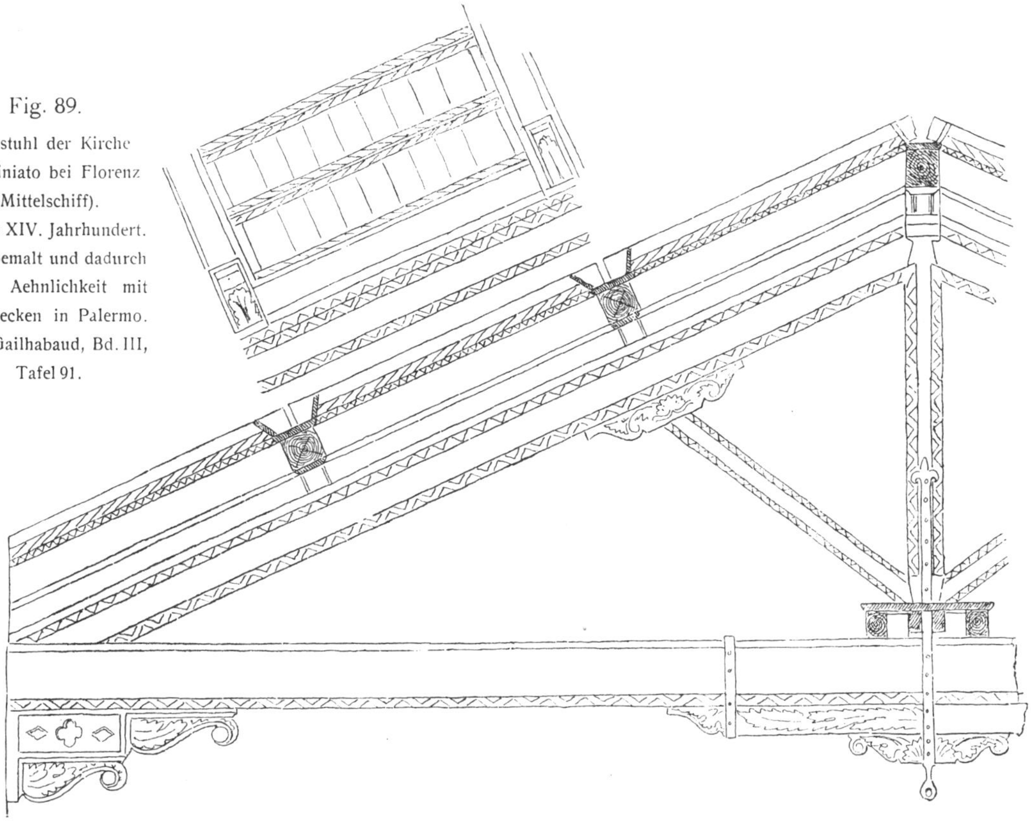

Fig. 89.
Dachstuhl der Kirche St. Miniato bei Florenz (Mittelschiff). Erbaut XIV. Jahrhundert. Bunt bemalt und dadurch grosse Aehnlichkeit mit den Decken in Palermo. Nach Gailhabaud, Bd. III, Tafel 91.

Fig. 90. Florenz (Chiesa di S. Miniato) Intravatura del soffitto.

In Italien blieb man das ganze Mittelalter hindurch bei dem offenen Dachstuhl für holzgedeckte Kirchen. Bei reicheren Mitteln wurden die einzelnen Teile dekorativ behandelt, wie z. B. in St. Miniato in Florenz aus dem 14. Jahrhundert, dessen Schmuckfülle farbiger Zickzack- und Blattornamente bereits die frische Formenfreude der beginnenden Renaissance verkündet. Fig. 89, 90.

Die Decke von St. Zeno in Verona,

Fig. 91.
Decke im Mittelschiff.
St. Zeno, Verona.

Fig. 91, ein offener doch im Inneren verschalter Dachstuhl, bildet eine Ausnahme und zeigt besondere, an maurische Gewohnheiten erinnernde Eigentümlichkeiten.

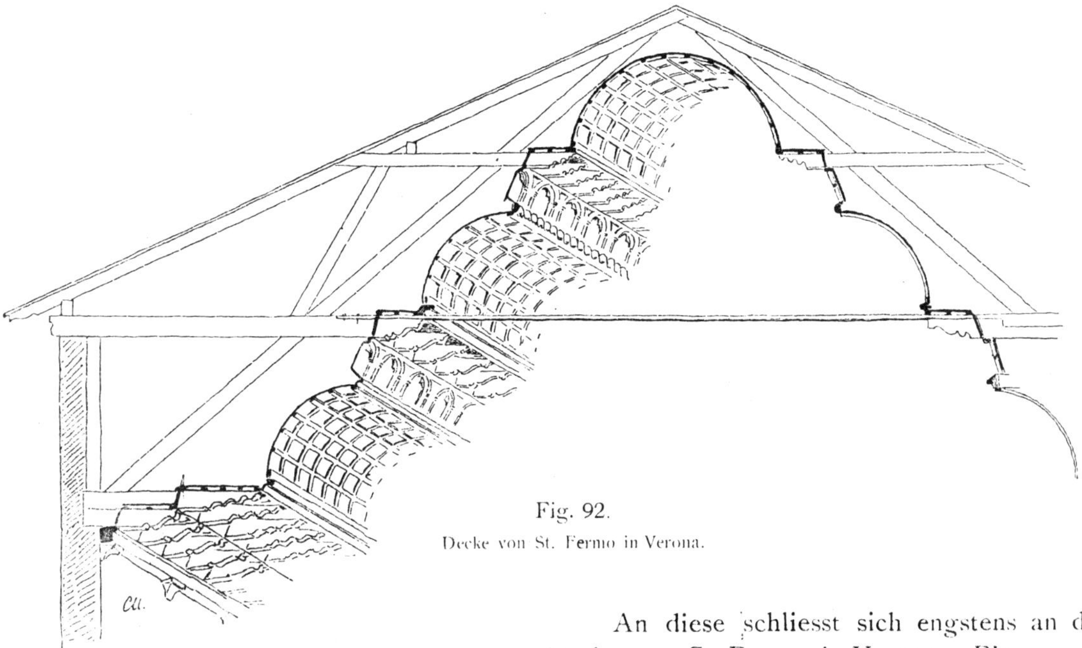

Fig. 92.
Decke von St. Fermo in Verona.

An diese schliesst sich engstens an die Decke von St. Fermo in Verona. Fig. 92.

Fig. 93.
Dachstuhl im hinteren Teil des Presbyteriums des Domes von Monreale-Palermo. XII. Jahrhundert. Nach Gravina.

In Palermo und Umgegend finden wir eine Gruppe von Bauten sarazenisch-normannischer Kunst aus dem 12. Jahrhundert

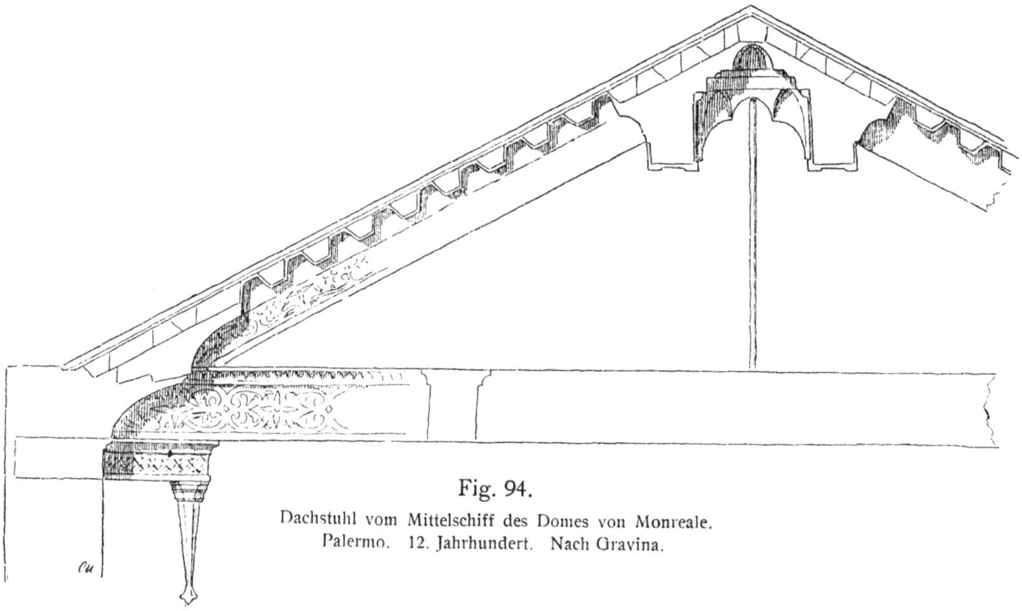

Fig. 94.
Dachstuhl vom Mittelschiff des Domes von Monreale.
Palermo. 12. Jahrhundert. Nach Gravina.

Fig. 95.
Decke der Capella Palatina. Palermo.
12. Jahrhundert.

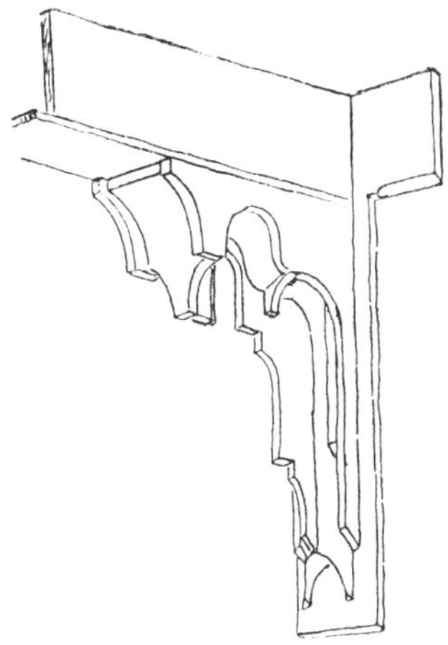

Fig. 96.
Brettkonsole von einer Decke im Palast des Manfred de Chiaramonte in Palermo.

Besonders der Dachstuhl vom Dom in Monreale bei Palermo und die ganz eigenartige Stalaktitendecke der Capella Palatina in Palermo sind von höchstem Interesse. Fig. 93, 94, 95.

Auch die Brettkonsole von einer Decke im Palast des Manfred de Chiaramonte in Palermo, Fig. 96, und die beiden Konsolen unter der Balkendecke eines anderen Palastes ebendaselbst, Fig. 97, geben Beispiele, aus denen zu ersehen ist, dass die Grundlage dieser Formen mit aufeinander gelegten ausgeschnittenen Brettern, sowie mit Stalaktitenbildungen im engsten Zusammenhange mit orientalischen Formen stehen. (Vergleiche die maurische Baukunst in Spanien.)

## Renaissance.

Die in Italien des Klimas halber sehr viel benutzten, weit überstehenden Dächer sind materialcharakteristisch in Holz fast regelmässig als Sparrengesimse ausgeführt. Um die bis zu zwei und drei Meter reichenden Ueberstände zu ermöglichen, hat man die Sparren in verschiedenen, konsolenartig endigenden Schichten übereinander gelegt. Viele der berühmten florentiner Paläste bieten uns solche Konstruktionen dar, Fig. 98, 99.

Doch soll nicht geleugnet werden, dass der Charakter dieser Gesimse zu dem schweren und massigen Mauerwerke im argen Widerspruch steht.

Fig. 97.
Holzkonsolen unter einer Balkendecke in Palermo.
Nach Gailhabaud. Bd. III.

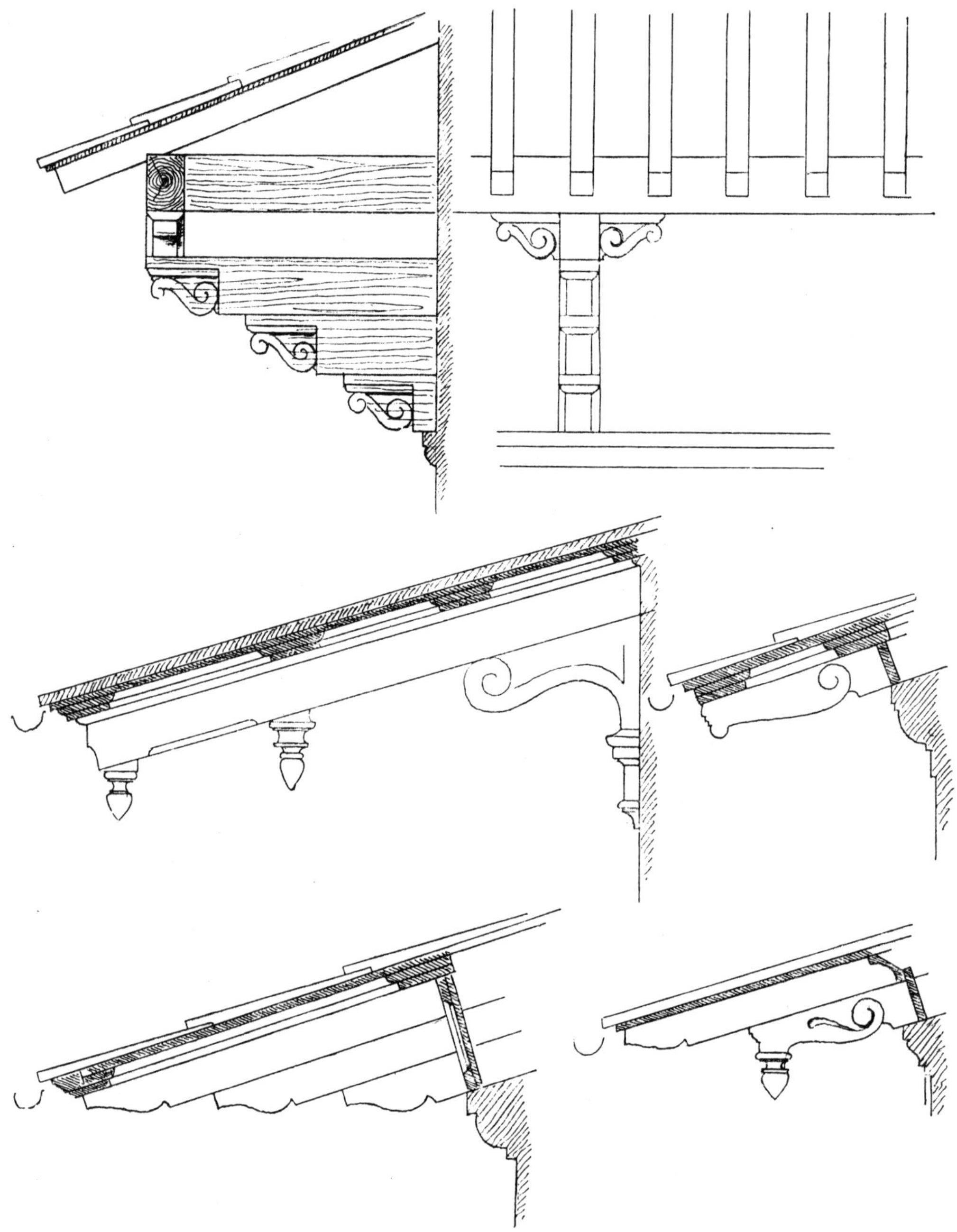

Fig. 98.

Florentiner Hauptgesimse in Holz.

Vom Pal. Bigallo und Pal. Lanfreducci, Pisa.

Um diese durch den Wechsel des Materials bedingte Formdissonanz aufzuheben, hat selbst Raphael bei dem Palast Pandolfini in Florenz, Fig. 100, sich nicht gescheut, das Holz teilweise in der konventionellen Steinform auszubilden und somit im eigentlichen

Sinne den Stein durch ein Surrogat zu ersetzen. Allerdings ist das dort verwandte korinthische Gesimse, besonders in seinen oberen Teilen, wie früher gezeigt, ursprünglich aus einer Holzkonstruktion hervorgegangen.

a)

b)

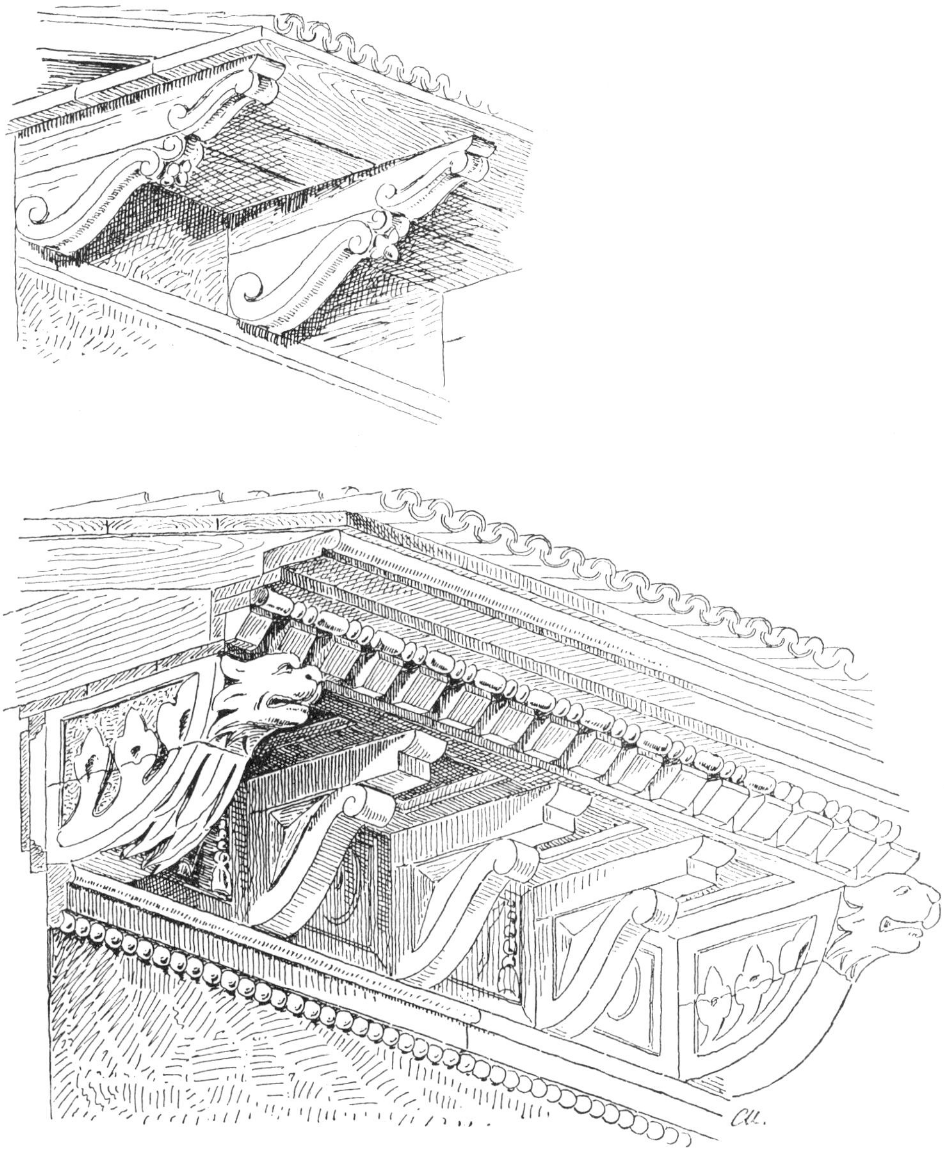

Fig. 99.

a) Hof im Castell Trient. b) Von einem Palast in Sabbioneta.

Italienische Hauptgesimse in Holz.

Bei der inneren Ausgestaltung der Räume hat das Holz in Italien während der Renaissanceperiode sowohl für Wand- wie auch Deckengetäfel eine ausgiebige Verwendung gefunden. Die Wandtäfelungen sind den Säulen- bezw. Pilaster- und Bogenstellungen nachgeahmt und ebenso ist die römische kassettierte Decke, die, wie wir gesehen, auch aus Holzverbindungen hervorging, als Grundlage für die Motive der Deckeneinteilung benutzt, so dass an eigentlichen Neubildungen nichts zu verzeichnen ist. Nur die Detailausbildung folgt der Weiterentwickelung der Renaissance von der Blütezeit bis zum Rokoko und dem vollständigen Verfall.

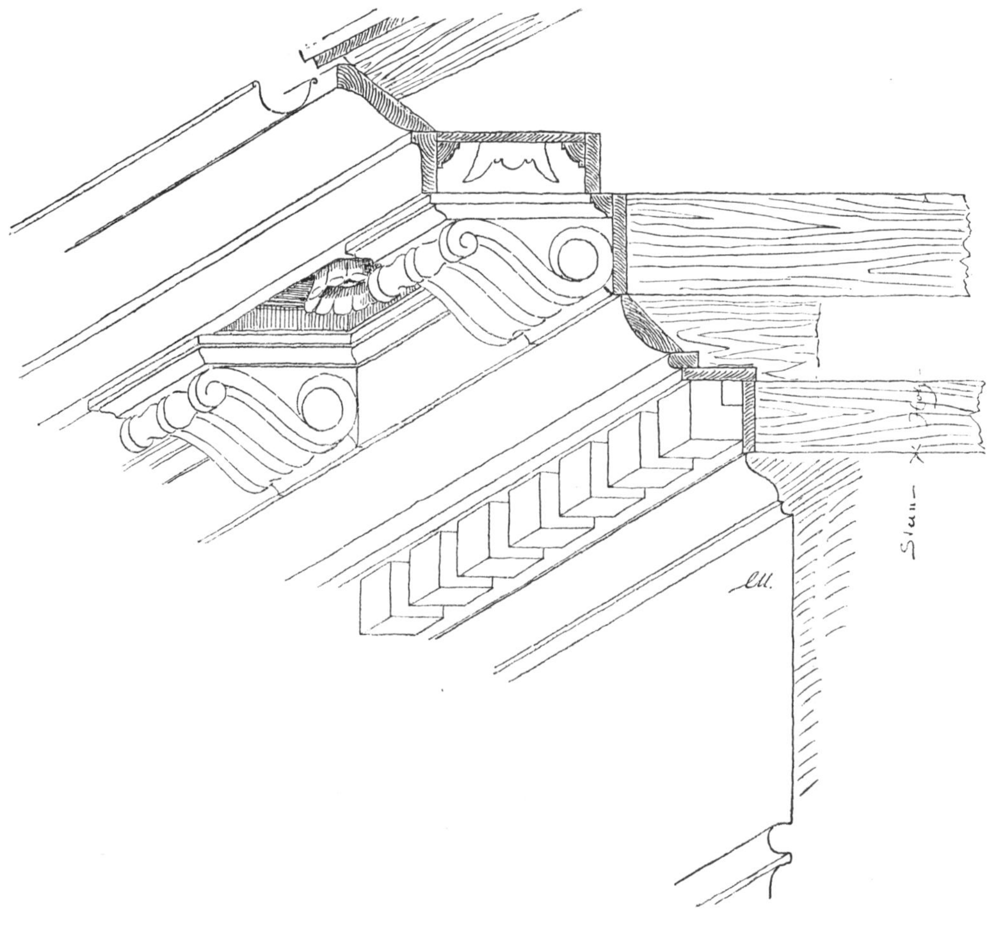

Fig. 100.

Hauptgesimse v. Pal. Pandolfini Florenz.

Zeichnung: Rafael 1516. Ausgeführt: G. F. da Sangallo 1520.

Die Reihe der Figuren 101 bis 108 wird besser, als es Worte sagen können, den Verlauf dieser Umbildungen darstellen. Zugleich wird aus denselben ersichtlich sein, dass sowohl die Decken wie die Wanddekorationen ebenso gut hätten aus Stuck angefertigt werden können. Sie zeigen in der That, abgesehen von der Feinheit der Profile und dem Reichtum der Ornamentik, keine Eigentümlichkeiten, die der Ausführung in Gips widerstreiten würden.

Fig. 101. Decke der Kirche S. Maria Araceli in Rom.

Fig. 102.

Saal im Konservatorenpalast in Rom.

Fig. 103.

Palast Gonzaga in Mantua. Detail einer in Holz reich geschnitzten Decke.

Fig. 104.

Palazzo Ducale in Venedig. Decke in der Camera del Doge.

Fig. 105.
Decke im Dogenpalast zu Venedig.

Fig. 106.
Sitzungssaal des grossen Rats im Dogen-Palast in Venedig.

Fig. 107.

Detail einer Holztäfelung im Palazzo del Comune. (XVI. Jahrhundert). Pistoja.

Fig. 108.

Holzschnitzerei an einer Thür in den Kammern des Raffael im Vatikan. Rom.

## Kap. VIII.

# Spanien.

Noch grösser als in der Antike ist der Einfluss der Holzkonstruktion auf die maurische Baukunst in Spanien. Eine grosse Analogie liegt bei beiden Stilarten in der bewussten Verwendung des Holzes, wenngleich die Elemente oder Konstruktionen und ihre formale Ausdrucksweise vollständig verschieden sind.

Die maurische Baukunst hat ihre Reflexwirkungen auf die folgenden, noch zu behandelnden Stilarten geworfen, desshalb muss ihr Formenkreis vorweg klargestellt werden.

## Die maurische Baukunst.

Der Grundriss der muhamedanischen Bauten ist insofern von den abendländischen verschieden, als er, ähnlich den ägyptischen Tempelbauten nur eine geringe Möglichkeit zu einer äusseren Façadenausbildung giebt. Die äusseren Umfassungsmauern bestehen aus Stampfmauerwerk, zu welchem vielfach der lehmige oder thonige Boden aus der Umgebung der Baustelle mit Steinen vermischt verwandt ist. Seltener findet man ein grätenartiges Frontenmauerwerk, das eine eingeschüttete und eingestampfte Füllung erhält, wie es vielfach bei alten römischen Bauten vorkommt. Aeusserlich ist dann dieses Mauerwerk mit Kalk- oder Gipsputz überzogen. Abgesehen von der Eingangsthür und ausnahmsweise auch wohl einem einzelnen Fenster, bieten diese schlichten Mauern ausser dem zinnengekrönten Schluss keinen Grund zu einer Ausbildung der Façade. Die Moschee von Cordova, wie die Alhambra sind deshalb äusserlich vollständig schmucklos. Fig. 109, 110.

Diesen unsoliden, sich fortwährend in langsamer Bewegung befindlichen, wenn auch in den Abmessungen ungemein starken Mauern ist es wohl zuzuschreiben, dass man von sehr vielen der berühmtesten maurischen Bauten nicht einmal mehr den Platz kennt, auf dem sie gestanden haben.

Zu diesem schmucklosen Aeusseren steht das Innere in einem glänzenden Widerspruch, sowohl was das Material wie die Ausführung der Konstruktionen anbelangt, denn eine leichte formen- und farbenfreudige Architektur umfängt den Eintretenden.

Das Hauptmotiv des Inneren der Häuser, Paläste und Moscheen besteht aus Säulen- und Bogenstellungen mit hinterliegenden flachgedeckten oder gewölbten Räumen. Alle diese Räume öffnen sich gegen einen mit Säulen umstellten Hof und erhalten dadurch nur indirektes Licht. Diese Innenkonstruktionen sind zum Teil aus Marmor (die Säulen), zum grösseren Teil aber aus Holz oder Gips gefertigt. Schon durch die Aenderung des Materials werden die zierlichen Abmessungen bedingt und die Formenbildung eine dementsprechend zarte.

Die von Osten nach Westen heranziehenden maurisch-arabischen Völkerschaften brachten keinen eigenen Stil für die Technik und die Formen ihrer Bauwerke mit, sondern

Fig. 109.
Aeusseres der Alhambra.

Fig. 110.
Aeusseres der Alhambra.

schlossen sich in ihren Konstruktionen den Sassanidenbauten (Ziegel und Beton) und in ihren Kunstformen denen, welche im byzantinischen Reiche benutzt wurden, an. Aus letzterem führten sie Künstler und somit auch die Kunsttechnik mit sich, oder sie liessen,

Fig. 111.
Santa Maria la Blanka in Toledo.

nachdem sie sich sesshaft gemacht hatten, Künstler aus Byzanz nachkommen. Die noch jetzt erhaltenen Bauten aus der ältesten Periode maurischer Kunst, dem 9. bis 12. Jahr-

Fig. 112.
Inneres der Moschee von Cordova.

hundert, wie z. B. Santa Maria la Blanka in Toledo, Fig. 111 und auch die Moschee von Cordova, Fig. 112, 113 sind ganz im byzantinischen Geist errichtet.

Fig. 113.

Inneres der Moschee von Cordova.

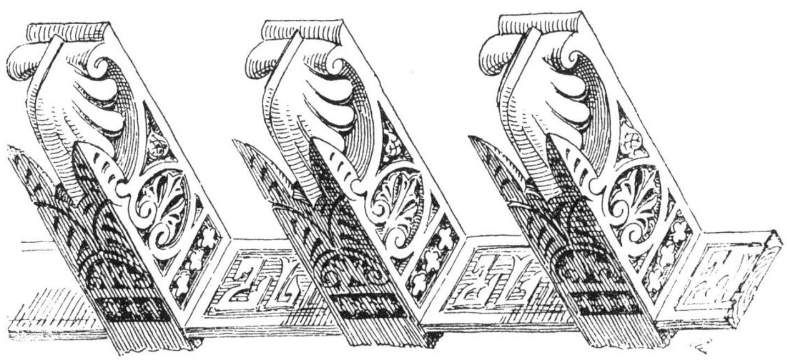

Fig. 114.
Balkenköpfe aus Toledo, jetzt im archäologischen Museum Madrid.

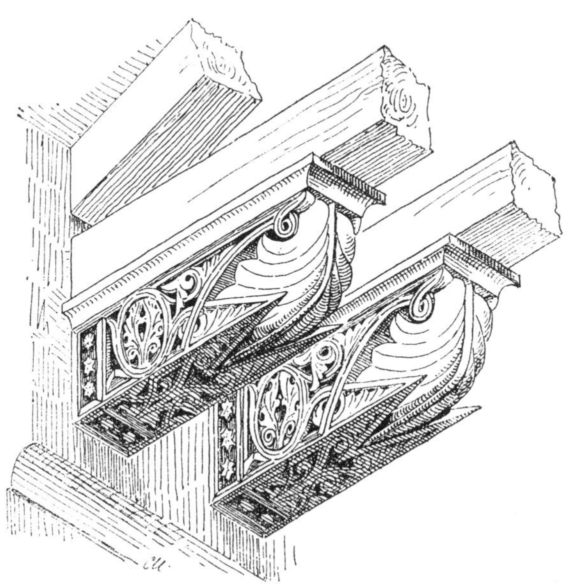

Fig. 115.
Vom Dachstuhl in Santa Maria la Blanca in Toledo.

Fernere Ueberreste aus dieser ältesten Zeit sind noch in Balken- und Sparrenköpfen zu sehen, welche mit spiessförmigen Palmettenendigungen in antiken Anklängen verziert sind, ohne jede Spur der späteren maurischen Art, Fig. 114, 115.

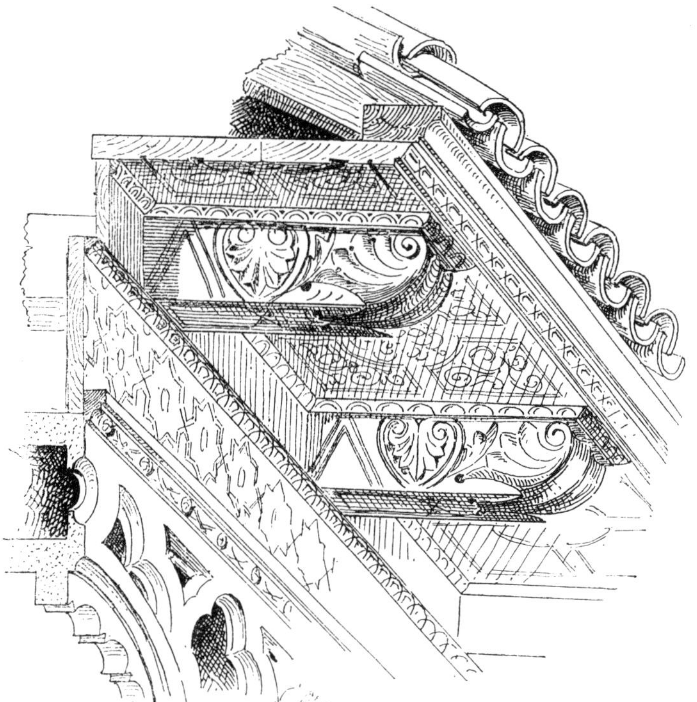

Fig. 116. Alcazar Sevilla Hauptgesimse im Patio de los Munecas.

Fig. 117. Von der Stadtseite der Porta St. Maria in Burgos.

Diese ganz originelle Form findet sich in späterer Zeit im Alcazar zu Sevilla, wie auch in der Porta Santa Maria in Burgos und in Segovia wieder, Fig. 116, 117, 118.

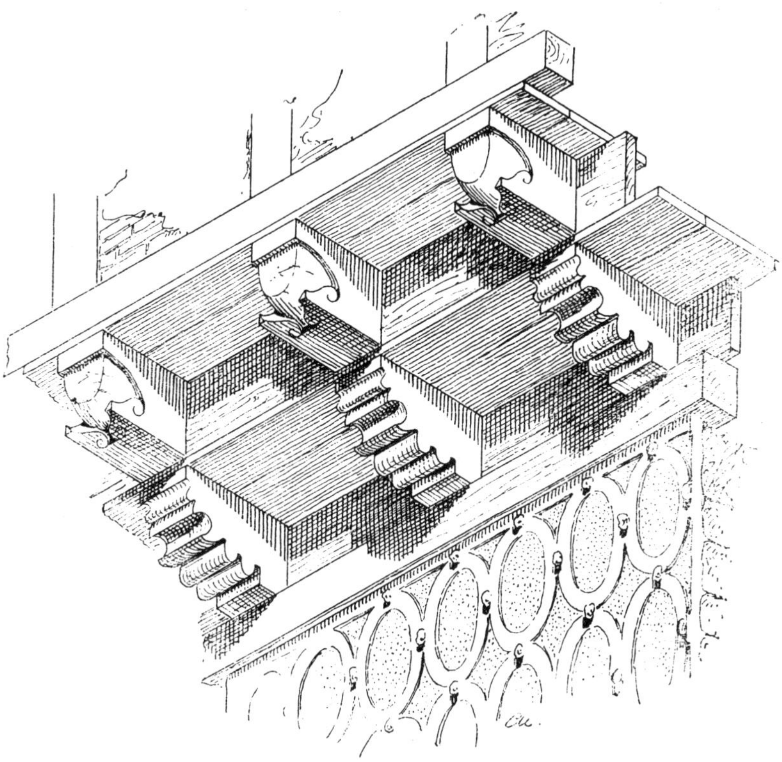

Fig. 118.
Von einem Wohnhause in Segovia.

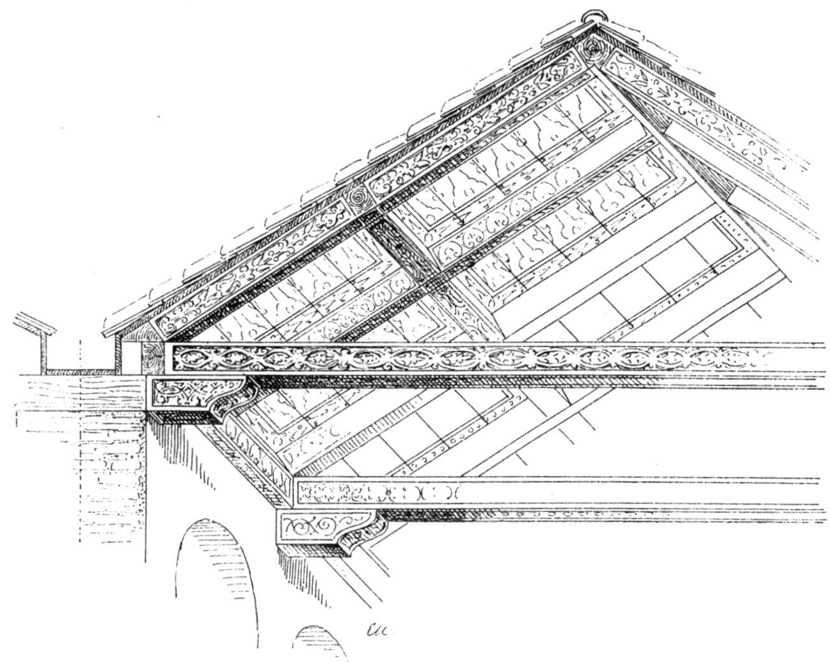

Fig. 119.
Dachstuhl der Moschee von Cordova. Rekonstruiert nach Moralès 1572. Abgebrochen 1713, jetzt gewölbt.

Anschliessend an diese Einzelformen, dürfte hierher auch der 1713 abgerissene Dachstuhl der Moschee von Cordova zu rechnen sein, welcher in seinen Rekonstruktionen in Fig. 119 wiedergegeben und aus dessen in Fig. 120 gezeigten Ornamenten zu ersehen

Fig. 120.

Ornamente vom früheren Dachstuhl der Moschee in Cordova
aus der Mitte des X. Jahrhunderts.

ist, dass derselbe ganz nach den Vorbildern der Antike konstruiert und byzantinisch dekoriert war. Ein grosser Teil dieses Dachstuhls ist in den jetzt über der Moschee befindlichen Dachkonstruktionen aufbewahrt.

Auch die in Fig. 121 gegebene Decke ist in ihrer systematischen Anordnung ganz den antiken Kassettendecken gleich und ist auch hier antike Ueberlieferung anzunehmen.

Eine neue konstruktive Erscheinung bot erst die Umgestaltung des Zeltes der wandernden Völkerschaften in eine feste Holzkonstruktion, nachdem dieselben sesshaft geworden waren. Diese Holzkonstruktion hat in ihrer ganzen Erscheinung niemals den zeltartigen Charakter verloren, wie aus einer Vergleichung der Fig. 122, 123, 124 zu ersehen ist.

Auch diese Formen haben sich während der ganzen maurischen Periode bis in das 15. Jahrhundert in Spanien in Gebrauch erhalten; wurden freilich zuletzt von gotischen und Renaissanceformen stark in ihrer Detaillierung beeinflusst.

Erst mit dem 12. und 13. Jahrhundert bildet sich, besonders in Spanien, ein spezifisch orientalisch-maurischer Stil aus, der im Alhambrapalaste seine höchste Blüte gefunden hat.

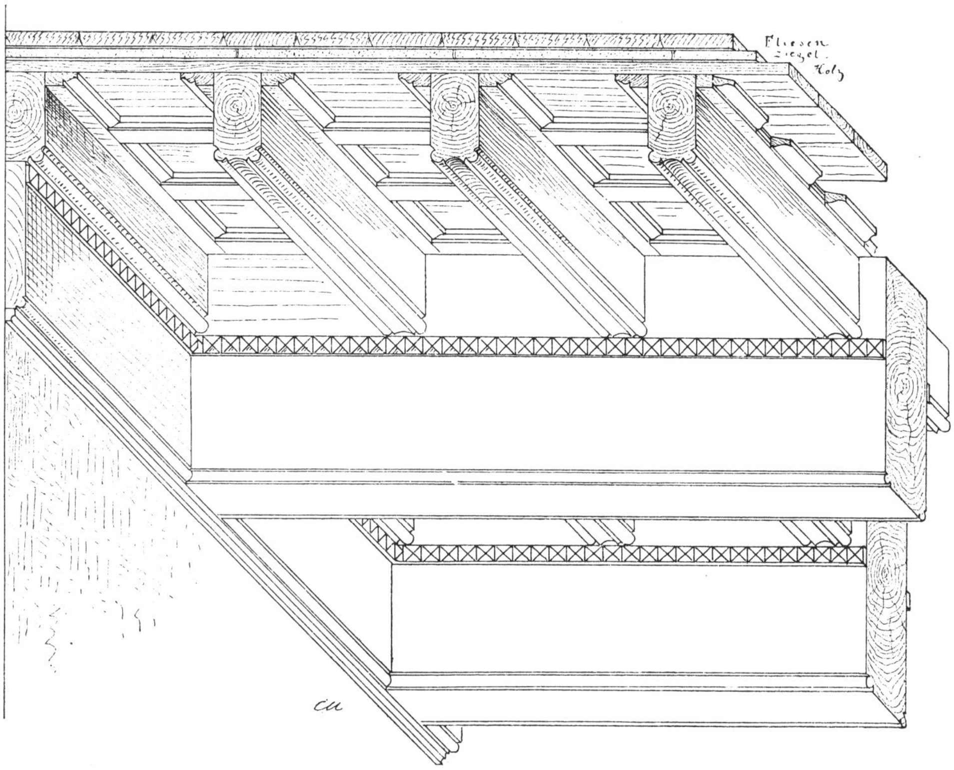


Fig. 121.
Decke im Erdgeschoss des Hotel Madrid in Sevilla.

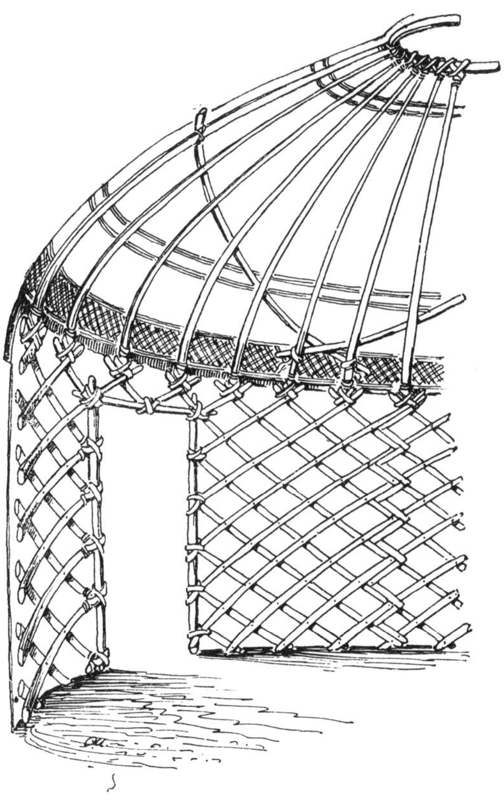

Fig. 122.
Lattengerüst eines Kirgisenzeltes.

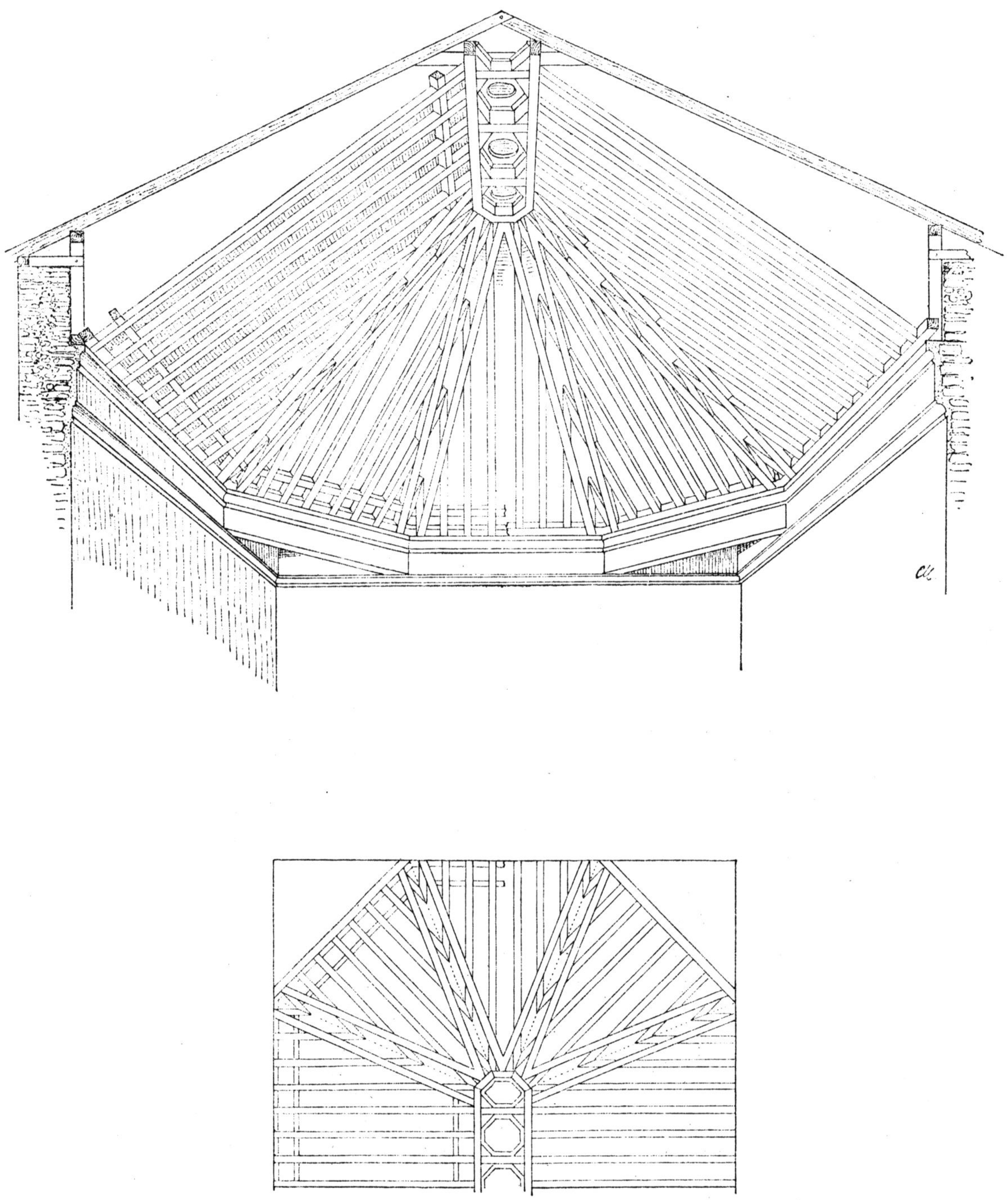

Fig. 123.

Decke im Obergeschoss des Hotel Madrid in Sevilla.

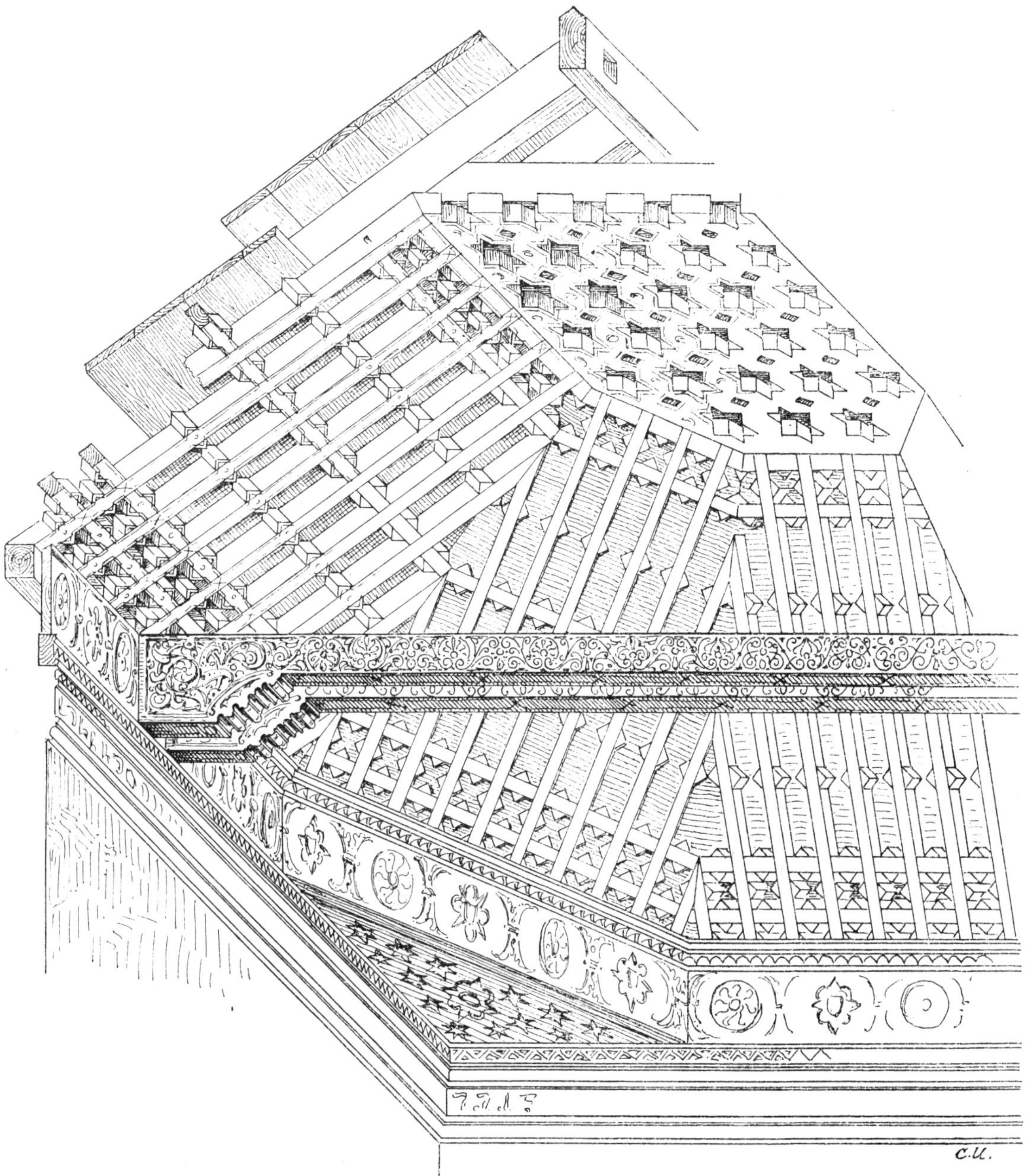

Fig. 124.
Decke aus der Kirche San Ildefonso in Alcala de Henares.

Untersuchen wir dieses Bauwerk zunächst bezüglich seiner Konstruktionen, so werden wir finden, dass der Aufbau dieses phantasievollen, orientalischen Gebildes ganz aus der Holztechnik hervorgewachsen ist. Nur die zarten, dünnen Rundsäulchen bestehen aus Marmor; Bögen, Decken und Dach sind in Holz konstruiert entstanden, wenngleich dieselben in späterer Zeit teilweise in Gips und Ziegelsteinen nachgeformt wurden.

In dem holzarmen Spanien musste das Holz natürlich mit grössester Sparsamkeit verwendet werden. Den Ausgangspunkt sämtlicher Konstruktionen bildete daher das Brett mit allen zu demselben gehörenden Verbindungen. Erst wenn man den maurischen Stil als einen konstruktiven Holzstil auffasst, erhält er seine ästhetische und künstlerische Bedeutung, welche denselben den verschiedenen Steinstilarten vollkommen ebenbürtig zur Seite stellt.

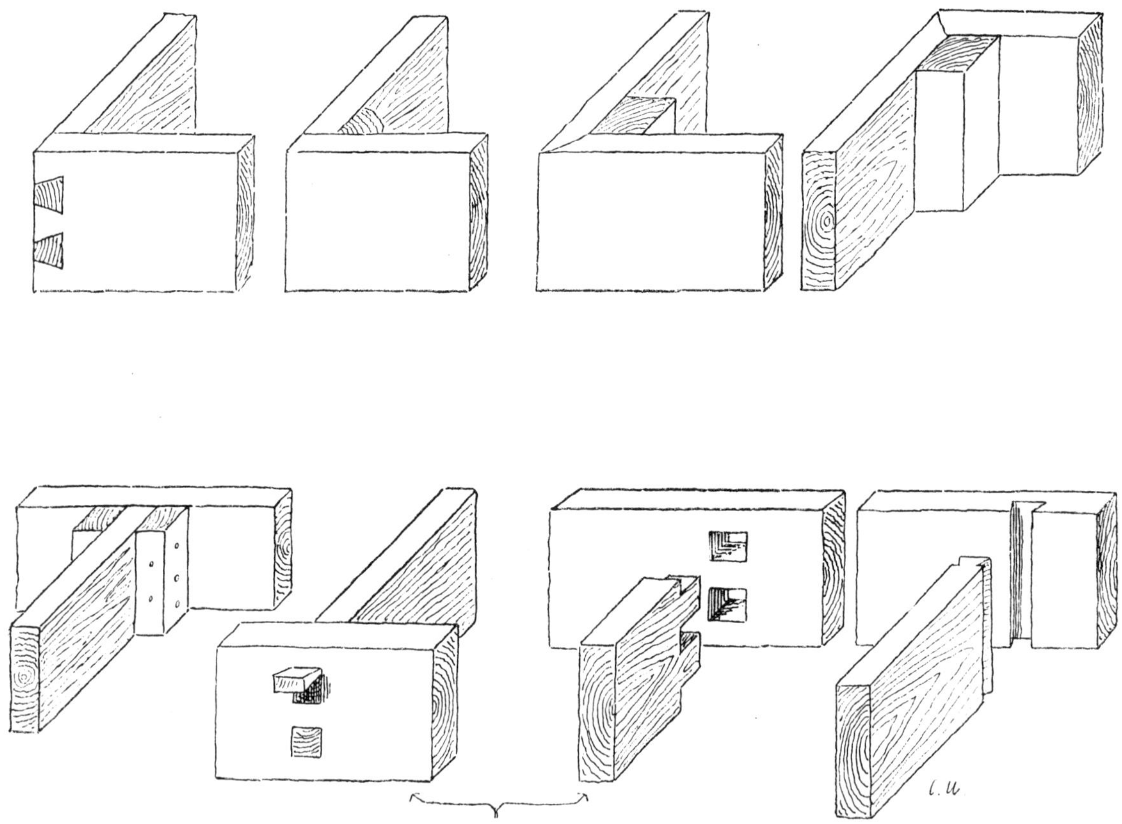

Fig. 125.

Brettverbindungen in zwei Ebenen, sogen. Kasten-Verbindungen.

Aus Band I mögen hier, der besseren Uebersicht wegen, einige Figuren wiederholt werden.

Fig. 125 zeigt die Eckverbindungen hochkantgestellter Bretter durch Zapfen und Keil, durch Schwalbenschwanz, sowie durch schwalbenschwanzförmige Nute, besonders aber durch Verstärkung der Ecke vermittelst eines in die Ecke genagelten Klotzes. Fig. 126 zeigt die Verbindung von vertikal- und horizontalliegenden Brettern bezw. rechteckigen Röhren mit verschiedenen Reihen von Klötzen und Fig. 127 ein Deckensystem von schräg ansteigenden, durch Bretter verankerten Klotzreihen.

Eine fernere Verbindungsart geben Fig. 128 und 129, von flachmaschenartig sich kreuzenden Brettern, sogenannte Gitterträger.

Aus allen diesen Systemen ersieht man, dass die Brettröhre, das Gitterwerk und die Klotzreihungen als Grundlage für die Brettverbindungen überhaupt anzusehen sind.

In der ästhetischen Ausgestaltung dieser Brettkonstruktionen liegt das Wesen der maurisch-spanischen Architektur, zu der die schweren Massen der Betonmauern nur die äussere, formenarme Umrahmung bilden.

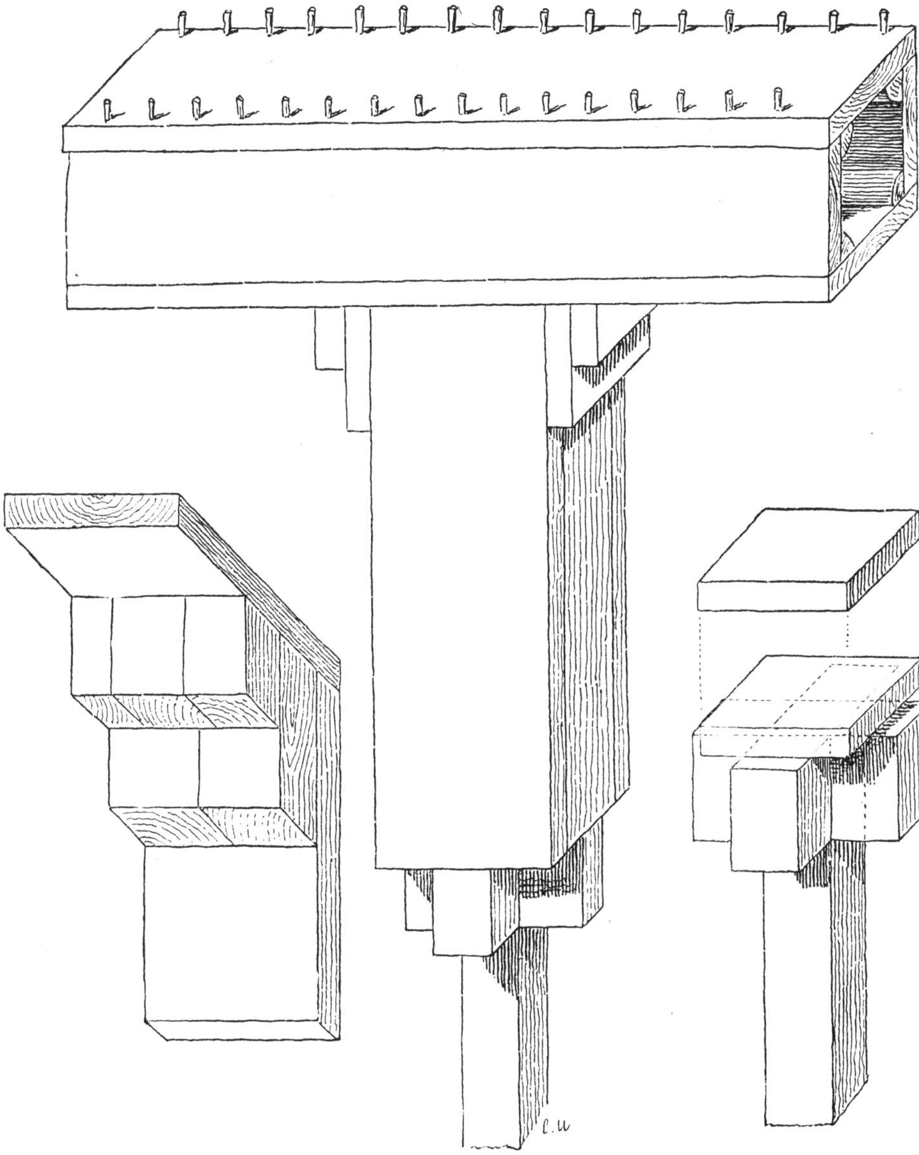


Fig. 126.
Röhrenverbindungen aus Brett und Klotz.

Seiner Eigenart entsprechend konnte das Brett nur in seiner äusseren Silhouette ausgeschnitten und seine Fläche wenig tief, kerbschnittartig ornamentiert werden. Der Klotz, in seiner Grundrissform rechteckig oder dreieckig gebildet, wurde in seiner unteren sichtbaren Endigung in der mannigfaltigsten Weise ausgeschweift und zugespitzt. Die reichere Ausgestaltung der Gitterwerke geschah durch Aus- und Einschnitte an den Rändern der Bretter und Füllung der Maschen mit Ornamenten.

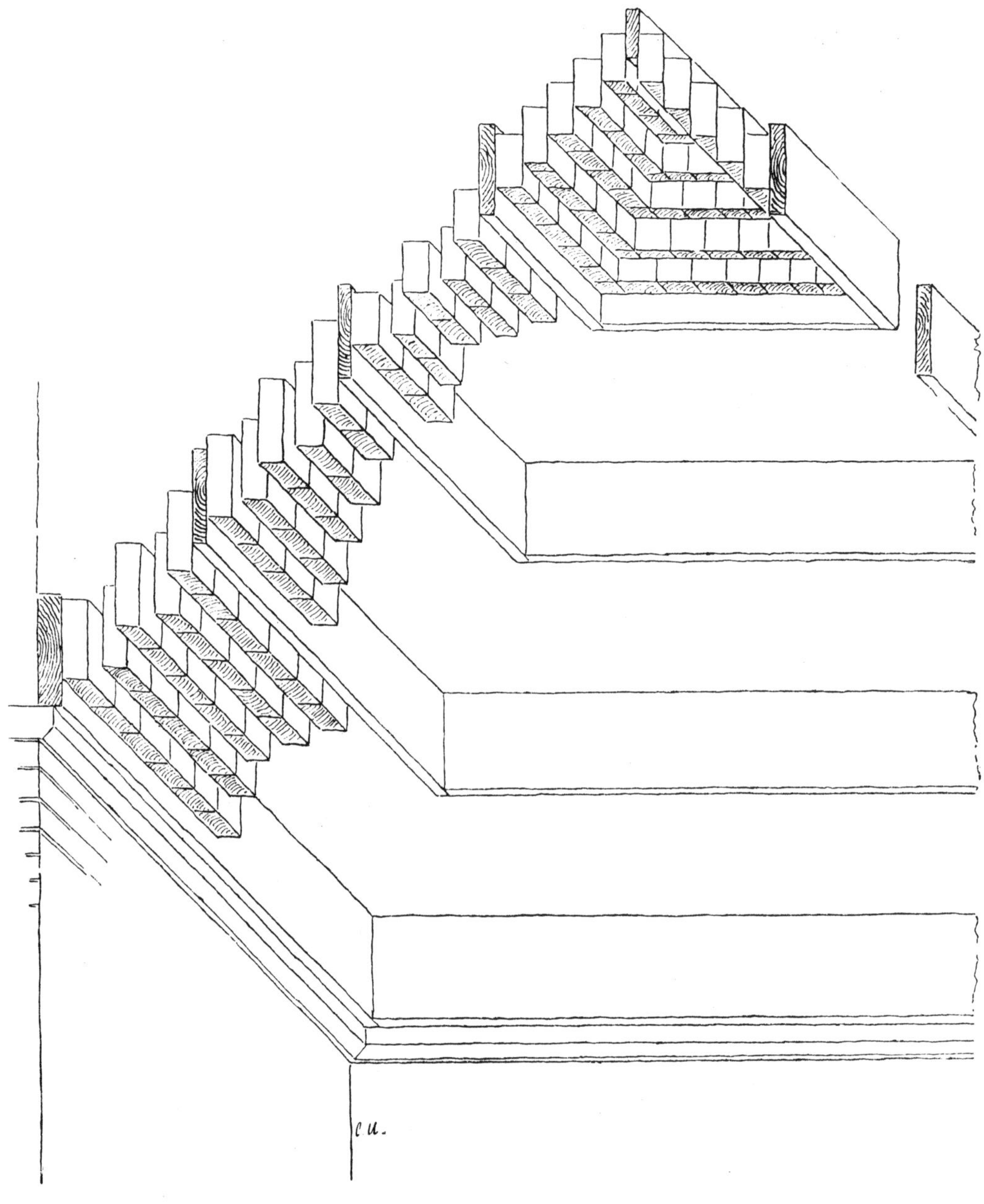

Fig. 127.

Decke aus Klötzen mit Brettern als Anker.

Fig. 128 u. 129.

Offen gebaute Gitterwerke.

Wie heterogen die schweren Mauermassen gegenüber den bogenförmig ausgeschnittenen und sie nach aussen rechteckig umrahmenden Bretteinfassungen wirken, lassen die Fig. 130 u. 131, zwei Thüren aus der Alhambra, erkennen.

Die Brettflächen sind mit Ornament und Koransprüchen verziert, die Bogenbretter begleiten den Bogen auf beiden Seiten der Mauer in einer ganz geringen Stärke; zwischen beiden ist, der Tiefe der Mauer entsprechend, in einer Rücklage nochmals ein Brett quer bogenförmig eingespannt.

Wenngleich diese Formen jetzt in Gips dargestellt sind, so ersieht man ihre ursprüngliche Holzkonstruktion aus Fig. 132, 133, 134 auf das eingehendste erläutert.

Fig. 130.

Thür in der Alhambra.

Fig. 131.
Thür in der Alhambra.

Fig. 132.

Fig. 133.

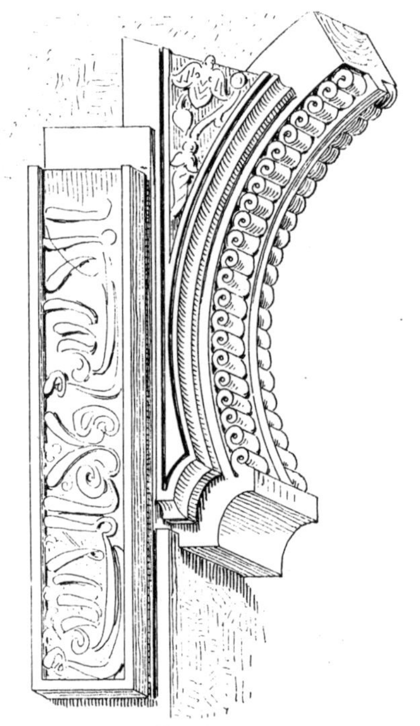

Fig. 134.

Fig. 132, 133, 134. Bogenanfänger im Hofe der Alberca der Alhambra.

Die Figuren 135, 136, 137 mögen beweisen, wie sehr die Ornamentik der Mauren mit den Künsten des Flechtens und Knüpfens im engsten Zusammenhange steht, denn diese Figuren zeigen auf Brett flach eingravierte Spitzenmuster.

a.

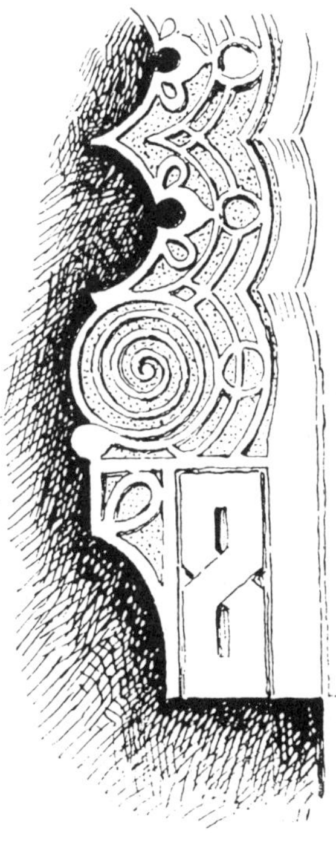

b.

Fig. 135.
Behang von einem Bogen einer Thür im Myrthenhof der Alhambra.

Das originellste und stilbildendste Motiv bleibt für die maurische Architektur stets der Klotz, der als sog. Stalaktit die Grundlage gab für das Stalaktitengesimse und Stalaktitengewölbe (Tropfstein, Tropfsteingewölbe).

Fig. 136.

Behang von einem Bogen einer Thür im Myrthenhof der Alhambra.

Fig. 137.

Behang von einem Bogen im Saal der Abenceragen in der Alhambra

Aus einem in dem Museum der Alhambra befindlichen hölzernen Gesimse, Fig. 138, ist vollkommen klar zu erkennen, dass diese Formen nur in Holz ausgeführt konstruktiv denkbar sind.

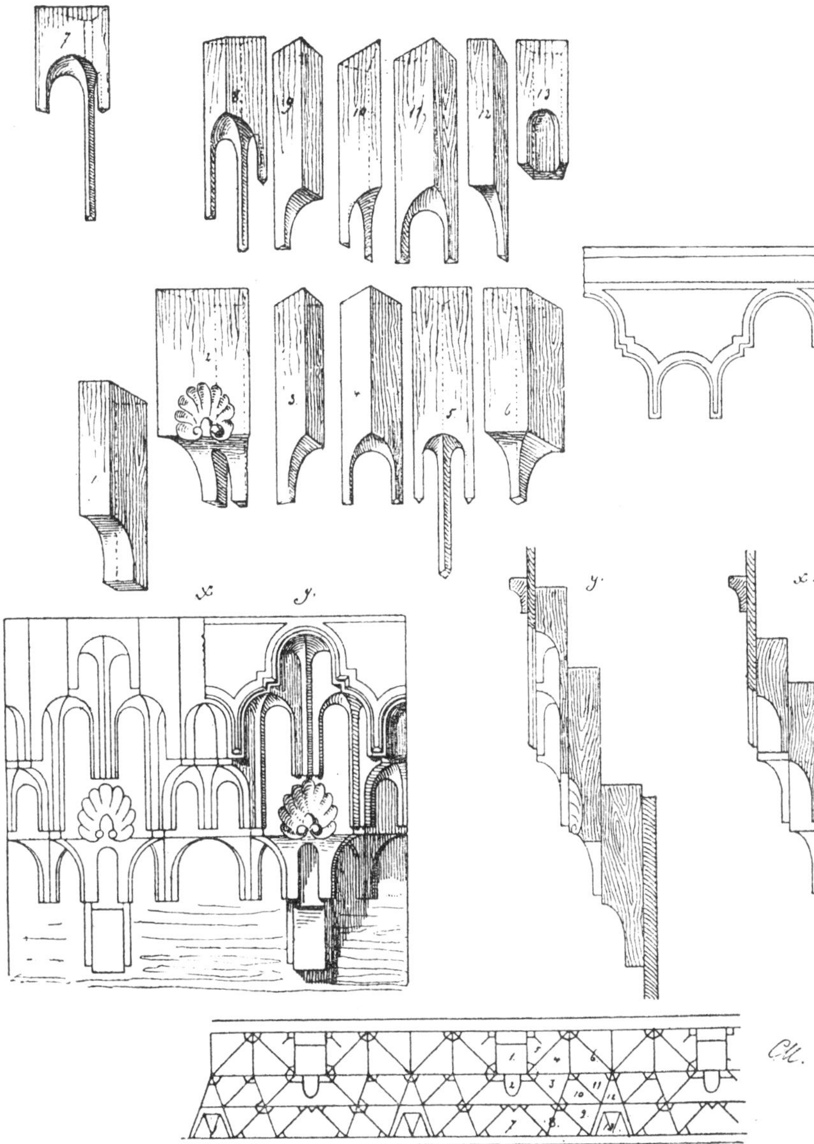

Fig. 138.

Stalaktitengesimse aus Holzklötzen im Museum der Alhambra.

Die vor- und übereinander genagelten Schichten der Klotzreihen werden in ihrer vorderen Fronte in bestimmten Abständen durch ein nach der Silhouette der letzten Klotzreihe ausgeschnittenes Brett geschlossen, wie das auch Fig. 139 zeigt.

In letzterer Figur, dem Kapitäl der Alberca in der Alhambra, ist die beschriebene Stalaktitenform in höchst interessanter Weise benutzt, um den Uebergang zu bilden zwischen dem runden Schaft der Säule und dem darüber befindlichen massiven, mit Hohlkehle und Rundstab versehenen Abakus, welcher durch die Grösse des Profils und die Einfachheit der Form ganz den Steincharakter verrät. Auch der zwischengesetzte Stalaktitenkelch ist hier in Marmor ausgeführt.

Fig. 139.

Stalaktitenkapitäl im Hofe der Alberca in der Alhambra.

In Fig. 140 ist die Konstruktion einer Säule und eines Bogenanfanges aus dem Löwenhofe der Alhambra gegeben, bei der der Säulenschaft teilweise mit Ringen umgeben, dieser sowohl wie Kelchkapitäl und Abakus ganz in Stein gedacht ist. Erst **über** dem Abakus beginnt die Holzkonstruktion, mit einem viereckigen Kasten, auf den sich an den Ecken kleine, tragende Säulen setzen. Auf diesen Säulen ruhen zwei vertikal stehende parallele Bretter, welche durch Klotzreihen gegeneinander abgesteift sind und so den Stalaktitenbogen bilden. Auch dieser Bogen ist in seiner Front wieder durch ein den Stalaktitenreihen entsprechend ausgeschnittenes Brett geschlossen, um zwischen der horizontalen und vertikalen Umrahmung der Bögen ein reich verziertes Gitterwerk einzuschliessen.

Fig. 140.

Säule und Bogen aus dem Löwenhofe in der Alhambra.

Mit geringen Aenderungen gegenüber Fig. 140 wird Fig. 141, ebenfalls aus dem Löwenhofe, die ursprüngliche Holzkonstruktion dieser Anordnung erläutern.

Fig. 141.
Ursprüngliche Holzkonstruktion des Löwenhofes in der Alhambra.

Fig. 142.
Detail aus dem Löwenhofe in der Alhambra.

Aus den Details vom Löwenhofe, Fig. 142, 143, wie aus Fig. 144 wird man sogar ersehen, dass die Querträger und die Decke selbst, sowie das Hauptgesimse noch jetzt in Holz konstruiert sind.

Fig. 143.

Detail aus dem Löwenhofe in der Alhambra.

Fig. 144.
Löwenhof in der Alhambra.

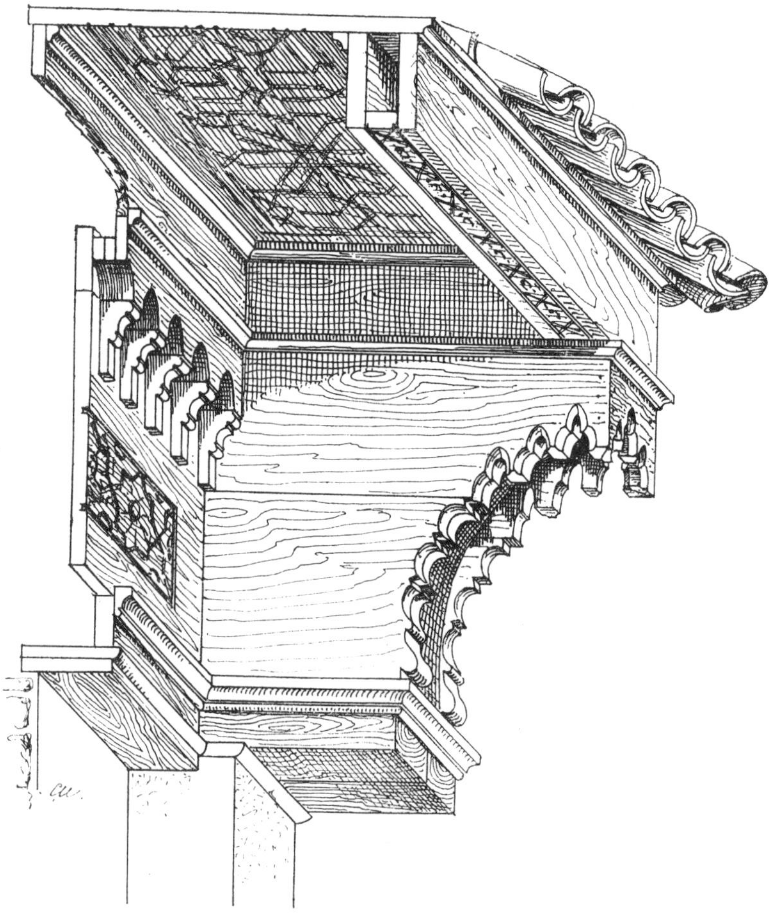

Fig. 145.
Vom Portal der Moschee in Tanger (Afrika).

Konsolenartige Hauptgesimse, die wie ein Baldachin vortreten, geben uns Fig. 145 und 146 von dem Portale der Moschee in Tanger, sowie von dem Hauptportal des Alcazars in Sevilla.

Die weitausladenden Konsolenträger bestehen aus zwei in Zwischenräumen von einander befindlichen, vielfach doppeltliegenden, stalaktitenartig ausgeschnittenen Brettern, die durch ein reich ornamentiertes Füllbrett miteinander verbunden sind. Auf diesen Konsolen liegen Kastenträger, welche die Sparren des Daches stützen.

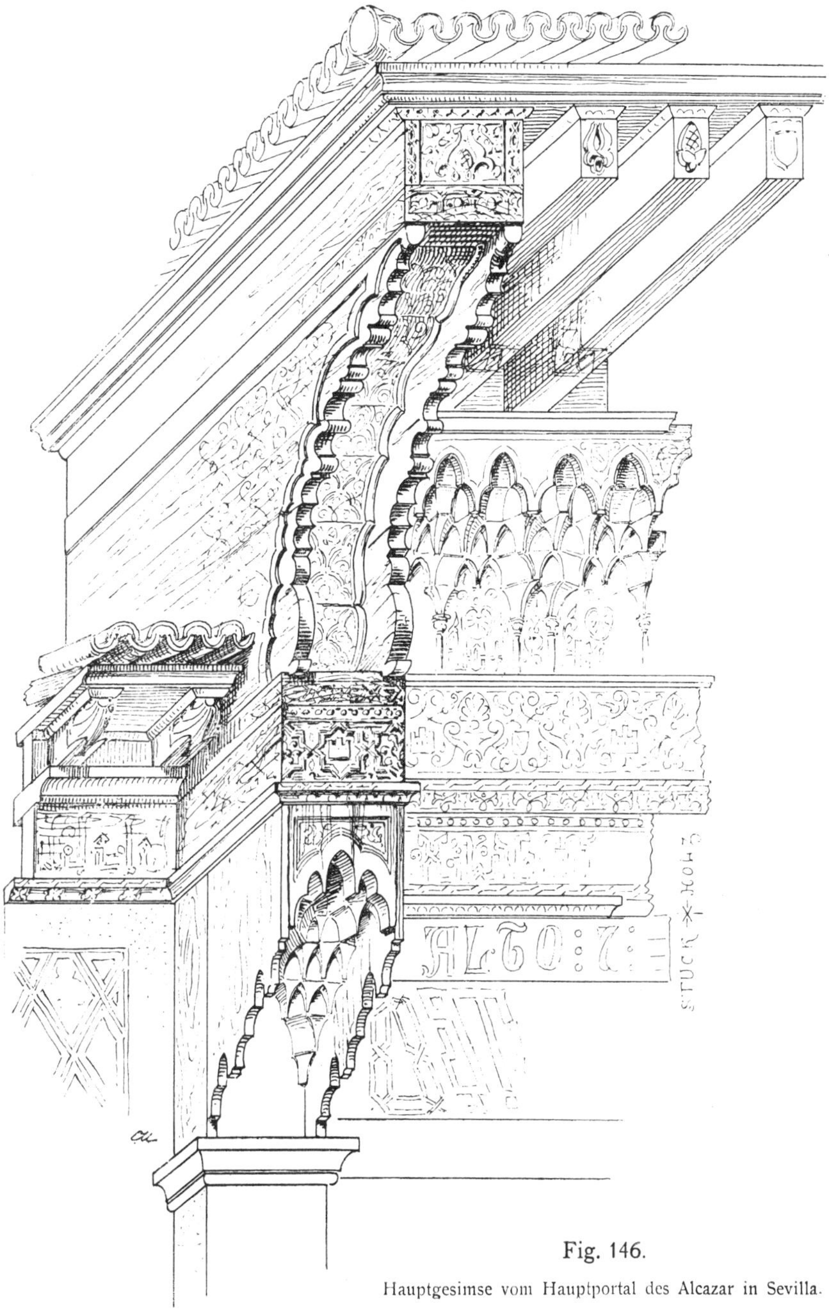


Fig. 146.
Hauptgesimse vom Hauptportal des Alcazar in Sevilla.

Fig. 147 stellt solche Konsolen aus nebeneinander gelegten Bohlen dar, in Verbindung mit Balkendecken, wie solche auch Fig. 148 aus dem Alcazar in Sevilla veranschaulicht.

Sehr hübsch wird der Uebergang von Stein in Holz vermittelt im Inneren eines Hauses in Tanger, Fig. 149.

Dieses Haus wurde um 1550 nach der Vertreibung der Mauren aus Spanien erbaut, giebt aber die Einzelform der Konsolen, wie die schon in Fig. 114 bis 118 grösser skizzierten Balken- und Sparrenköpfe aus dem Anfang der maurischen Baukunst genau wieder.

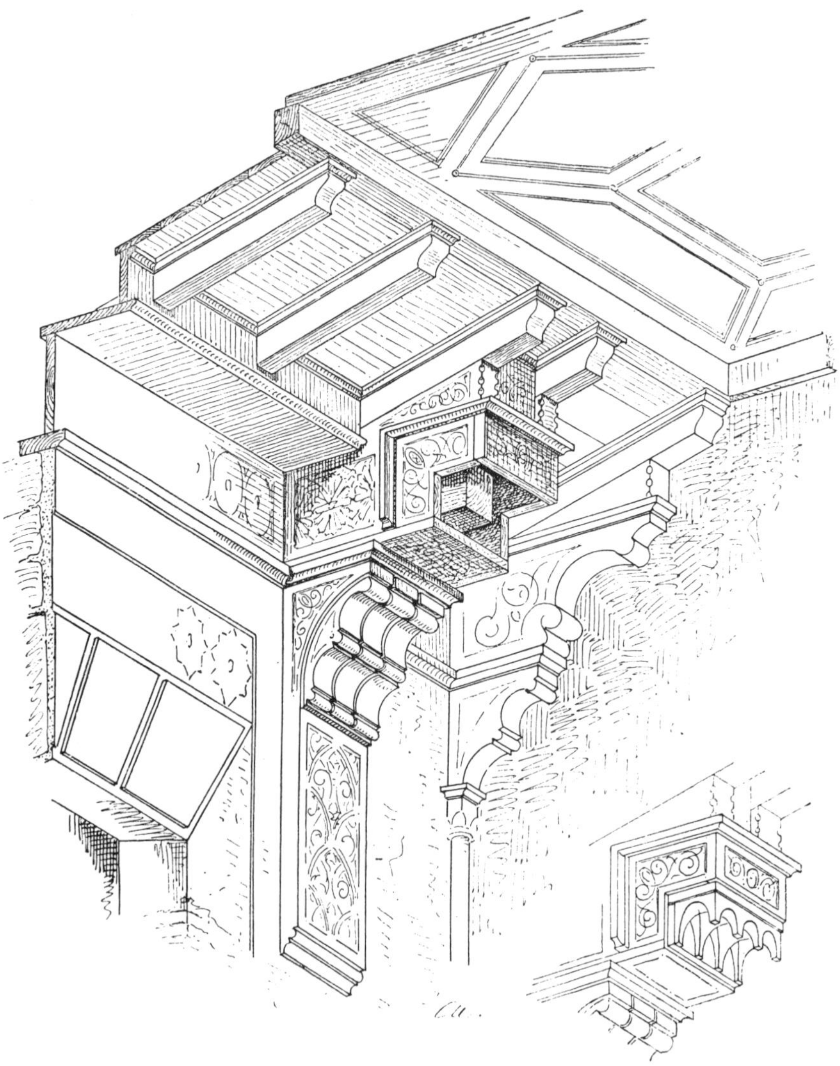

Fig. 147.
Holzgesimse in einem Nebenhofe der Alhambra.

Häufig findet man die dünnen wahnkantigen Balkendecken jedoch ganz verschalt. Dann wird ein geometrisches Muster in die Brettstärke keilförmig eingearbeitet und durch Farben hervorgehoben, auch die vieleckigen Mittelstücke der Muster noch durch nach oben bogenartig zulaufende Stalaktitenkuppeln belebt. Fig. 150, 151.

Da die Mauren keine Meister in der Wölbekunst waren, oder ihren wenn auch sehr dicken Stampfmauern keine grosse Haltbarkeit zutrauten, so ersetzten sie die massiven Gewölbe durch Holzkonstruktionen. Ein im Saal der Gesandten in der Alhambra angefangenes massives Gewölbe zeigt uns sogar bis auf den heutigen Tag, wie sie dasselbe nicht vollendeten, sondern durch eine Bretterdecke ersetzten. Fig. 152.

In anderen Fällen, die den selbständigen Anfängen maurischer Kunst angehörten, liess man sogar die Lehrbögen für später einzuziehende Gewölbe stehen, oder verzierte diese, um sie als Gewölbekonstruktionen zu belassen. Die zwischen diesen Lehrgerüsten verbleibenden Zwickel wurden dann mit Stalaktiten ausgefüllt.

Fig. 148.
Innerer Hof (de las Doncellas) im Alcazar, Sevilla.

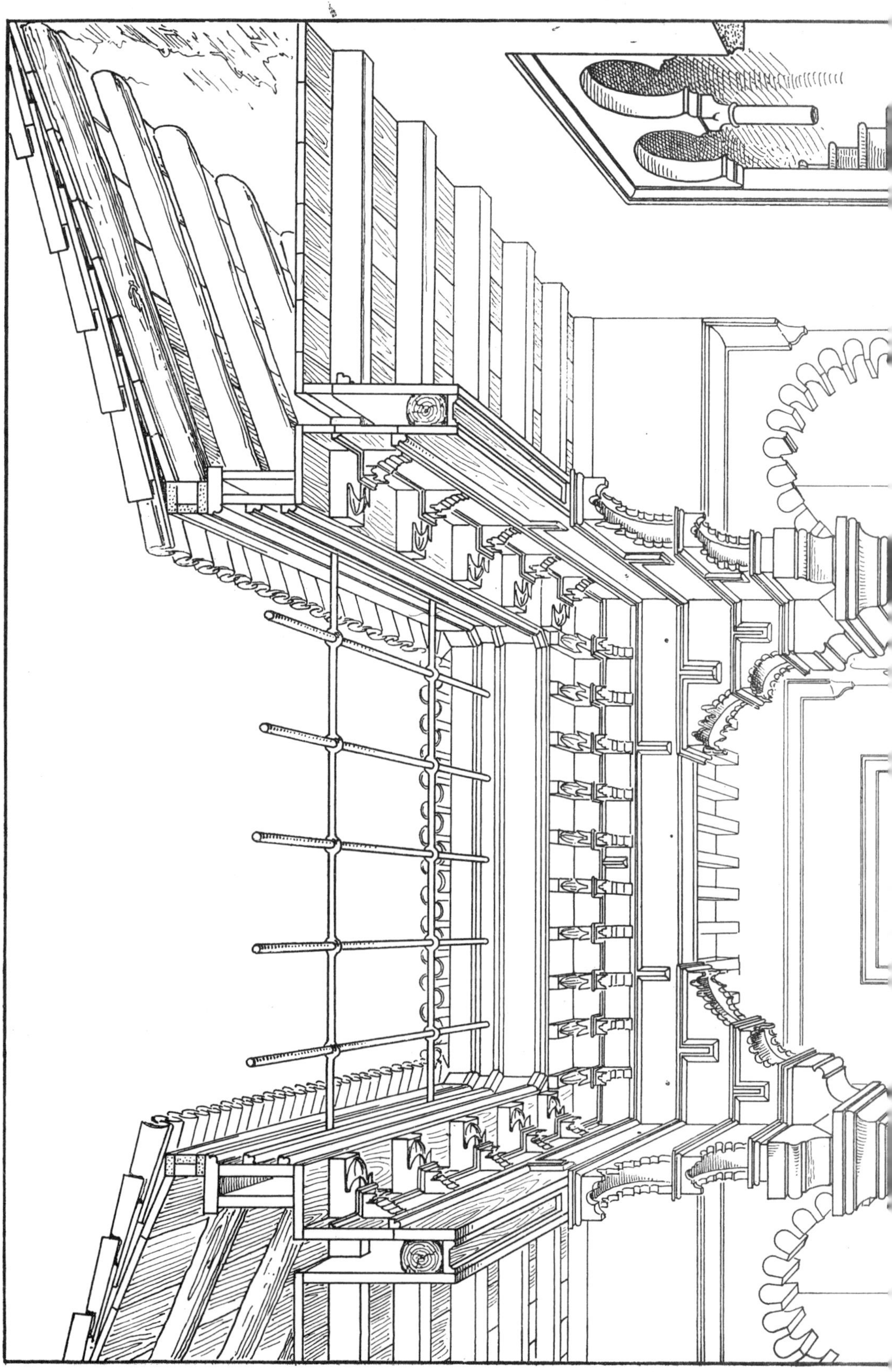

Fig 149.
Inneres eines maurischen Hauses in Tanger.

Fig. 150.

Bretterdecke mit Stalaktiten-Kuppeln und -Zapfen aus Holzklötzen im Kaiserlich Marokkanischen Palast in Tanger.

Fig. 151.
Bretterdecke mit Stalaktiten-Kuppeln und -Zapfen im Kaiserlich Marokkanischen Palast in Tanger

Fig. 152.

Holzdecke im Saal der Gesandten in der Alhambra

Ob die hierhergehörenden beiden Konstruktionen Fig. 153 u. 154 über der Kuppel des Mihrab und der Capella Villaviciosa der Moschee von Cordova noch jetzt ganz in Holz konstruiert oder durch spätere in der Form gleiche Gipskonstruktionen ersetzt sind, wage ich nicht festzustellen.

Noch mehr aus der in Fig. 155 gegebenen Photographie als aus der Zeichnung Fig. 152 geht die Anordnung der jedenfalls ursprünglich hölzernen Lehrbogengerüste hervor.

Gehören diese beiden Beispiele der ältesten Periode des maurischen Baustils an, so lassen Fig. 156 u. 157 erkennen, wie der einmal eingeschlagene Weg der Aufstellung eines kuppelartig nach der Mitte aufsteigenden polygonalen Rahmenwerkes auch in der Blütezeit der maurischen Kunst zur einheitlich ausgebildeten Vollendung kam, und in der Decke des Saales der beiden Schwestern in der Alhambra seine reichste und phantasievollste Ausführung gefunden hat. Ohne das tragende Brettgerüst, das Fig. 154 zeigt, würde es unmöglich sein, dieses zellenartige Gewirr kleiner Formen schwebend zu erhalten.

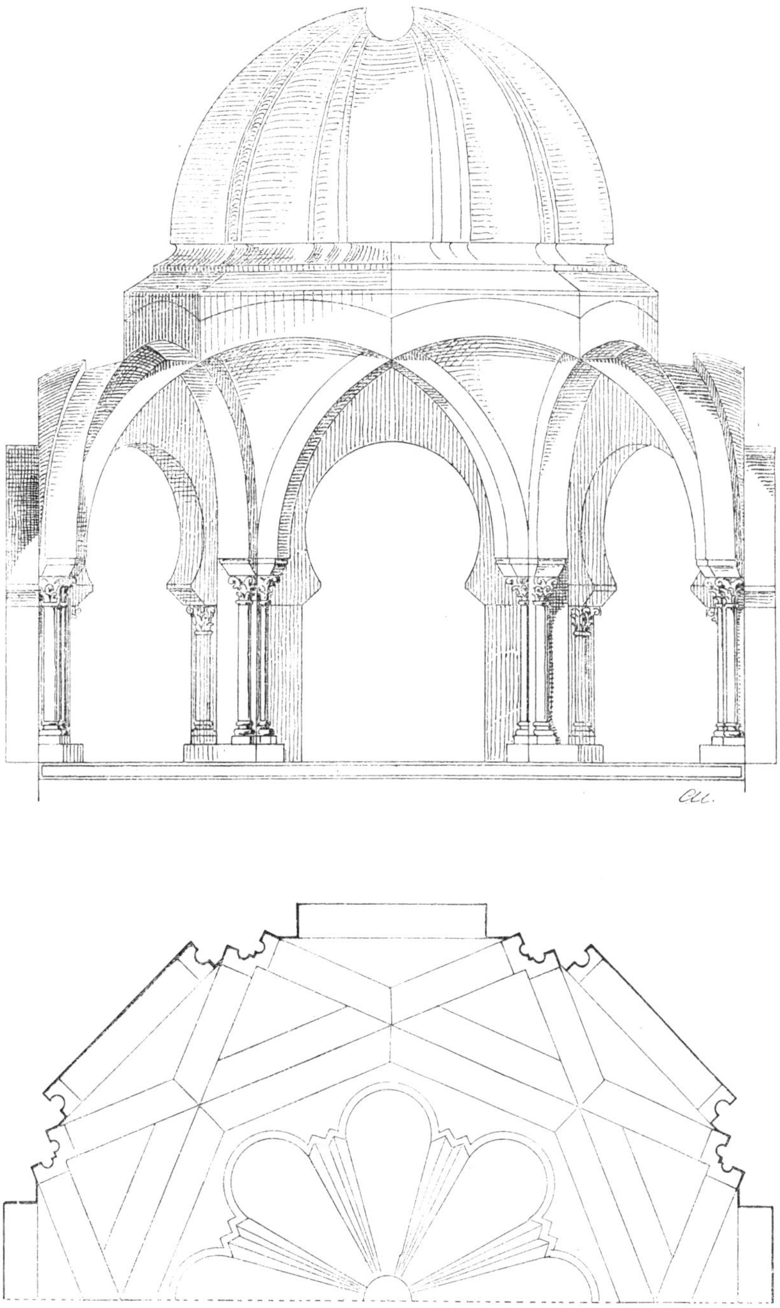

Fig. 153.

Kuppelkonstruktion über dem Mihrab der Moschee von Cordova.

Fig. 154.

Moschee in Cordova.

Bohlendecke über der Capella Villaviciosa.

Fig. 155.
Untersicht der Kuppel der Capella Villaviciosa in der Moschee von Cordova.

Fig. 156.

Grundriss und Diagonalschnitt zum Bohlengerüst des Stalaktitengewölbes im Saal der beiden Schwestern in der Alhambra.

Fig. 157.

Untersicht, Stalaktitendecke im Saal der Abencerragen in der Alhambra.

## Mudejar.

Fig. 158
Wandbekleidung aus dem Hause des Pilatus zu Sevilla, begonnen um 1500.

Die unter den Regierungen von Mohammed Ibn Achmar und seinen Nachfolgern, hauptsächlich von Jussuf I. und Mohammed V. im 13. und 14. Jahrhundert errichteten Bauwerke der Alhambra stellen für alle Zeiten konstruktiv und dekorativ den besten und charakteristischsten Stand, die Blüte der maurischen Baukunst dar. Die besprochene Entwickelung wird dieses zur Genüge dargethan haben. Auf die Entwickelung der Ornamentik einzugehen, ist nicht der Zweck dieses Buches.

Wie aber die maurische Kunst ihre Originalität durch das Eindringen der Gotik am Ende des 15. Jahrhunderts verlor, mag die Wandbekleidung aus dem Hause des Pilatus zu Sevilla, Fig. 158 zeigen, in der sich maurische und spätgotische Motive mischen.

Später gab dann die Renaissancebewegung der maurischen Kunst den Todesstoss. Das Portal einer Kapelle der Kathedrale von Siguenza, Fig. 159, lässt ersehen, wie maurische, gotische und Renaissanceformen an einem Bauwerke gemeinschaftlich vorkamen und im Anfange des 16. Jahrhunderts den sogenannten Mudejarstil bildeten.

## Renaissance.

Wiewohl der maurische Stil aufgehört hatte, selbständig zu existieren, hat derselbe doch noch

Fig. 159.

Portal einer Kapelle in der Kathedrale von Siguenza.

formbildend und individualisierend auf die nachfolgende Renaissance eingewirkt. Die Mauern der Paläste blieben verhältnismässig kahl und der Hauptaccent wurde auf das weitüberstehende Hauptgesimse gelegt, welches vielfach kastenförmig in Holz konstruiert, mit Konsolen und hängenden Zapfen reich in orientalischer Weise verziert wurde.

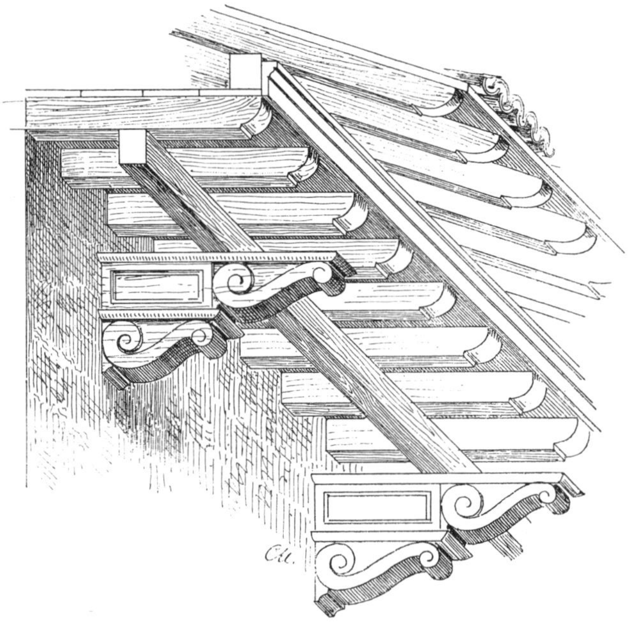

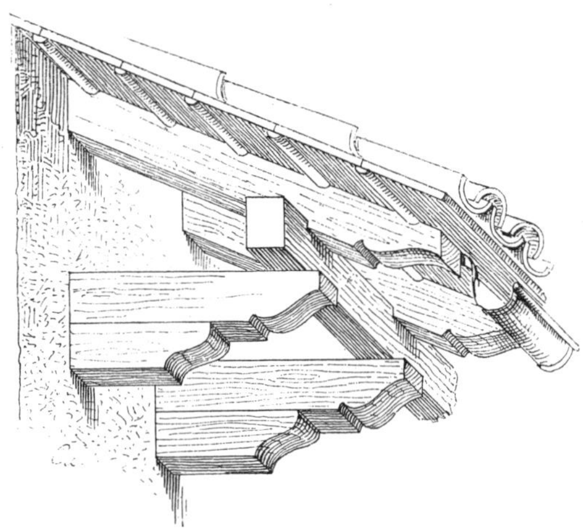

Fig. 160 und 161.

Hauptgesimse in Holz ausgeführt an Häusern in Zaragoza.

Die Figuren 160 bis 165 mögen hiervon Beispiele geben.

Mehr als man vermuten sollte, ist das Holz während der Renaissancezeit zum Bauen in den alten spanischen und portugiesischen Städten benutzt, freilich nicht als selbständig

Fig. 162.
Hauptgesimse in Holz ausgeführt an einem Hause in Zaragoza

Fig. 163.
In Holz ausgeführtes Hauptgesimse an der Longa in Zaragoza, erb. 1551

hervortretendes Baumaterial, sondern nur als Surrogat, um die dünnen Steinmauern zu stützen. Dasselbe ist als Ständer und Riegelwerk überputzt und mit dem Mauerwerk übertüncht und so den Blicken des Beschauers entschwunden. Auf Höfen findet man vereinzelt noch Gallerien und Brustwehren von Holz in Brett oder Drechslerarbeit, noch weniger aber tritt das Holz materialcharakteristisch strassenseitig in die Erscheinung.

Fig. 166, eine Strasse in Braga in Portugal darstellend, giebt ein Bild dieser selten interessanten malerischen Bauweise. Sehr wirkungsvoll sind die vor den Stockwerken umlaufenden Galleriebrüstungen aus gedrehter Arbeit.

Zeichnete sich diese portugiesische Häusergruppe wesentlich durch die Zierlichkeit ihrer Formen aus, so trägt Fig. 167, den Saal der Cortes in Valencia darstellend, vollkommen spanischen Charakter zur Schau. Himmelhoch jauchzend und zum Tode betrübt, in einem Atem! In der Architektur die gröbsten Misverhältnisse in Länge, Breite und Höhe des Saales, sowie in der bombastischen Holzdecke mit der viel zu zierlichen, unter ihr stehenden Colonettengallerie, die wieder von kolossalen Holzkonsolen getragen wird.

Fig. 164.
In Holz ausgeführtes Hauptgesimse des Colegio de S. Felipe in Zaragoza.

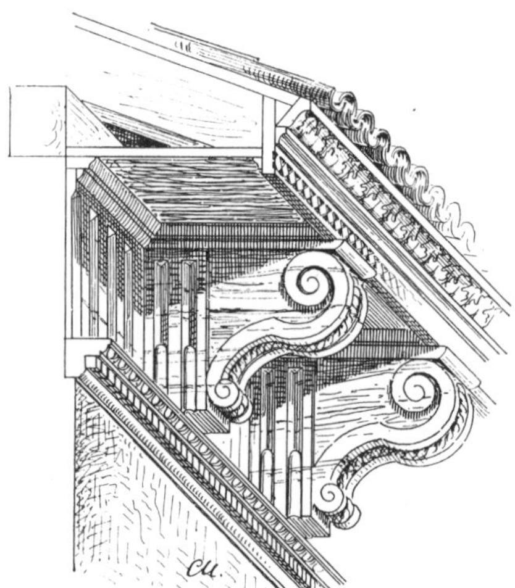

Fig. 165.
In Holz ausgeführtes Hauptgesimse eines Hauses in Zaragoza.

Fig. 167.

Salon der Cortes in Valencia im Gebäude der Audiencia.

Begonnen unter Ferdinand, vollendet unter Philipp I. ca. 1500

Fig. 166.

n G. Vivian.)

Kap. IX.

# Arabische Holzbauten.

Auch im übrigen Orient ist zu muhamedanischer Zeit das Holz vielfach verwandt worden, jedoch sind diese Holzbauten mehr als die von Stein in Verfall geraten und geben uns keinen zusammenhängenden Ueberblick. Nur Einzelheiten mögen hier erwähnt werden, die wie in Spanien beweisen, dass die Araber sowohl die vorhandenen römischen

Fig. 168.

Aus der Moschee Amrou in Cairo VII. Jahrh. (Prisse d'Avennes).
Antikes Kapitäl mit Holzabacus und Holzanker.

und byzantinischen Formen, wie auch direkt Bauüberreste benutzten, um mit Hülfe dieser und des leichtzubearbeitenden Holzmaterials, ihre Bauten auszuführen.

So stellt z. B. Fig. 168 ein antikes korinthisches Kapitäl dar, welches, einem römischen Bau entnommen, von den Arabern mit kreuzweise übereinandergeschobenen Bretterlagen versehen wurde, um auf diese Unterlage einen Bogen zu stellen.

Ebenso benutzte man toskanische Säulen als Ausgangspunkt für einen baldachinartigen Aufbau und konstruierte das Hauptgesimse als einen hölzernen Behang. Fig. 169.

Auch die aus dem massiven Gemäuer der Häuser in die engen Strassen herausragenden Balken sind im Brett konstruiert und verleihen dadurch dem Strassenbilde ein für uns Nordländer ganz eigenartiges Aussehen. Fig. 170.

Zu diesen Vergitterungen wurde als Grundlage ein geometrisches Muster gewählt, welches entweder in übereinander geblatteten dünnen Brettchen oder in Drechslerarbeit ausgeführt wurde, wie solches Fig. 171, 172 und 173 zeigen.

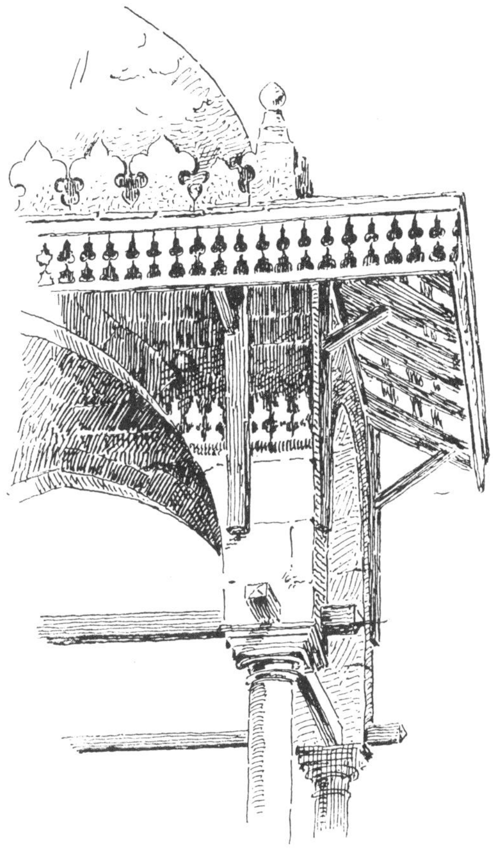

Fig. 169.

Vom Grabe eines Emirs auf dem Friedhof zu Karafeh XVIII. Jahrh.
Nach Prisse d'Avennes I, Taf. 35.

Ueberblickt man diese ganze Reihe der maurischen Abbildungen*) und auch die Figuren maurischen Stils, so wird man daraus klar ersehen, dass der ganze Gedankengang dieser orientalischen Kunst in nur geringer Beziehung zu den Ideen der abendländischen Künste steht. Die orientalische Kunst bildet vielmehr ein geschlossenes Ganze für sich und wird uns Nordländer stets als eine exotische Pflanze ansprechen. In die abendländischen Stilarten ist jedoch zu verschiedenen Zeiten ein orientalischer Einfluss eingedrungen, wie ja die spanischen Renaissancegesimse, einzelne italienische Decken und anderes mehr zeigen.

*) Siehe Uhde, Baudenkmäler in Spanien und Portugal.

Fig. 170.

The Arab House. Transactions of the Royal Institute of British Architects Vol. 6, 1890.
Strasse in Cairo. Nach einer Photographie.

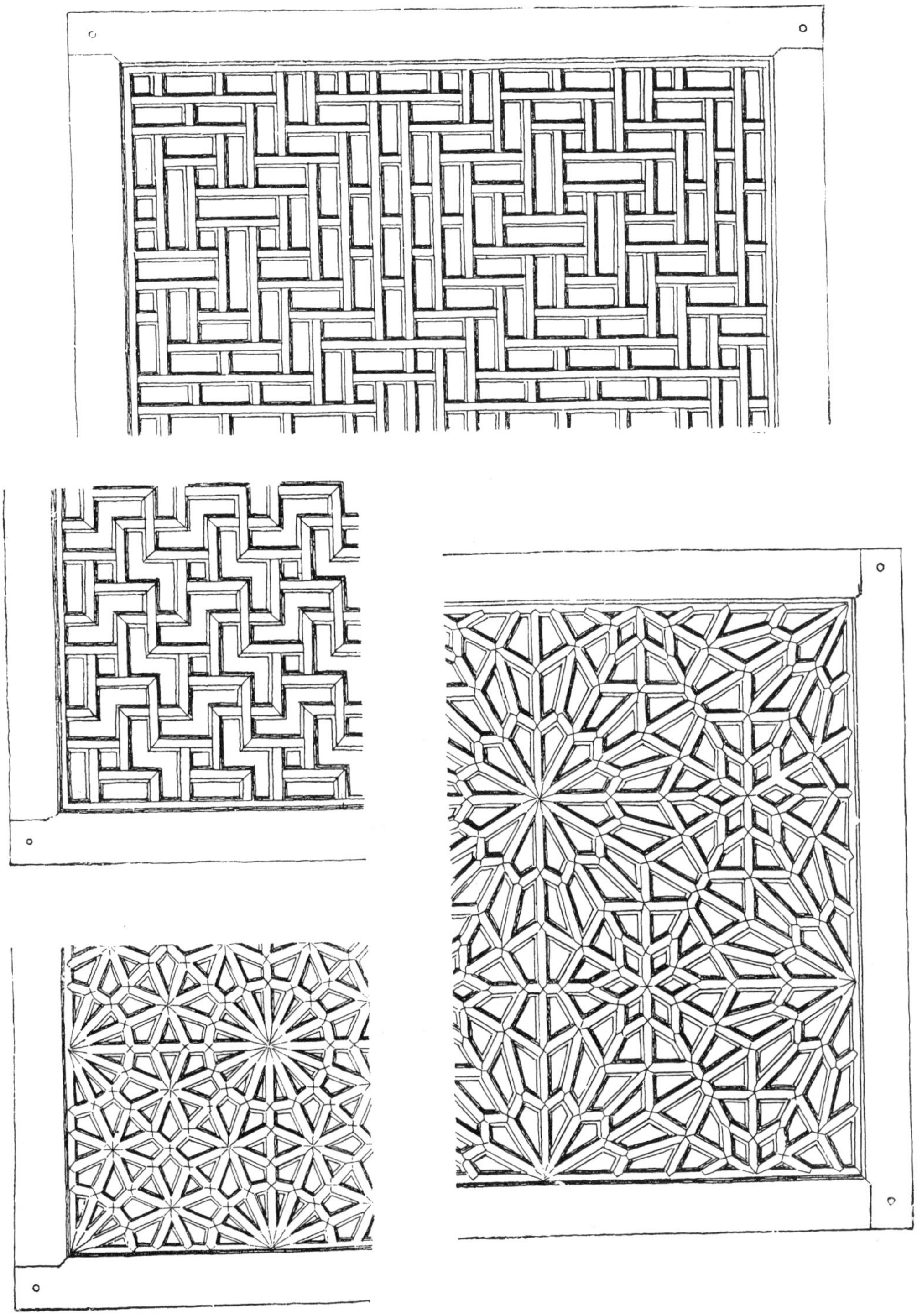

Fig. 171.

Arabische Holzgitter.

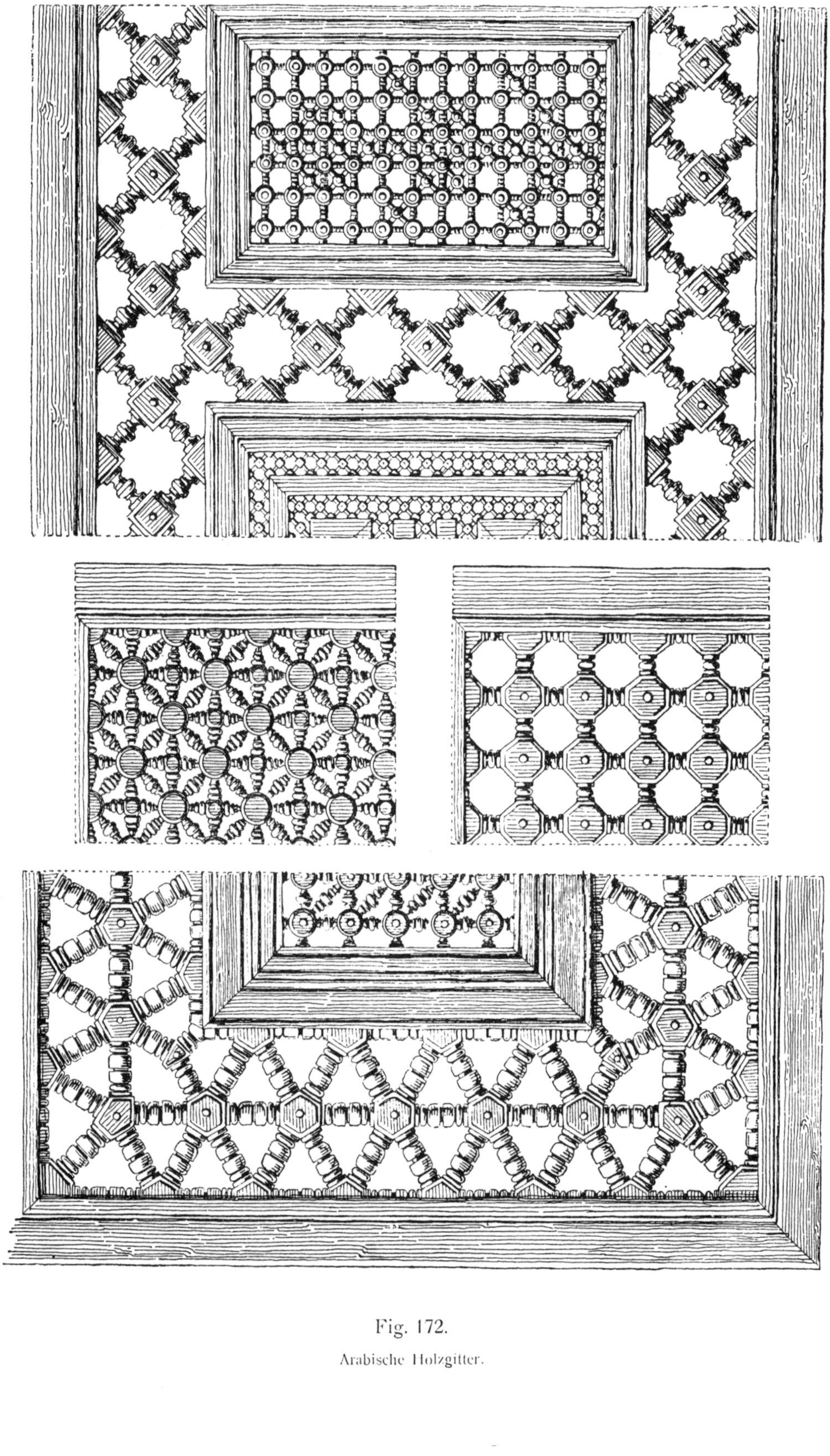

Fig. 172.
Arabische Holzgitter.

Fig. 173.

Arabische Holzgitter.

## Kap. X.

# Deutschland.

### Der niedersächsische Holzbau.

Während der Steinbau in Italien, einmal eingeführt, herrschend blieb, konnte er über die Alpen weit schwerer vordringen und hat in unserem waldreichen Norden noch heute nicht ausschliessliche Geltung.

Die ältesten Ueberlieferungen berichten ausdrücklich von einem, wie es scheint, schon entwickelten Fachwerkbau in Germanien. Tacitus erzählt von Häusern in Deutschland, die ausschliesslich aus rohbehauenem Holz bestanden, ohne Bruchstein oder Ziegel.

Der Sinn für gefälliges Aussehen mangelte. Jedoch bestrich man gewisse Stellen des Hauses mit einer Art Thon von so reiner und glänzender Farbe, dass dadurch die Fläche wie mit Bildern und Linienornamenten geschmückt aussah. Auch unterschied man an Konstruktionsteilen Schwelle, Balken und Säule. Danach dürfen wir vermuten, dass es bereits zur Römerzeit in nördlichen Gegenden Deutschlands, im Gegensatz zur gleichfalls uralten schweizerischen Dübelkonstruktion der Wände und Decken, einen Fachwerk-Riegelbau gab. Jene farbige Ausschmückung durch Thon oder Lehm konnte aus technischen Gründen nicht auf der Fläche der Dübelwände halten, wir können sie uns aber leicht auf den Füllungen zwischen dem Holzriegelwerk denken.

Diese Füllungen haben in Deutschland vielfach noch jetzt einen ganz ursprünglichen Charakter. Dieselben bestanden aus einem Zweiggeflecht oder einer Schicht von Holzscheiten (Sprügeln, Spleten) und waren beiderseits mit Lehm — oft mit Stroh untermischt — beworfen. Der Strohlehm wurde dann mit Kalk oder einer Mischung von Kalk und Kuhhaaren fein überzogen. So setzte sich das dunkle Holz von den weissen Kalkfüllungen ab. Auf diese weissen Füllungen wurde dann entweder mit einer gelben oder roten Erdfarbe ein rohes Ornament nach Art unserer Kinderzeichnungen aufgemalt, oder die Figuren wurden mit dem Zieh- oder Putzbrett als Kreis, Kreuz, Zickzack in feinem Relief eingezogen. Ueberlieferungen jenes Farbenputzes haben sich noch heute in Deutschland zumal in Westfalen erhalten.

Andere Schriftsteller melden ähnliches. Herodian z. B. berichtet von den Alemannen, Katten, Hermunduren, wohl auch Markomannen: „Sie haben keine Steine oder gebrannte Ziegeln. Die baumreichen Wälder gewähren unerschöpfliches Material für die Errichtung ihrer Häuser."

Das Haus bestand in der Hauptsache aus einer Halle. In ihr stand der Herd, gegenüber dem Eingang, daneben die Sitze. Stall und Scheunen sind neben oder auch im Hause selbst angebracht (Tacitus G. Kap. 20). Danach ist man versucht, die Tradition dieses germanischen Hauses im niedersächsischen Bauernhaus erhalten zu sehen, wie uns Fig. 174 ein solches zeigt.

Auch von Kellerräumen wird uns erzählt.

Fig. 174. Niedersächsisches Bauernhaus nördlich von Braunschweig, mit Giebelkrönung und Rauchfang von einer Däle eines Bauernhauses bei Thedinghausen.

In der Schweiz wird der heute noch dort übliche Block- oder Dübelverband auch in jenen ältesten Zeiten angewandt sein. Er zeigt eine primitivere, für das Hochgebirge aber geeignetere Technik als der Ständerbau.

Die römische Nachbildung eines germanischen Hauses haben wir in Fig. 175 vom Relief der Trajanssäule.

Dargestellt ist die Zerstörung einer Dakischen Stadt durch Feuer. Vielleicht haben wir es hier mit Blockverbänden zu thun. Wahrscheinlicher sind Fachwerkwände, die wie das Dach mit Brettern überkleidet sind. Man erkennt überall, an den Wänden, Giebeln und Dächern die Köpfe der verbindenden Bolzen oder Holznägel.

Das Haus links steht erhöht auf einem Ständerwerk. Auch ein Pallisadenzaun ist im Vordergrunde sichtbar. Der gänzliche Mangel einer Ausschmückung ist zu beachten.

Die Fig. 176 u. 177, ebenfalls von der Trajanssäule, geben Steinbauten mit vielfacher Verwendung des Holzes.

Fig. 175.

Von der Trajanssäule.

Zerstörung einer Dakischen Stadt durch Feuer.

Langsam, sehr langsam drang vom Süden her der Steinbau über die Alpen. Ammian findet es bemerkenswert, dass die Alemannen nächst des Rheins ihre Häuser nach dem Vorbilde der dortigen römischen Villen herrichteten — diese waren aber aus Stein gefügt. Julian traf 356 ganze Dörfer solcher nach römischer Art aus Stein gebauter Häuser bei den Alemannen zwischen Rhein und Main.

Steinerne Wohnhäuser aus vorgeschichtlicher Zeit finden wir auf germanischem Boden nur in England. Irgend eine Bedeutung scheinen sie indessen dort nicht gehabt zu haben. Ausgeschmückte Holzbauten erscheinen überall erst in viel jüngerer Zeit.

Aus früherer Zeit, als dem 15. Jahrhundert, ist uns, ausser einem ganz dürftig dekorierten Hause in Marburg, nichts Datiertes oder durch Zierformen chronologisch Bestimmbares bekannt. Die Theorie hat sich daher dieser langen tausendjährigen Periode zwischen dem altgermanischen Holzhause (Bauernhause) und dem kunstgeschichtlich bedeutsamen Bürgerhause der neueren Zeit bemächtigt. Man hat hier und da geglaubt, für diese Zwischenzeit einen uns unbekannten, verloren gegangenen nationalen Holzstil annehmen zu müssen, dessen Spuren man auf dem Lande oder noch mehr an Holzbauten des 16. und 17. Jahrhunderts hat wiedererkennen wollen.

Untersucht man die Quelle geistiger, also auch künstlerischer Anregungen überhaupt, so findet man sie stets in einzelnen Mittelpunkten, in der Vereinigung mehrerer durch eine gemeinsame Idee zusammengehaltener bedeutender Menschen, oder in der Schöpferkraft eines einzelnen Genies.

Fig. 176.

Von der Trajanssäule.

Römischer Turm mit Leuchtfeuer von der Befestigungskette gegen die Dakier auf hohem Ufer der Donau.

Fig. 177.

Von der Trajanssäule.

Römisches Blockhaus aus der Befestigungslinie gegen die Dakier.

Auch die Mode hat einen entsprechenden Ursprung. Unsere Bauerntrachten sind weiter nichts als Nachklänge alter städtischer, längst unmodern gewordener Zeitkostüme. Aehnliche Nachklänge, Abhängigkeiten, Anregungen lässt uns die ganze neuere Holzbaukunst Deutschlands erkennen; ihre Entwickelung gegenüber der Steinarchitektur ist durchaus sekundär. Sie bewegt sich parallel mit der die Zeit bewegenden Richtung, aber in einer anderen bescheideneren Sphäre, zwar in beständiger Beziehung zu der modischen Kunst, doch in roherer unausgebildeterer Empfindungsweise, gebunden an ein beschränkendes Baumaterial. Die obersten Zentren geistigen Lebens der Renaissancekunst, von denen die befruchtenden Anregungen allmählich hinunterdrangen bis zu Niedersachsens Fachwerkbauten, waren zuerst Florenz, dann Rom.

Zur Zeit der Gotik bestand ähnliche Abhängigkeit von den Bauhütten der grossen Dombaustätten, unter denen die französischen die ersten waren.

Der romanische Stil wurde gepflegt von der Kirche, ihr Haupt war Rom, und die Urquelle romanischer Bauformen war die römische Kunst. In Deutschland, wo eine heimische Steinbautradition nicht vorhanden war, wurde Technik, Konstruktion und Dekoration der steinernen Kirchen und Klostergebäude mehr oder weniger verstanden oder

Fig. 178.

Kemenate des XII. und XIII. Jahrh. in Braunschweig.

barbarisiert von Rom übernommen. Die Baumeister waren Laienbrüder der Klöster und ihre Klosterbauten waren aus Stein. Als das Bedürfnis nach reicheren Profangebäuden, nach wirkungsvollen Palästen der Könige und einzelner Fürsten unsere romanischen Steinpaläste entstehen liess, waren es auch wieder die Laienbrüder der Klöster, die allein mit dem Stein vertraut im Geiste ihrer klösterlichen Kunstform jene Bauten schufen. Auch der geringe Schmuck der allmählich entstehenden steinernen Bürgerhäuser, auf die Fenster und Thüren beschränkt, bietet gegenüber jenen Kirchbauten nichts neues. Fig. 178.

Solche Steinbauten auf bürgerlichen Grundstücken umschlossen zuerst nur einen Raum in jedem der beiden Stockwerke. Es war der einzige feste, unter Umständen wohl auch zur Festung dienende Teil der zu einer Wirtschaft dienenden Häusergruppe, deren übrige Bauten aus Fachwerk bestanden und daher nicht erhalten sind. Solche steinerne Kemenaten sind wohl, ähnlich wie die Türme der städtischen Adelsburgen Italiens, ein Vorrecht bevorzugter Familien gewesen. Diese Patrizier hatten grössere Fühlung mit der Bildung der Zeit als die übrigen Bürger. Bei ihnen allein wird zunächst Interesse dafür vorhanden gewesen sein, ihre Wohnung künstlerisch zu verfeinern.

Den Beginn dieses noch ganz rohen Kunstbedürfnisses in den Städten bezeichnen jene Kemenaten, die sich z. B. noch vielfach in der Stadt Braunschweig aus dem 12. Jahrhundert finden. Nur ausnahmsweise wurden sie zu grösseren Steinbauten ausgedehnt, das Fachwerk blieb auch dort für das Wohnhaus und Wirtschaftsgebäude herrschend.

Schliesst man von dem dürftigen Schmucke romanischer Steinbauten auf den damaligen Holzbau, der, wie die antike Ueberlieferung beweist, keine entwickelte Formentradition hinter sich hatte, so wird für ihn kein irgendwie bedeutungsvoller Schmuck übrig bleiben.

Fig. 179.

Kirche in Greensted, Essex, aus dem XI. Jahrh., nach einer Zeichnung von 1748. Der Turm aus späterer Zeit, die Wände aus geklüftetem Holz in Nut und Feder.

(Gilbert Scott, Mediaeval Architecture.)

Die ersten eiligen Kirchenbauten der Missionare und der Klöster in neubekehrten; noch zu kultivierenden Gegenden haben wir uns allerdings aus Holz errichtet zu denken, Berichte von der häufigen Verbrennung, besonders durch aussen aufgehäuftes und angezündetes Reisig, beweisen das. Sie werden in landesüblicher, schmuckloser Konstruktion errichtet gewesen sein.

Bei uns ist nichts davon erhalten; in England ist dagegen eine solche Holzkirche vorhanden. Diese Holzkirche in Greensted in Essex giebt Fig. 179 wieder.

Sie geht auf die Zeit um 700 zurück. Scott berichtet, dass ihre Wände aus aufrecht auf Schwellen stehenden, miteinander vernuteten halbierten Eichenstämmen beständen. Der Längsschnitt der Stämme bildet nach innen zu eine glatte Wand; nach aussen ist die Rundung des Stammes sichtbar. Irgend eine Dekoration ist nicht vorhanden.

Aus jüngerer Zeit sind Holzkirchen in Skandinavien vorhanden, z. B. in Gol (um 1400 errichtet, nach Dietrichson und Munthe), welche wir später anführen werden. Der dürftige Schmuck derselben zeigt durchaus keinen entwickelten der Konstruktion angepassten Charakter. Das Aeussere jener Kirchen war bis auf die Giebelspitzen schlicht.

Einige Blockbaukirchen Oberschlesiens und Ungarns aus der Zeit um 1300 teilt Lachner mit, Fig. 180. Auch sie zeigen durchaus keine nennenswerte Verzierung.

Fig. 180.
Kirche zu Ploszkó im Bereger Comitat. Nach Lachner, Geschichte der Holzbaukunst.

Wir erinnern uns hier der lykischen Grabfaçaden, die einen ganz streng und schmucklos konstruierten Holzbau wiedergeben. Schon dort wurde ausgeführt, dass die so ausserordentlich deutliche Konstruktion des Holzbaues nicht wie die Steinarchitektur eine Kunstform zur Belebung toter Flächen nötig hat, sondern dass sie nur der charakteristischen Holzkonstruktionsformen dazu bedarf.

Beim Steinbau wird die Konstruktion erst durch die Kunstform versinnbildlicht — ohne solchen Schmuck würden wir dieselbe überhaupt nicht empfinden. Die Zusammensetzung des Holzbaues dagegen braucht keine Erklärung. Nur ein entwickeltes, verfeinertes Kunstgefühl wird versuchen, dem an sich schon lebendigen Organismus solcher tragenden, lastenden und verbindenden Holzteile durch fein verteilten Schmuck eine höhere künstlerische Ausgestaltung zu geben.

Wie fern musste das jenem ungeschulten, rohen Geschmacke der ersten Jahrhunderte des Mittelalters liegen. Die gemalten Figuren der alten Germanen an ihren Häusern waren Flächenschmuck. Flächendekoration sind auch die wenigen germanisch zu nennenden Kunstformen Skandinaviens. Farbigen Flächenschmuck zeigen, wie bereits gesagt, noch jetzt die Bauernhäuser Westfalens, auch Niedersachsens mit ihrem wirkungsvollen Gegensatze von dunklem Holzwerk und weissgetünchten Füllungen.

Hätte sich irgend ein nationaler Holzbauschmuck an dem germanischen Bauernhause gebildet, so müssten seine Ueberlieferungen an unseren heutigen teilweis noch aus dem 16. Jahrhundert stammenden Bauernhäusern nachweisbar sein, so gut wie wir in ihrer Raumeinteilung uralte heimische Tradition zu sehen geneigt sind.

Dass sich in dem städtischen bürgerlichen Holzhause von vornherein kein materialcharakteristischer Holzbaustil unabhängig vom Steinbau entwickelte, bedarf noch weniger des Beweises. Das städtische Bürgerhaus geht, wie sich vielfach noch nachweisen lässt, auf das Bauernhaus zurück, von dem es zuerst Konstruktion und Nutzung übernahm — die Stadt war zuerst eben nur ein ummauertes, zusammengedrängtes Dorf.

Der Bau der Gebäude zu besonderen Zwecken, der Kirchen, Paläste, Rathäuser lag anfangs, wie schon erörtert, in der Hand der Klöster. In Stein wurden die Schmuckformen weitergebildet und angewandt, sie waren durchaus für diesen gedacht, nur der Stein war des Schmuckes würdig und allein dafür passend.

Aus dieser Zeit (10. bis 12. Jahrhundert) ist meines Wissens nur das romanische Kirchengestühl im Dom zu Ratzeburg erhalten; ferner spricht R. Bickell in seinen „Hessische Holzbauten“ von einer romanischen skulpierten Holzsäule, aus der Abtei Hersfeld stammend, jetzt im Museum zu Marburg. Mögen diese beiden Beispiele beweisen, dass sowohl in der Kleinkunst wie in der Baukunst der romanische Stil auch in Holz ausgebildet war, aber nur erst kirchlichen Zwecken diente.

Langsam, erst mit der Gotik, ging die Kunstübung auf die bürgerlichen Berufe über. Während romanische Formen nur ganz spärlich und unbeholfen an profanen Gerätschaften erschienen waren, entwickelt sich nun eine ausgebildete Möbeltechnik, ausgeübt von bürgerlichen Berufshandwerkern, die sich in Gilden zu besonderen Gesellschaften zusammenschlossen.

Tischlerei und Zimmerei lag derzeit in der Hand ein und desselben Meisters. Was lag näher, als dass er die gotisch empfundenen Zierformen, die er an den Möbeln anzubringen gelernt hatte, nun auch auf sein gezimmertes Haus übertrug? Zunächst natürlich einfachste Ornamente, wie sie die Technik ihm, dem von der grossen Kunstströmung der Zeit mit fortgerissenen Meister geradezu aufdrängte.

So entstand durch die Bearbeitung des Holzes mit Säge, Stech- und Hohleisen jener älteste Fachwerkschmuck Deutschlands, der Treppenfries mit den so einfach und doch so kräftig profilierten Knaggen. Etwas noch Einfacheres lässt sich gar nicht denken. So bedeutungsvoll dieser Fries ist, so hat er seine Wirkung doch grösstenteils der schon durch sich selbst sprechenden Konstruktion zu verdanken; zwischen ihr und dieser ersten materialcharakteristischen Zierform ist überhaupt keine primitivere Zwischenstufe denkbar.

Mit dem Treppenfriese begann der künstlerische Holzbau, wuchs beständig an Reichtum der Formen, bis endlich die Form die Konstruktion erstickte und damit sich selbst den Boden entzog, auf dem sie gediehen war.

Folgendes war demnach die thatsächliche Entwickelung des Fachwerkbaues im Mittelalter:

Die Kunstformen waren anfangs in den Städten rein konstruktiv, roh und einfach — Flächendekorationen, die mit dem Wesen der Ständerkonstruktion nichts zu thun hatten. Ganz langsam und allmählich bereitete sich eine wirklich künstlerische Verzierung vor, auf Anregung und unter Einfluss des Steinbaues. Spärlich und schüchtern bekommt der

Fig. 181. Haus zu Marburg 1320.

Bürger zur Zeit des romanischen Stils Fühlung mit der Kunst. Mit dem Erstarken des Bürgertums während der Gotik geht die Zunahme künstlerischer Regsamkeit Hand in

Hand. Bürgerliche Lehrlinge werden Meister des Handwerkes der Kunst. Sie übernehmen die Elemente der kirchlichen Gotik und bilden sie nun selbständig für ihre Bedürfnisse weiter. Wohlstand, ja Reichtum der Städte steigert beständig sowohl Nachfrage als Angebot. Da genügen dann die alten, einfachen und durch ihre Konstruktion wirksamen Fachwerkbauten der Väter nicht mehr und der in bestimmter Zunft gebildete Handwerker setzt seinen Ehrgeiz darin, das Fachwerkhaus nach den Regeln der Kunst, die er gelernt hat, zu schmücken.

Die alten rohen Flächendekorationen waren indessen keine Formen, die dem gebildeten Geschmacke der Zeit entsprachen. Der Handwerker war nun selbständig genug,

Fig. 182. Treppenfriesschwelle und Knagge, älteste Form. Braunschweig 1450–1490.

im Geiste seiner Zeit und mit dem gesunden Empfinden für die Eigenart seines Baumaterials einen zunächst noch ganz einfachen Schmuck anzuwenden, der aber mehr war als eine rein äusserliche, unwesentliche Verzierung.

Das älteste datierte Holzhaus ist ein marburgisches von 1320. Fig. 181.

Wie man sieht, sind alle konstruktiv thätigen Glieder schlicht gelassen. Die eigentümlich vorgehängten Ständer der Front enden unten frei schwebend in einem gotischen Knauf, der umgekehrten Spitze einer Fiale gleich. Unter den Zapfenlöchern für die Querriegel befindet sich eine kleine unbedeutende unterstützende Holzkonsole mit konisch zugespitztem Fuss. Ausser diesen ganz unwesentlichen Kunstformen zeigt das Haus keinen Schmuck. Beispiel für einen entwickelten verzierten Holzbau der Zeit kann es also nicht sein, dieser scheint vielmehr auf die Vorbilder der Steinarchitektur zurückzugehen.

Aus einer Vergleichung dieser marburger Konstruktion mit denjenigen in Braunschweig um 1460—1500 geht ferner deutlich hervor, dass das Innere der ersteren mit dessen Aeussern nicht im Einklange steht, vielmehr erscheinen die vortretenden Stockwerke wie vorgehängte Balkone, die mit den hinterstehenden durch drei Stockwerke in vier durchlaufenden lotrechten Ständern nur in oberflächlichem Zusammenhange stehen, während die braunschweiger Fachwerke mit den übertretenden Stockwerken sich mit logischer Konsequenz aus dem inneren Aufbau ergeben.

Fig. 183. Riegelwerk.

Den Mittelpunkt und die ältesten Beispiele des verzierten Fachwerks haben wir in Niedersachsen zu suchen. Wir wählen Braunschweig, um die Norm der Formenfolge festzustellen. Zwar bietet jede Stadt ein individuelles Bild, doch ist die Verwandtschaft immer so gross, dass das Wesentliche in einer grösseren Landschaft überall wiederkehrt. Gerade für jenes älteste Schmuckmotiv, den Treppenfries, scheint Braunschweig den Ausgangspunkt zu bilden; derselbe ist hier noch in zahlreichen datierten und undatierten Beispielen vertreten.

Die ältesten Formen der Schwellen und der Knagge giebt Fig. 182 wieder.

Der Treppenfries ist eine einfache, mit der Stichaxt (Stemmeisen) leicht herausgearbeitete Verzierung, die durch das Instrument deutlich bedingt ist, ebenso die zahlreichen Wülste und Einschnitte der Knagge mit ihren scharfen eckigen Endigungen.

Fig. 184.
Scharrnstrasse 13 in Braunschweig, erbaut 1470.

Feiner empfunden ist das Balkenkopfmotiv unserer Abbildung, das bereits seitlich eine das Wesen der vorderen Profile vertiefende Figur zeigt, es geht aber ebenfalls auf eine einfache horizontale Gliederung der Balkenstirnseite zurück. Der hinter der vorgekragten Schwelle frei liegende Teil des durch Wellerholz gebildeten Fussbodens ist häufig gegen die Witterung durch ein schräg gestelltes Schutzbrett gesichert, wie bei a oder b, Fig. 182. Dieses Schutzbrett war wohl schon frühzeitig farbig verziert, wovon z. B. in Hildesheim am Trinitatishospital schöne Reste erhalten sind.

Die Riegel der Scheidewände der ältesten Häuser stossen häufig mit ihren breiten Zapfen durch die Ständer der Front durch und sind aussen durch starke Holznägel sichtbar festgehalten. Fig. 183.

Fig. 185.
Tenne oder Däle eines Bauernhauses in Wendeburg bei Braunschweig.

Neben diesem wohl als ältesten anzusehenden Schmucktypus geht bei den datierten Häusern ein anderer her, bei welchem Knaggen und Balkenköpfe — zunächst nur einzelne am Gebäude — mit figürlichen Darstellungen geschmückt sind. An den Balkenköpfen sind es meist mehr oder weniger karikierte Menschengesichter, an den Knaggen einzelne Heilige, zuweilen auch Figuren mit verstecktem Sinn. Fig. 184.

Schon die ältesten Fachwerkhäuser erscheinen vielfach in äusserst stattlichen Verhältnissen. Eine freilich der Beschränkung durch die Konstruktion und das Bedürfnis unterworfene Neigung für monumentale Erscheinung geht durch alle Epochen des Holzbaues gerade in Braunschweig, die (vielleicht mit anderen Ursachen) ein glückliches Masshalten der Dekoration zur Folge hatte.

Der Aufbau und die innere Einteilung zeigt im wesentlichen den niedersächsischen Typus. Fig. 185.

Auf das Erdgeschoss folgt ein Zwischenstock ohne Vorkragung, die durch beide Geschosse durchgehende Däle, den Hauptwirtschaftsraum des Hauses bildend und geeignet zum Einfahren hoher Fuder. Diese Dälenanlage verlangte bis zu ihrer Höhe durchlaufende Ständer der Front. Darüber kragte dann ein drittes Geschoss vor, zuweilen auch noch ein viertes. Nur Erd- und Zwischengeschoss dienten zu Wohnzwecken, die vorgekragten und allein verzierten Obergeschosse enthielten ausschliesslich Speicherräume.

Die Traufenseite des Daches lag in Braunschweig stets an der Strasse, daher ragt eine Windeluke aus dem Dache hervor. Grössere Erker auf Häusern dieser ältesten Zeit sind wohl stets spätere Zuthaten. Erhaltene Datierungen solcher wirklich verzierten Holzhäuser beginnen in Braunschweig mit 1467 (am alten Petrithore 2). Die Jahreszahlen erscheinen zunächst mit gotischen Typen stets zwischen den einzelnen Treppenfriesmustern. Dazu gesellte sich an gleicher Stelle meist noch der Tag der Errichtung, mit dem Namen des Heiligen bezeichnet. Namen des Erbauers oder gar Sprüche gehören jüngerer Sitte an. Wir geben in Fig. 187 eines der stattlichsten Gebäude dieser Art aus 1470: alte Knochenhauerstrasse 11.

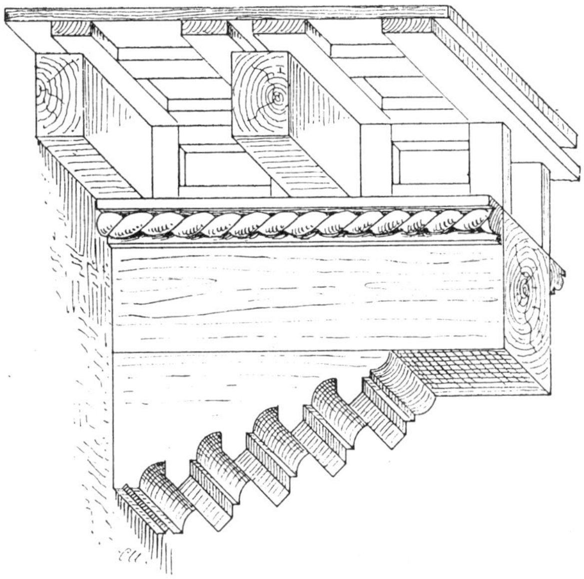

Fig. 186.
Decke in den Colonnaden des Dogenpalastes von Venedig.

Leise wird bei ihm bereits das Streben nach einer Ausfüllung der durch das Treppenfriesmotiv abgeteilten leeren Flächen erkennbar. Doch sind die Füllfiguren hier noch so wenig aufdringlich, dass sie in der That ihrem Zweck entsprechen ohne die Bedeutung des Treppenfrieses zu schwächen.

Der einfache Treppenfries verdeutlicht vortrefflich die Zusammenfassung der auf der Schwelle lastenden Kräfte und Uebertragung derselben auf die senkrechte Richtung von Ständer und Balkenkopf und steht daher in lebendigster Beziehung zu der gerade an dieser Stelle stützenden Knagge und dem tragenden Ständer des Untergeschosses. Dem schweren, massigen Fachwerk und seinem Drucke auf die Knagge darunter entsprechen die starken Profile der letzteren. Diese Folge von horizonalen Einschnürungen und Ausladungen ist aber auch das technisch einfachste Mittel des Zimmermanns, um die Stütze künstlerisch zu verzieren. Diese Profile zeigen zwar keine deutlichen Wiederholungen bestimmter Formen der Steinarchitektur, sie sind aber entschieden in dem Sinne gotischen Formgefühls entstanden, so dass sie im Holz mit den einfachsten technischen Mitteln (Säge und Stichaxt) streng konstruktive Dekorationen bilden. Es ist klar: um ein gotisches Holzhaus zu schmücken, konnten nicht die Profile des Steinbaues übernommen werden, die gerade in der Gotik am allerkonsequentesten der Steinkonstruktion ausschliesslich dienten. Da die Gotik die Konstruktion der Steingebäude dem unbedingtestem Schematismus unterwarf, sah sie natürlich auch beim Holzbau darauf, die Konstruktion durch entsprechende Mittel künstlerisch zu zieren. Das war indessen nur durch die eigentümliche Holztechnik möglich. Gerade die ganz einfach konstruktive Behandlung der Treppenfriesschwellen, der Balkenköpfe und Knaggen mit ihren von der Steintechnik ganz verschiedenen Profilen ist Fachwerkgotik im eigentlichen Sinne — nicht jene mit gotischen Steinornamenten überzogenen Holzhäuser Englands und Frankreichs.

Wie durchaus technisch bedingt diese Knaggenprofile sind, zeigt die Verwandtschaft mit Fig. 186.

Diese Holzkonsole stammt aus der Mitte des 15. Jahrhunderts, ist also etwa gleichzeitig mit jenen ältesten braunschweigischen Knaggen entstanden. Auch hier erinnert nichts unmittelbar an Steinprofile. Die harten, eckigen horizontalen Glieder folgen aus der technischen Behandlung des Holzes.

Fig. 187.
Alte Knochenhauerstrasse in Braunschweig, erbaut 1470.

Auf die Konstruktion der Decke bei diesem italienischen Beispiele mag noch aufmerksam gemacht werden, ebenso auf das zwischen Unterzug und Balken vermittelnde Taumotiv, das in Deutschland recht eigentlich erst ein Renaissanceschmuck der Holzbauten wird.

Die Eckvorkragung eines Fachwerkhauses wurde durch einen zu den übrigen diagonal gestellten Stichbalken gebildet. Stichbalken waren in solchem Falle auch die vorkragenden Balken der meist an der Nebenstrasse liegenden Giebelseite. Diese Ecke war in älterer Zeit nur von einer, ebenfalls diagonal gestellten Knagge unterstützt. Fig. 188.

Fig. 188.
Ecke mit diagonal gestellter Knagge. Braunschweig, erbaut 1460–80.

An anderen Orten kommen schon frühzeitig reichere Zierformen dieser Konstruktions teile vor — gotische Masswerkverzierungen und knaufartige Formen der Knaggen, die vom Stein übernommen weit weniger materialcharakteristisch und ästhetisch ansprechend sind als jene vorhin genannten Formen.

Fig. 189 giebt ein solches Detail von einer alten Burg Flechtingen in Braunschweigs Nähe. Auch der Schwellenschmuck zeigt neben dem Treppenfriesmotiv eine vollständige Ueberziehung aller Flächen mit Schmuck, — meist Nachahmungen spätgotischen Masswerks. Um trotzdem den Treppenfries zu gehöriger Geltung zu bringen, hat man die von ihm umschlossene Fläche tief in das Holz hineingearbeitet und dann erst mit Ornament überzogen. Durch die tiefen Schatten unter der Abtreppung bewirkt dies doch eine kräftige, monumentale Wirkung. Vergl. auch Fig. 190.

Fig. 189.
Schwelle und Knaggen aus Burg Flechtingen.

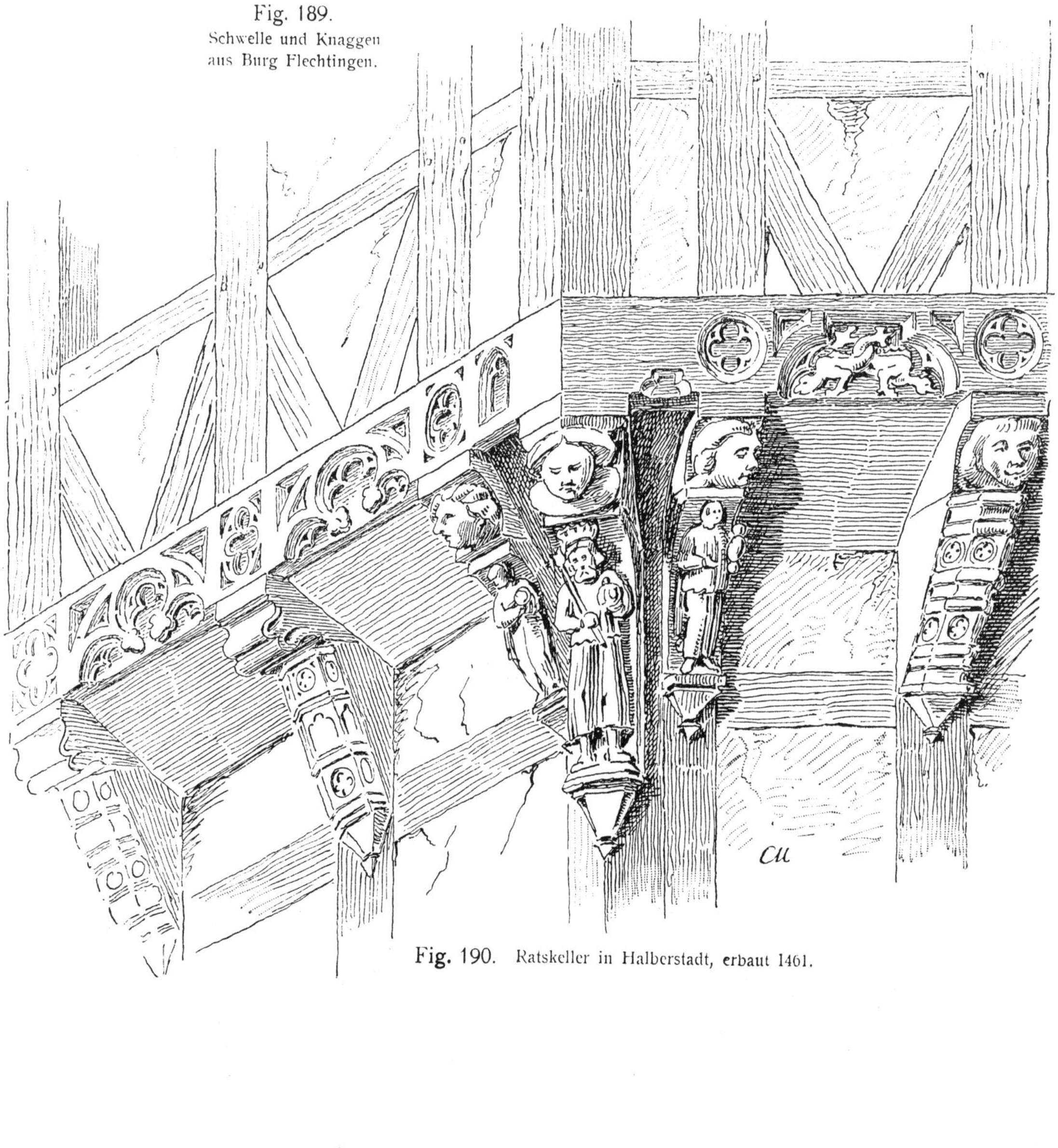

Fig. 190. Ratskeller in Halberstadt, erbaut 1461.

Fig. 191.
Schwelle an dem Hause Steinstrasse 3 in Braunschweig, erbaut 1517. Späterer massiver Unterbau.

In jüngerer Zeit verschwindet der Sinn für die ästhetische Bedeutung des Treppenfrieses. Er erscheint schliesslich nur noch als Umrahmung einzelner mit Figuren geschmückter Felder, wie Fig. 191, die Schwelle eines Hauses aus dem Jahre 1517, veranschaulicht.

Hier zeigen auch die Balkenköpfe den Gesichterschmuck jüngerer Zeit, wo der Humor sich vor recht derben Ueberraschungen des Betrachters nicht scheute. Die Reliefs der Schwelle stellen lebensvolle Heiligenfiguren, Volksscenen und Wappen dar.

Dieses Treppenfriesmotiv erscheint mehr oder weniger verändert neben anderen niedersächsischen Städten auch in Halberstadt an zwei besonders schönen und den braunschweigischen ganz verwandten Bauten.

Fig. 192 giebt diese schöne mittelalterliche Gruppe wieder. Das Gebäude im Hintergrunde ist der Ratskeller von 1461, eins der ältesten Gebäude dieser Form.

Zuweilen endet der Balkenkopf auch in Form eines gedrungenen Knaufes nach unten, ähnlich einer gotischen Steinkonsole. Fig. 193 giebt ein Beispiel davon aus Braunschweig.

Fig. 192.
Fischmarkt mit Ratskeller in Halberstadt.

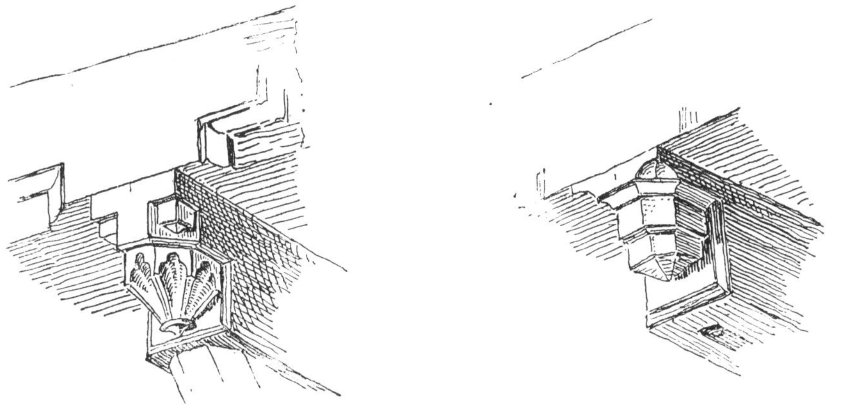

Fig. 193. Balkenköpfe. Braunschweig um 1500.

Fig. 194.
Schwelle mit Trapezornament. Braunschweig um 1500.

Noch in gotischer Zeit, aber jedenfalls jünger als das Treppenmotiv, erscheint das sog. Trapezornament, besonders in Goslar verbreitet, doch auch in Braunschweig nicht unbekannt. Fig. 194.

Fig. 195.
Häusergruppe aus Goslar, mit Trapezornament an den Schwellen, erbaut um 1500.

Auf Fig. 195 sehen wir das Zusammentreffen zweier solcher Formen über dem Balkenkopfe. Das Trapez hat eine ähnlich ästhetisch entlastende Wirkung wie der Treppenfries, nur nicht mehr mit gleicher Wucht und Deutlichkeit.

Unsere obige Figur giebt zugleich eine andere Art von Knaggen, zwar noch im alten gotischen Sinn, doch schon mit einer deutlicheren Sonderung der Glieder, welche zu einer ganz neuen Form überleitet, wie sie Fig. 196 zeigt.

Fig. 196.
Herzogl. Plankammer an der Martinikirche, Braunschweig.

Dies ist das typische Bild eines Hauses mit Trapezornament. Die Knaggen mit leicht eingezogener Vorderfläche und nur in der Mitte mit einem Wulst zwischen zwei Hohlkehlen profiliert erscheinen gewöhnlich mit dem Trapez verbunden. Die Profile unter der Knagge sind mit dem Ständer aus einem Holz; auch die Balkenköpfe haben hier schon jene schlichte Form, die sie in Zukunft stets behalten.

Ein Nachlassen kräftig konstruktiver gotischer Gliederung lässt sich hier erkennen. Massvolle, klare Verteilung ziemlich flacher Profile beweist, dass ein schlichterer Sinn für anmutige zarte Dekoration lebendig geworden ist. Es ist die Renaissance, die sich bereits ihrem Wesen nach bemerkbar macht, ohne schon zu klarem Ausdruck gekommen zu sein; vielmehr werden wir in diesen Formen noch eine, wenn auch schon verblasste Gotik erkennen müssen.

Es ist nicht möglich, eine ganz scharfe chronologische Gliederung der folgenden Typen für das ganze Gebiet herauszuschälen. Die Zeit der Renaissance und des Ueberganges dazu zeichnet sich durch einen raschen Wechsel der Kunstformen aus, durch ein fortgesetztes Schwanken zwischen zwei künstlerischen Richtungen, der konstruktiven, materialcharakteristischen und einer dekorativen, von der Steinarchitektur abhängigen. Letztere sollte schliesslich die Oberhand bekommen. Die erste ist die konservative Erbschaft der Gotik, die andere die Aeusserung eines von neuen, fremden Vorbildern abhängigen und durch sie befangenen Geschmacks.*) Dies ist das gemeinsame Kennzeichen aller folgenden Erscheinungen des Holzbaues und wir dürfen sie daher allgemein — obgleich manche von ihnen durchaus originelle Formen bilden — als von den Steinbauten der Renaissance abhängig nennen. Wohl lassen sich ihre einzelnen Typen in jeder Stadt für sich unterscheiden und von vielen gleichzeitig entstandenen Motiven kommen nur einzelnze allmählich zu ausschliesslicher Geltung.

Die Geschwindigkeit der Entwickelung ist in den einzelnen Städten sehr verschieden und die Konsequenz der Neigung zu bestimmten Formen ist überall eine andere; ähnlich wie z. B. in italienischen Städten die Renaissance zu ganz verschiedenen Zeiten und in ganz verschiedener Darstellung angenommen wurde. Aber der allgemeine Gang ist doch für das ganze Gebiet niedersächsischer Holzbaukunst typisch. Die immer grössere Abhängigkeit vom Steinbau ist überall wahrzunehmen. Die Entwickelung erfolgte in besonders typischer Weise in Braunschweig, weshalb wir diese Stadt als Muster gewählt haben.

Die Abhängigkeit vom Steinbau ist im 16. Jahrhundert noch in Schranken gehalten durch ein starkes Gefühl für die künstlerischen Bedürfnisse des Fachwerkbaues. Daher ist in dieser Zeit die formale Uebereinstimmung mit den Steinbauten der Renaissance noch nicht sehr gross und der Einfluss der letzteren bringt anfangs mehr eine Erschütterung der alten materialcharakteristischen, gotischen Schmuckweise, als wirklich neue architektonische Formen hervor. Es werden noch fast ausschliesslich die Profilformen der Gotik verwandt, neben sehr reichlichen Figurenornamenten der Renaissance. Deshalb kann man diese Gruppe noch nicht eigentlich zur Renaissance rechnen, obgleich die durch sie veranlasste Unsicherheit des Gefühls für materialcharakteristischen Schmuck schon sehr deutlich zu erkennen ist.

Die darauf folgende, mit mehr Recht Renaissance des Holzbaues zu nennende Epoche zerfällt wieder in zwei grössere Unterabteilungen: eine ältere mit noch lebendiger Empfindung für die künstlerischen Bedingungen des Holzbaues und entsprechender Umbildung der Renaissanceformen in diesem Sinne, und eine jüngere, die ganz äusserlich die Steinformen auf den Holzbau überträgt und den Holzbau zu einer Nachahmung des Steinbaues zu machen sucht.

Zu der Periode des Uebergangs gehört das Dannenbaumsche Haus in Braunschweig, Auguststrasse 33, von 1517, von welchem Fig. 197 u. 198 den Mittelteil der Front und ein Detail wiedergeben.

Es fallen uns zunächst die Nachbildungen spätgotischen Masswerks zwischen den Ständern an Schwellen und dem hier zuerst geschmückten Winkeldreieck auf. Die

*) Vergl. Karl Steinacker, Holzbaukunst Goslars.

Fig. 197.
Haus von Gebrüder Dannenbaum, Auguststr. 33 in Braunschweig, erbaut 1517.

konsolenartigen Knäute unter den Endigungen des Masswerks sind Zuthaten neuerer Zeit und nicht im Sinne der ersten Errichtung. Das Wesen der die Balken und Ständer in der Horizontale zusammenhaltenden Schwelle, ihre die Last des Oberbaues auf die Knagge vereinigende Bedeutung ist hier gänzlich zerstört zu gunsten einer rein dekorativen Ausfüllung der Flächen zwischen den Ständern. Auch in die sonst schlichten Ständer ist ein

Fig. 198. Vom Dannenbaumschen Hause in Braunschweig, Auguststr. 33, erbaut 1517.

gotisches Fenstermasswerk eingegraben, wohl um die Beziehung des Ständers zu Knagge und Balkenkopf durch ein neues Mittel wieder herzustellen.

Ganz im Gegensatz zu jener gänzlichen Unterdrückung der konstruktiven Funktion der Schwelle steht der Schmuck der unteren Satzschwelle. Sie liegt auf einem wohl nachträglich errichteten steinernen Unterbau. Es ist ein um einen Stab geschlungenes fortlaufendes Laubband gotischen Formengefühls. Aber wie jenes Masswerk die obere Schwelle überhaupt nicht beachtete, betont dieser Laubstab viel zu ausschliesslich ihre horizontale Richtung.

Fig. 199.
Haus am Südklint in Braunschweig,
erbaut 1523, abgerissen 1898.

Der Laubstab selbst ist ein in spätgotischer Zeit häufiger erscheinendes Motiv, das sich an Holzbauten zuerst zu Ende des 15. Jahrhunderts zeigt und im ersten Viertel des 16. Jahrhunderts vielfach auftritt.

Unter und über der Windeluke sehen wir ein ähnliches Motiv in schon erstarrter Form. Die Horizontale wird durch die sehr hohen und profilierten Riegelhölzer mehr als gewöhnlich betont. Knaggen und Balkenköpfe haben die jüngere gotische Form, nur dass an ihnen wie auch an dem Riegelholzprofil reichlich das gedrehte Tau statt des glatten Wulstes erscheint, das fortan als charakteristisches Renaissancemotiv uns häufig wiederbegegnet.

Fig. 200.

Haus Reichenstr. 7 in Braunschweig, erbaut 1517–20.

Fig. 201.
Die alte Waage in Braunschweig, erbaut 1534

In ganz ähnlichem Formenkreise ausgeführt sind noch verschiedene Häuser in Braunschweig vorhanden, das Haus Reichenstrasse No. 7, erbaut 1517—1520, Fig. 200, und so das bereits abgerissene 1523 erbaute Haus am Südklint, Fig. 199.

Noch im Jahre 1534 entsteht ein Bau gleicher Empfindungsweise, die alte Waage, ein von allen Seiten freistehendes städtisches Haus, das wir in Fig. 201 wiedergeben.

Fig. 202.

Schwellen der drei übereinanderliegenden Geschosse der alten Waage in Braunschweig, erbaut 1534.

Die bekannten Motive, sogar die beiden verschiedenen Typen des gewundenen Blätterstabes sehen wir wiederkehren. Daneben zeigt die unterste Schwelle reiche, schöne Renaissanceornamente, die vortrefflich mit dem Ganzen harmonieren. Fig. 202.

Auch die Gardinenbögen der Fensterstürze in Holz und Stein, die Eselsrücken der Thür und Luken sind, obgleich gotisch, Zeichen jüngerer Entstehungszeit. Die Eckbildung geht ebenfalls einen Schritt weiter: drei Knaggen sehen wir an jedem Eckständer vereint. Fig. 203.

Fig. 203.
Alte Waage in Braunschweig, 1534.

Um die verringerten Ständerabstände der Ecken wieder einigermassen auszugleichen, hat man trotz der engen Stellung der Knaggen auf jede im ersten Obergeschoss einen Ständer folgen lassen, aber nicht mehr im zweiten, so dass dort die beiden seitlichen Knaggen konstruktiv überflüssig sind. Immerhin ist diese Eckbildung dekorativ sehr

Fig. 204.

Knochenhauer Amtshaus in Hildesheim, erbaut 1529.

glücklich. Hier erscheint auch zuerst die neuere solidere Füllung der Fläche mit Backsteinen, sogar in geometrische Figuren gelegt, während früher Lehm und Flechtwerk hierzu benutzt wurde, wie bei den von Tacitus beschriebenen Bauernhäusern.

Das hohe Dach grösstenteils mit dem abgewalmten Giebel ist bezeichnend für eine grosse Reihe ähnlicher Bildungen. Eine Zwischenstufe zwischen dieser Abwalmung und dem bis zum First mit ausgefülltem Fachwerk durchgeführten Giebel, bildet das berühmte Knochenhaueramtshaus in Hildesheim. Fig. 204.

Es gehört zu dem Typus der alten Waage in Braunschweig, doch als Giebelfront mit reicherem Einzelschmuck ausgeführt und datiert von 1529. Die Eckbildung ist geschickter als an der alten Waage.

Fig. 205.

Vom Knochenhauer Amtshaus in Hildesheim. Nach M. E. del Monte.

Fig. 205 giebt ein Einzelstück der Giebelseite. Die Fächerornamente sind Zuthaten einer Wiederherstellung von 1853.

Wie in Braunschweig geben die Städte nördlich von dort regelmässig die Giebelseite als Hauptfront und führen den Giebel bis zum First hinauf.

Dafür mag Fig. 206 als Beispiel dienen, das Thielebeulesche Haus in Celle von 1522. Dieses Haus zusammen mit dem „Brusttuch" in Goslar und dem Demmerschen Hause in Braunschweig, Sack 5,*) geht wahrscheinlich auf denselben Meister zurück.**)

Von der Verwandtschaft mit dem in Fig. 207, 208, 209 wiedergegebenen Hause in Braunschweig mag die Vergleichung überzeugen. Dies Demmersche Haus von 1536 ist die äusserste Konsequenz des bereits 1517 bei dem Hause Fig. 197 eingeschlagenen Weges.

---

*) Abgerissen und auf dem Burgplatze wieder aufgerichtet.

**) Karl Steinacker, Die Holzbaukunst Goslars, Seite 44.

Fig. 206.

Das Thielebeule'sche Haus in Celle, erbaut 1527.

Fig. 207.

Das Demmer'sche Haus im Sack in Braunschweig, erbaut 1536.

Alles Detail jenes Hauses finden wir hier im wesentlichen wieder. Doch ist der etwas anders gebildete Laubstab auf die Dachschwelle beschränkt. Die Masswerkdekoration ist über die Ständer hinübergegangen und zum Rahmen einer Fülle figürlicher Darstellungen geworden, die ausserdem sämtliche irgend verfügbare Flächen des Fachwerks: Ständer, Riegel und Knaggen bedecken. Diese lebendigen Schnitzereien von Fabelwesen, Göttern, Putten, Volkstypen sind durchaus im Charakter der Renaissance gehalten, wie überhaupt diese gänzliche Loslösung der Dekoration von der Konstruktion ohne den Einfluss der Steinbauten der Renaissance nicht denkbar wäre.

Fig. 208. Vom Demmer'schen Hause im Sack in Braunschweig, erbaut 1536.

Zu dieser Gruppe von Bauten gehört ferner das bereits erwähnte sog. Brusttuch in Goslar und das Mönchehaus daselbst, erbaut 1528. Letzteres ist besonders sehr originell in Zeichnung und Relief. Fig. 210, 211.

Die Reste des ehemaligen Hauses Küchenstrasse 2, jetzt im städtischen Museum zu Braunschweig aufbewahrt, 1538 datiert, zeigen zwar verwandtes Streben nach Dekoration,

Fig. 209.

Von Demmer's Haus im Sack in Braunschweig, erbaut 1536.

Fig. 212, doch ist das Einzelne weit steifer und ängstlicher als beim Demmerschen Hause, das Ganze auch noch etwas mehr an die Konstruktion des Fachwerks gebunden. Es ist eine ziemlich unbehilfliche Nachahmung des in seiner Art meisterhaften Vorbildes.

Fig. 212 u. 213 geben noch weitere Reste alter Holzhäuser, die jetzt im städtischen Museum aufbewahrt werden.

Schon das Haus Küchenstrasse 2 hat keine deutlichen gotischen Formen mehr. Wir begegnen diesen fortan nur in der neueren Anwendung an Thür- und Fenstenstürzen, wie an dem Gebäude der folgenden Gruppe, dem Hause Langestrasse 9 von 1536, Fig. 214.

Hier erscheint ein neues Motiv, das Fächerornament. Es ist seinem Wesen nach eine reine Renaissanceform und da diese Form auf die Konstruktion wieder besondere Rücksicht nimmt, also von architektonisch wesentlicher Bedeutung ist, haben wir in diesem Haus einen Renaissanceholzbau im besten Sinne zu erblicken.

Fig. 210.
Vom Brusttuch in Goslar, erbaut 1528.

Die vom Demmerschen Haus bekannten Kandelabermotive sehen wir nur am Zwischenstock über der Thür wiederkehren — ähnliche Ornamente an den untersten Knaggen. Die übrigen Knaggen zeigen die einfachen charakteristischen Formen mit dem gedrehten Tau, wie wir sie am Dannenbaumschen Hause und an der alten Waage beobachteten. Die Schwelle ist als selbständiger Konstruktionsteil vernachlässigt, dafür der Rhythmus der Ständerfolge und auch ihre Verbindung mit der Schwelle durch das neue Fächerornament glücklich betont. In der Mitte der Schwelle zwischen zwei Ständern stehen kleine Baluster, durch Archivolten miteinander verbunden — alles nur flüchtig und sinnbildlich angedeutet. Die Halbkreisbögen mit dem Scheitel auf der Mitte der Ständer schliessen den Fächer ein, der aus einem Bündel auseinandergefalteter, nach der Mitte spitz zulaufender Pfeifen besteht. Die runden Abschlüsse der einzelnen Pfeifen und des ganzen Bündels, der weit unruhigere und selbständigere Eindruck der ganzen Zierform atmen den neuen Geist der Renaissance, aber in einem Gebilde, das wieder selbständig im Sinne der künstlerischen Bedingungen des Holzbaues gedacht und umgewandelt ist.

Fig. 211.
Mönchehaus, Goslar, erbaut 1528.

Fig. 212.

Ueberreste von abgerissenen Häusern; oben Küchenstrasse 2.

Fig. 213.
Ueberreste von abgerissenen Häusern, jetzt im Städt. Museum, Braunschweig.

Fig. 214. Haus Langestrasse 9, Braunschweig, erbaut 1536.

Fig. 215.
Haus am Südklint, Braunschweig, erbaut 1560.

Die Köpfe als Mittelpunkt des Halbkreises sind eine Abweichung von der üblichen Form, die in einem kleinen Halbkreise, wie in Fig. 215, zuweilen auch in einem ganzen Kreise besteht.

Wenn die Fläche des Fächers mehr als einen Halbkreis ausmacht, sind die Pfeifen entsprechend verschoben.

Füllhölzer statt der Schutzbretter unter den Schwellen finden sich an diesem Hause nur unter dem ersten und zweiten Obergeschoss. Unter dem Dach sind dagegen Schutzbretter angebracht, die noch hier und da Spuren alter Bemalung zeigen. Die Füllhölzer sind mit einer grossen Auskehlung versehen, und diese ist wieder mit einem Fächerornament geschmückt.

Eine einfache schlichte Auskehlung derartiger Füllhölzer, an der Schwelle ebenso wiederholt, veranschaulicht uns Fig. 216 von der Jakobsstrasse in Braunschweig.

Diese Wiederholung des Füllholzmotivs an der Schwelle ist in Braunschweig ganz besonders selten, zumal in einem so frühen Beispiel, das der Schwere seiner Formen nach dem ersten Drittel des 16. Jahrhunderts angehören wird.

Die Ableitung des Fächermotivs von der Muschelfüllung der Renaissancenische wird uns durch die Anwendung des Fächers am Füllholz sehr nahegelegt.

Wie umgekehrt die Renaissancemuschel an Steinbauten flächenhaft ganz im Sinne unseres Fächers erscheint, beweist z. B. die Krönung des Wappenrahmens am Thorturm des Heidelberger Schlosses.

Der Flohwinkel in Braunschweig, Fig. 217, 218, von 1538, bringt uns noch einmal das gleiche Motiv, an welchem in Braunschweig mit viel Zähigkeit festgehalten wurde.

Fig. 216. Haus Jacobsstrasse, Braunschweig.

Indessen entschloss man sich dort schwerer dazu, die Schwelle wieder zu selbständiger Geltung zu bringen, wie dieses Haus beweist. Die aufgemalten Ornamentranken der Ständer sind modern. Die Schwierigkeit der Eckbildung ist hier umgangen, die Vorkragung nur nach einer Seite ausgeführt.

Neu sind die Band- und Flechtmotive an den neben den Fächern freigelassenen Stellen der Schwellen. Sie sind ein schüchterner Versuch, die Selbständigkeit der Schwelle wieder zu betonen. Aber sie sind zugleich ein neues, durch die Renaissance bedingtes Dekorationselement. Mag nun das Flechtwerk auf Anregung ähnlicher Formen an der Unterseite römischer Architravbalken, am Wulst ionischer Basen u. s. w. entstanden sein, jedenfalls kann der von der Antike beeinflusste Geschmack nur unter ihrer mittelbaren

Fig. 217.

Der Flohwinkel (vom Bäckerklint aus) in Braunschweig, erbaut 1538.

Fig. 218.

Der Flohwinkel (von der Breitenstrasse aus) in Braunschweig, erbaut 1538.

Einwirkung auf derartige Urformen der Kunst zurückgegriffen haben. Die Anwendung der Schnüre und Flechten gewinnt in den nächsten Dezennien gesteigerte Bedeutung. In ganz Niedersachsen können wir das bemerken.

Fig. 219.

Haus in Einbeck.

Fig. 219 zeigt ein Haus aus Einbeck, das etwa der Mitte des 16. Jahrhunderts angehören mag. Neben einzelnen Abweichungen von der Eigentümlichkeit Braunschweigs sehen wir alles Wesentliche von dort. Zwischengeschoss und Erdgeschoss zeigen an diesem

Haus entgegen der Gewohnheit reichen Schmuck, der beide Stockwerke in eine Einheit zusammenzieht. Perlschnüre, Flechten und Taue betonen die Richtung der Ständer und Riegel; ein schöner Gardinenbogen, dieser freilich durchaus nicht organisch, schliesst die Fensterreihe oben ab. Dicke Taubündel füllen die angedeutete starke Auskehlung der Schwellen und Füllhölzer zwischen den Balkenköpfen. Dieser Schmuck zusammen mit frühzeitiger Anwendung der Füllhölzer ist eine Eigentümlichkeit der meisten Orte von Quedlinburg westlich bis nach Westfalen hinein. Der Fächer ist zuweilen in eine sternförmige Figur umgebildet, ebenfalls einer Neigung Südniedersachsens zu geometrischen Mustern entsprechend. Das Fächerornament ist hier beschränkt auf Ständer und Winkel-

Fig. 220.
Häuser in Höxter.

holz, der Schwelle ist ausdrucksvoller selbständiger Schmuck gelassen. Die Verkröpfung der Riegelholzprofile über den Ständern zeigt schon eine bedenkliche, noch recht wenig verstandene Abhängigkeit vom Steinbau.

Den gleichen Typus, noch etwas älter, hat das Haus in Höxter an der Weser, Fig. 220 rechts, ausgezeichnet mit einem hübschen sechsseitigen Chörlein. Das Haus links daneben mag wenig jünger sein — auch da ein Ausbau.

Die Vorliebe für solche Ausluchte haben besonders die Fachwerkhäuser von Hildesheim und der Wesergegend. Hier dürfte eine sehr interessante Häusergruppe aus Horn am Teutoburger Walde erwähnt werden, die sich ganz an Bauten vieler Weserdörfer anlehnt. Fig. 221.

In Hameln kommt häufig die Uebertragung solcher Häuser in Massivbau vor.

Das Fehlen des Zwischengeschosses fällt auf — die Sitte mag hier nie ganz fest daran gehalten haben. Im allgemeinen verschwindet das Zwischengeschoss erst gegen 1600 allmählich auch in Niedersachsen, seiner Heimat.

Gegen Ende des 16. Jahrhunderts ist in Hannover und Osnabrück eine sehr reich über die ganze Fläche der Wände sich ausbreitende Schnitzerei der Façaden Mode gewesen. Die Schnitzwerke sind so flach behandelt als ob sie in dünnem Brett ausgeführt seien,

Fig. 221.
Horn in Lippe.

dadurch hat man wohl eine Ueberladung, nicht aber eine Monumentalität wie bei den braunschweiger Bauten erzielt. Merkwürdig sind auch die mit kurzen Stichbalken in die hinterliegende Querkonstruktion eingezapften, stockwerkweise überragenden Giebelbildungen.

Fig. 222 veranschaulicht besonders die reiche Schnitzerei des Willmannschen Hauses in Osnabrück, sowie Fig. 223, 224 die Anordnung der Façade und der Verbindung des Giebels mit den Zimmerkonstruktionen der Tiefe des Kromschröderschen Hauses daselbst.

Fig. 222.

Von Willmanns Giebel-Hause in Osnabrück, erbaut 1586.

Fig. 223.

Das Kromschröder'sche Haus in Osnabrück. Zeitschr. f. Bauw. 1894.

Fig. 224.

Detail vom Kromschröder'schen Hause in Osnabrück. Zeitschr. f. Bauw. 1894.

Fig. 225.
Fachwerkshaus in Hannover, Burgstrasse 28, 1564 erbaut. Allg. Bauzeitg. Jahrg. 53 (1888) Bl. 1.

Aus Hannover giebt Fig. 225, das Haus Burgstrasse 8 darstellend, ein weiteres Beispiel dieser Bauperiode.

Wie das Fächerornament auch südlich des Harzes noch beliebt gewesen und vielfach benutzt wurde, sehen wir an dem Konsistorium in Stolberg, von 1535. Fig. 226.

Der Rhythmus der Konstruktion durch die Dekoration ist hier noch einmal mit Mitteln der Renaissance zu einer ähnlichen Wirkung gebracht, wie sie die gotischen Holz-

Fig. 226.

Consistorium in Stolberg, erbaut 1535.

häuser auszeichnete. Die tiefen, nicht wie an dem Einbecker Beispiel ausgefüllten Hohlkehlen an Schwellen und Füllhölzern, das Schiffskehlenmotiv versieht glücklich die Funktion des Treppenfrieses, ohne die Schwelle zu sehr zu schwächen; vielleicht ist es durch das Trapezornament vermittelt. Eine direkte Abhängigkeit von romanischen analogen Formen an Steinbauten, die man vermutet hat, vermögen wir nicht darin zu erkennen.

Wie der Treppenfries noch in Lübeck wiederkehrte, treffen wir das Fächerornament sogar an einem Bauernhause Fehmarns wieder. Fig. 227.

Fig. 227.

Giebel eines Hauses auf Fehmarn. Ende XVI. Jahrh. Globus 1893. Bd. 63. p. 90.

Von Stolberg am Südrande des Harzes kehren wir nochmals zu den an der Nordseite desselben gelegenen Orten zurück, um auch hier das Fächerornament zu verfolgen.

Ausser in Quedlinburg, Wernigerode und Goslar sind es besonders Hornburg und Osterwiek, welche Städte schöne Beispiele dieser für den Schluss des 16. Jahrhunderts so beliebten Form aufzuweisen haben. Doch auch hier verliert sich die Ausführung in Kleinigkeiten und Ueberladung, wie aus den Fig. 228, 229 u. 230 zu ersehen ist.

Fig. 228. Hornburg, Wasserstrasse.

Fig. 229. Hornburg, Marktstrasse.

Demselben Charakter einer flachen Kerbschnitzarbeit gehören auch eine Reihe von Bauten in Goslar an, von denen hier die Fig. 231, 232 die Erläuterung geben mögen.

Häufig liegt der Grund für diese flache Reliefierung der Bildhauerarbeiten am Harz und anderen Orten in der Verwendung von Tannen- oder Fichtenholz gegenüber dem in

Fig. 230.

Haus in Hornburg am Harz, Wasserstrasse, erbaut um 1580–1600.

der Stadt Braunschweig ausnahmslos gebrauchten Eichenholz. Da das Fichtenholz im Laufe der Zeit sehr viele und tiefe Risse bekommt, so würden die in Hochrelief sehr freistehenden Holzteile vielfach und leicht abspringen.

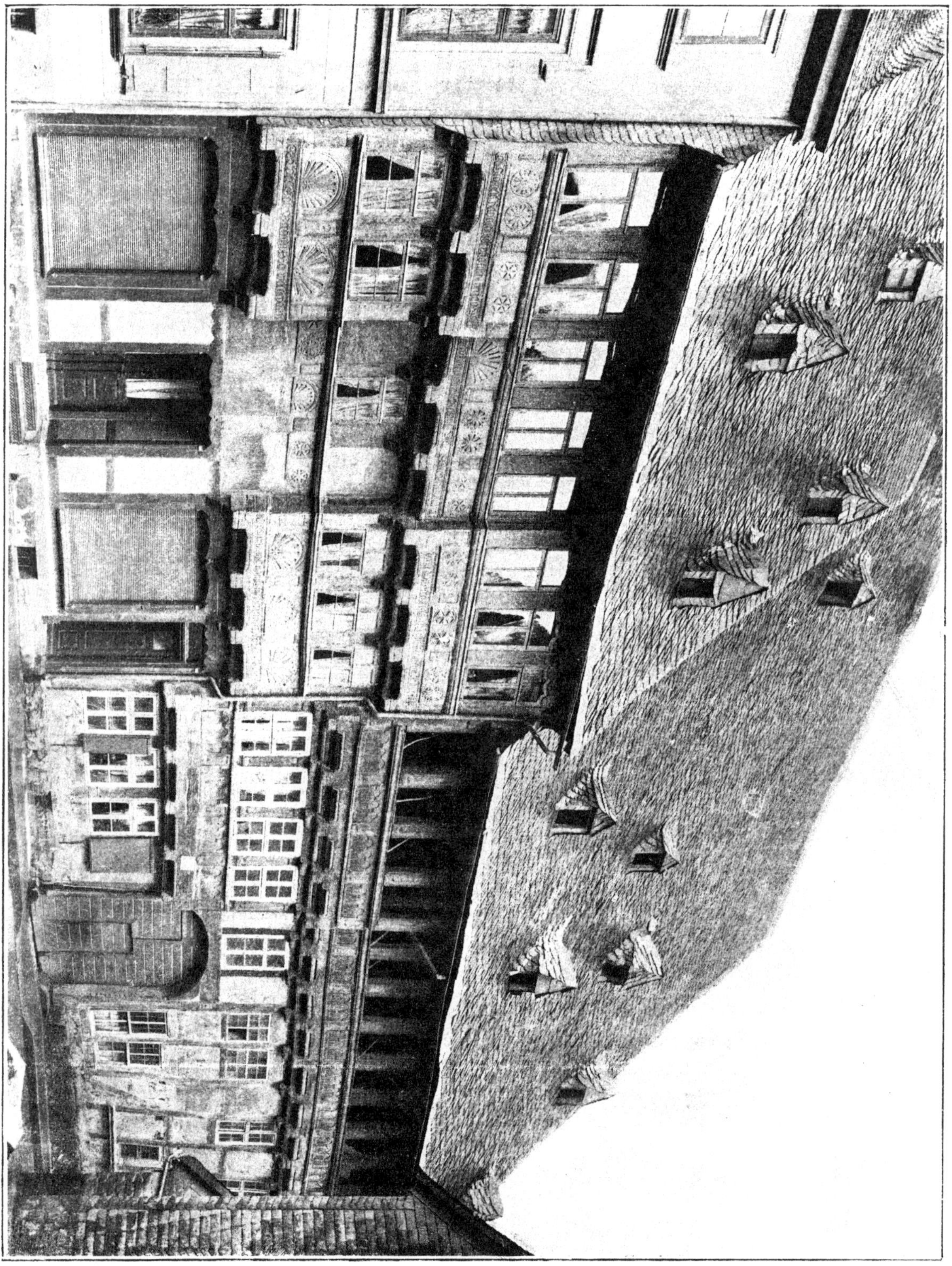

Fig. 231. Haus in Goslar, erbaut 1606.

Fig. 232.

Haus an der Jacobsstrasse in Goslar, erbaut 1612.

Fig. 233 bringt uns noch einmal ein, jetzt abgerissenes, Haus mit Fächerfries aus Braunschweig, Wendenstrasse 12, an dem der Unterschied des tief und kräftig geschnittenen Reliefs gegenüber der Arbeit in den Harzorten so recht klar und deutlich zu ersehen ist. Auch hier ist die Schwelle noch nach herrschender braunschweigischer Sitte nicht durch

Fig. 233.
Wendenstrasse 12 in Braunschweig. Erbaut 1535, jetzt abgerissen.

selbständigen Schmuck hervorgehoben, aber ihre vordere untere Kante ist weit ausgekehlt und darunter liegt ein gleich behandeltes Füllholz wie am Konsistorium zu Stolberg. Die starke Schattenwirkung hebt kräftig die Vorkragung hervor. Die Kandelaber über den Fächern erinnern an das Haus Langestrasse 9 (Fig. 214) und das Demmersche Haus (Fig. 207).

Fig. 234.
Haus Südklint 11 in Braunschweig.

Die Auskehlung der Schwelle bürgert sich in Braunschweig nicht ein. An dem Hause am Südklint No. 11 sehen wir nur das Füllholz so behandelt, Fig. 234. Der Dacherker ist spätere Zuthat.

Die Detaildarstellung dieses Hauses, Fig. 235, lässt das genauer erkennen.

Die Schiffskehle ist von zwei ebenfalls tiefen Hohlkehlen begleitet, tiefe senkrechte Einkehlungen betonen die Richtung des Ständers. Die Knaggen erinnern wohl noch an die bisher gewohnten Formen, doch fangen sie schon an zierlicher zu werden. Sie sind von geringerer Breite als der Balken. Zu den üblichen Profilen von Wulst, Tau und Hohlkehle sind gezahnte, etwas schwächlich wirkende Platten an den Knaggen hinzugetreten. Die starken Holme über den Fenstern zieren wieder verschlungene Gardinen-

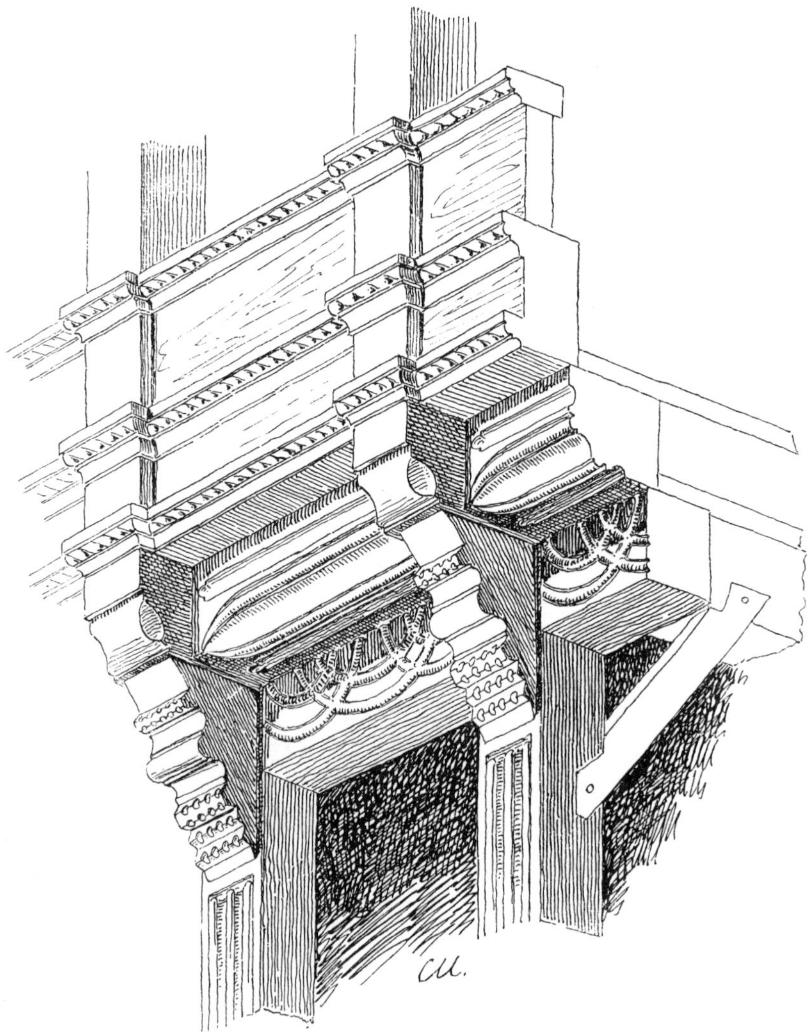

Fig. 235.

Vom Hause Südklint 11 in Braunschweig.

bögen. Eine charakteristische, durchgreifende Neuerung bringt die Schwelle, sie stellt ein breites schlichtes Band dar mit einer Einfassung oben und unten. Diese Einfassung, entschieden antikisierend behandelt, besteht aus einer kurzen Hohlkehle, über welcher als Kyma ein gewundenes Tau und abschliessend ein dünnes Plättchen liegt. Diese ganz antik gedachten Profile samt dem eingefassten Bande sind über dem Ständer verkröpft (Gebälk!), ebenso das entsprechende Profil der Fensterriegel.

Die bereits in Einbeck (Fig. 219) bemerkte Neigung zu Verkröpfungen ist hier demnach konsequent durchgeführt — der erste vollständige Sieg des Steinbaues über den Holzbau.

Fig. 236.
Reichenstrasse in Braunschweig um 1560.

Eine ganz ähnliche Form bietet auch das um 1560 erbaute Haus, Fig. 236.

In demselben kehren noch mehr wie in dem ersterwähnten gotische Anklänge wieder. Die Verkröpfung der Schwelle und des Ständers lag freilich nahe genug, die horizontale Richtung ist verdeutlicht und zugleich auch die Verbindung mit dem Ständer durch die Verkröpfung ausgedrückt. Nur ist das Mittel leider so sehr vom Stein erborgt, dass dieses zufällig passende Zusammentreffen von dem Bedürfnis des Holzbaues und von dem fremden Muster der Steinarchitektur notwendig die Holzbaukunst ihrer Freiheit beraubte. Die Nachbildung des Steingebälks rief naturgemäss die Vorstellung von gebälkstützenden Pilastern (Säulen) statt der Ständer wach.

Durch die Verkröpfung auch der Fensterriegel wird der untere Teil der Ständer zum Säulenstuhl (Postament), das übrige Stück desselben zur Säule. Es fehlte nur der letzte künstlerische Ausdruck, um den Ständer und schliesslich auch die Knagge den steinernen Gebälkformen der Schwelle anzupassen. Indessen noch wehrte sich das richtige Gefühl gegen die völlige Unterdrückung des materialcharakteristischen Schmucks. Ohne der Motive der Steinformen völlig Herr zu werden, gelang es, die Taue, Schnüre und Flechten gerade an denjenigen Konstruktionsteilen wieder zu besonderer Geltung zu bringen, die unter dem Einfluss des Steinbaues gänzlich zu verschwinden drohten. Fast gleichzeitig nimmt nun auch dasjenige Glied der Konstruktion die Steinform an, das bisher am zähesten sich wehrte — die Knagge wird zur Konsole. Damit tritt sehr bald eine folgenschwere Verminderung der Vorkragung zu gunsten der nur dekorativ wirkenden Konsole ein, wodurch die charakteristische Eigentümlichkeit des Holzbaues sich verliert.

Fig. 237.
Meinhartshof in Braunschweig.

Fig. 237 zeigt die Zwischenstufe der Umbildung der Knagge zur Konsole (das Haus links). Die Hauptprofile der Knagge sind aus der Mitte an die obere und untere Kante der Vorderfläche gerückt, aus der konkaven Biegung der letzteren ist eine konvexe

Fig. 238.

Der „Stern" in Braunschweig am Kohlmarkt, erbaut 1584, abgerissen 1894.

geworden. Die Dimensionen sind möglichst verringert, daher ist von einer regelmässigen Ständerfolge auf die drei Eckknaggen auch am ersten Obergeschoss abgesehen.

Bei dem 1894 abgerissenen „Stern" in Braunschweig vom Jahre 1584, Fig. 238, sind die Eckknaggen schon zu einem einzigen massigen Stück zusammengewachsen.

Die Vorkragung ist schon recht unbedeutend, ebenso die Reliefierung des übrigen Schmucks, verglichen mit den alten gotischen Bauten. Die Verkröpfungen sind wieder bis auf leise Andeutungen an dem Fensterriegelholz verschwunden. Die Knagge selbst hat bereits ungescheut ausgesprochene Konsolenform bekommen.

Erd- und Zwischengeschoss ist ganz in Stein ausgeführt, eine Eigentümlichkeit, die fortan in Braunschweig bei grösseren Gebäuden stets festzustellen ist. Das Festhalten an dem geschmückten dritten Fachwerkgeschoss folgt aus dem Hervorheben gerade erst dieses Stockwerks und allenfalls folgender durch künstlerischen Schmuck. Dem gegenüber wurden Erd- und Zwischengeschoss als künstlerisch untergeordnet als Unterbau behandelt. Letzterer konnte deshalb in Stein ausgeführt werden, ohne die Wirkung des Fachwerkoberbaues wesentlich zu schädigen, zumal ja bei diesem der Ausdruck der Konstruktion schwächer geworden war. Diese Verbindung von steinernem Unterbau mit Fachwerkobergeschossen bemerkten wir schon auf einer Seite der alten Waage (Fig. 201). Dort war sie allerdings wegen der grossen Durchfahrt notwendig, da diese keine genügende Versteifung der Ständer nach rückwärts zuliess.

Seit dem Erscheinen des „Sterns" wird es regelmässige Sitte in Braunschweig, Steinbau und Fachwerk zu einer eigentümlichen, höchst stattlichen Einheit zu verbinden. Die Apotheke am Hagenmarkt ist eins der schönsten Bauten dieser Gattung. Fig. 239.

Auch älteren, ursprünglich ganz in Fachwerk errichteten Gebäuden wurde später ein solcher Steinbau untergeschoben, z. B. dem (in Fig. 197 gegebenen) Dannenbaumschen Hause. Die alte Konstruktion mochte aus irgendwelchen Gründen unbequem oder die Holzteile durch das Durchlochen der Ständer für die Zwischenbalkenlage schadhaft geworden sein. Man passte daher ruhig die neuere Gewohnheit dem alten Hause an, und zwar ohne dessen künstlerischen Eindruck völlig zu zerstören. So kommt es denn an verschiedenen Bauten vor, dass der massive Unterbau die späteren Formen der Renaissance zeigt, während der stehen gebliebene Holzaufbau gotisch erbaut ist.

Auch in anderen Städten z. B. in Goslar finden wir analoge Bauten (Brusttuch).

Das charakteristische Detail der zu der Gruppe des Sterns gehörigen Häuser sehen wir auf Fig. 240 (von 1589).

Sämtliche Profile sind in Taue, Perlschnüre und Bänder verwandelt, die ja mit den Konsolen auch dem Steinstil entsprechen. Sogar das früher beobachtete gotische Fenstermassfachwerk an der Unterhälfte der Ständer ist in eine hufeisenförmige hängende Perlschnur umgebildet. Ueber die Schwelle geht jene Bandverschlingung, der wir ähnlich schon am „Flohwinkel" begegneten (Fig. 217), die hier indessen eine neue Form angenommen hat, eine Art Perlschnur im grössten Massstab.

Die Füllung der einzelnen Ovale (Perlen) besteht aus einem nach oben und unten abgeschrägten Buckel, wohl eine Reminiszenz an die Diamantquadern der Renaissance.

Fig. 241 zeigt uns die Hofansicht desselben Gebäudes. Die Flügel wurden 1591 errichtet.

Die Sitte hofseitigen Schmuckes wird erst jetzt häufiger, der Gotik fehlt sie so gut wie ganz. Diese Nebengebäude bringen bereits wieder eine kleine Aenderung. Der Schmuck der Schwellen ist nämlich jedesmal unter dem Ständer unterbrochen durch ein meist hufeisenförmiges, im viereckigen Rahmen liegendes Tau (Perlschnur). Dadurch ist aufs neue die Verbindung mit dem Ständer angedeutet, das antike verkröpfte Gebälk fängt wieder an, zum Vorschein zu kommen.

Die Eckkonsolen haben die typische Form.

Fig. 239.

Apotheke am Hagenmarkt in Braunschweig.

Fig. 240.

Haus in der Jacobsstrasse, Braunschweig, erbaut 1589.

Fig. 241.

Hofansicht vom Hause in der Jakobsstrasse in Braunschweig, erbaut 1580.

Eine sehr malerische Häusergruppe an der Marktstrasse in dem interessanten Harzstädtchen Hornburg dürfte ebenfalls hierher zu rechnen sein. Fig. 242.

Fig. 242.

Hornburg, Marktstrasse.

Eine wirkungsvolle Verbindung von Stein- und Holzbau dieser Zeit angehörig zeigt ein Haus der Heinenstrasse in Braunschweig, von 1595, Fig. 243, wo die Knaggen noch nicht zur Konsole umgeformt sind.

Der steinerne Unterbau hat die derzeit üblichen Fenstereinfassungen, unten gotische Gardinenbögen, oben einen mächtigen, ringsumlaufenden, antiken Eierstab.

Fig. 243.
Heinenstrasse in Braunschweig, erbaut 1595.

In Goslar und am Harz überhaupt erfuhr die Einführung der Renaissanceformen manchen Widerspruch, sei es, dass man die neuen Motive der Renaissance nicht verstand, sei es, dass man neue Formen aus diesen bilden wollte. Man wehrte sich zäher gegen Steinformen, vermied noch die Konsole, hielt auch länger am Fächerornament fest. Freilich erscheint dafür der Fächer, wie das Haus in der Jacobsstrasse in Goslar, Fig. 232, zeigt, auf eine konstruktiv nicht wesentliche Fläche verdrängt und mehr dekorativ wirksam.

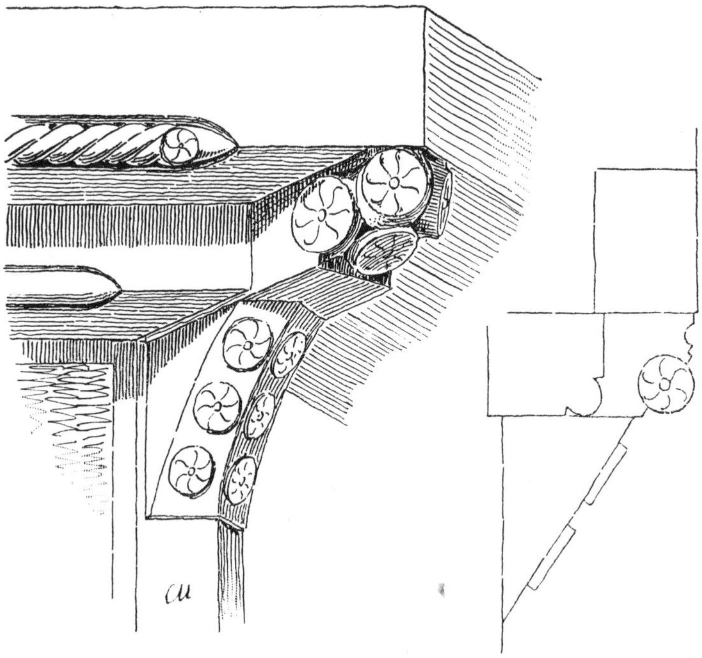

Fig. 244.

Balkenkopf mit Kopfband. In Quedlinburg, Gernrode und Stolberg wiederkehrend.

Statt der Bandornamente an den Schwellen bevorzugte man Sprüche, die in Braunschweig verhältnismässig selten sind. Auch erfand man neue, technisch leicht ausführbare Formen, z. B. Kerbschnittsterne, an anderen Orten statt der Konsolen Knaggen, aus einzelnen Cylindern zusammengesetzt, — Bildungen zuweilen in ganz sinnlos naturalistischer Weise, wie Fig. 244 beweist.

Hier dürften einige Bauten Erwähnung finden, die ungefähr dieser Zeit, dem Anfange des 17. Jahrhunderts, angehören werden, die sich weniger durch ihre korrekte Detaillierung als durch ihre malerische äussere Erscheinung eine gewisse Berühmtheit erworben haben.

Es ist dies zunächst das in einem einspringenden Winkel erbaute Rathaus in Wolfenbüttel, Fig. 245, welches eine einfache Holzübertragung des schönen Altstadtrathauses in Braunschweig darstellt.

Fig. 245.
Rathaus in Wolfenbüttel.

Ferner muss hier des auf freiem Platze erbauten Rathauses in Wernigerode, Fig. 246, gedacht werden, das durch seine schönen Verhältnisse, die eigenartige Gruppierung der Türme und die interessante Silhouettebildung von grossem Reiz ist.

Fig. 246.
Rathaus in Wernigerode am Harz.

Einige Reminiszenzen an dieses Vorbild giebt uns Fig. 247, ein Haus an der Breiten Strasse in Wernigerode, wieder, wie auch das Konsistorium in Stolberg (Fig. 226) den verwandtschaftlichen Harzcharakter trägt.

Fig. 247.
Haus an der Breitenstrasse in Wernigerode.

Besonders wirkungsvoll sind bei diesen Bauten die kreuz- und rautenförmigen Ausfüllungen zwischen Schwelle und Fensterbrüstung.

Der letzte dekorativ zwar reichste, doch von der Steinarchitektur völlig abhängige Zustand der Holzbaukunst war an anderen Orten schon frühzeitiger eingetreten. Zumal

Fig. 248.

Das Wedekindhaus am Markt in Hildesheim, erbaut 1598.

Hildesheim zeichnet sich besonders durch eine Fülle derartiger Holzarchitektur aus, die den Mangel materialcharakteristischen Schmucks ersetzt durch ein liebevoll, oft geistreich behandeltes Detail, dem auch ein deutliches Gefühl für Masshalten zuzusprechen ist. Seit 1540 geht dort diese Entwickelung ohne wesentliche Schwankungen im Anschluss an die Steinbauformen vor sich.

Alle Holzteile sind im Sinne ähnlich funktionierender Steinformen umgewandelt, korinthische Pilaster, Gebälke und Gesimse überall, die Brüstungen unter den Fenstern bilden einen Figurenfries, malerische Reliefdarstellungen mit Scenen aus der antiken Götterwelt und später aus der biblischen Geschichte.

Einen grossen Teil der Front füllen fast regelmässig die vorspringenden, echt hildesheimschen Ausluchte. Eins der bedeutendsten dieser Häuser ist das am Markt belegene

Fig. 249. Die Neustädter Schänke in Hildesheim, erbaut 1601.

Wedekindsche, das 1598 erbaut wurde. Interessant ist das Vorkragen des Hauptgiebels in zwei Richtungen, während die beiden Ausluchte nur nach der Front in jedem Stockwerk einen starken Ueberstand zeigen.

Die Schnitzereien in den Brüstungsplatten unter den Fenstern bilden ein vollständig allegorisches Gedicht in Bildern. Fig. 248.

Fast zu gleicher Zeit 1601 gebaut ist die Neustädter Schänke, wenn auch ähnlich in der Disposition, so doch nicht so plastisch und malerisch wirkend wie das vorige Beispiel. Fig. 249.

Fig. 250.
Das altdeutsche Haus in Hildesheim, Osterstrasse, erbaut 1604.

Sehr reich durch die Silhouette und Erker auf der Ecke wirkend ist die 1604 erbaute Altdeutsche Schänke in der Osterstrasse. Fig. 250.

Fig. 251.

Bürgerhaus in Hildesheim.

Kleinere, aber reichere Ausstattung zeigen ein Bürgerhaus, Fig. 251, und das 1608 am Hohenweg erbaute Haus der Syndiken. Fig. 252.

Fig. 252.

Haus der Syndiken am Hohenweg in Hildesheim, erbaut 1608.

Beide letztgenannte Bauten, wie auch das 1611 errichtete Rolandstift, Fig. 253, zeigen mit dem Wedekindschen Hause so grosse Aehnlichkeit, dass dieselben von eines Meisters Hand gefertigt zu sein scheinen.

Fig. 253.

Das Rolandstift in Hildesheim, erbaut 1611.

Fig. 254.

Strasse an der Andreaskirche in Hildesheim.

Die beiden malerischen Strassenbilder, Fig. 254, 255, mögen die Hildesheimer Bauten dieser Gruppe hier beschliessen.

Das Vorbild solcher Hildesheimer Bauten wirkt nach in dem in Fig. 256 abgebildeten Northeimschen Hause in Einbeck.

Fig. 255.
Am Andreas-Kirchhof in Hildesheim.

Profile, Hermenpilaster und Kartuschen der barocken deutschen Steinrenaissance finden wir wieder. Die Füllplatten unter den Fenstern zeigen Personifikationen von Tugenden und Wissenschaften, ein recht eigentlich für Hildesheim charakteristischer Hang zur Allegorie und in diesem besonderen Falle in das kleine Nachbarstädtchen verschlagen.

Der fortlaufende Laubstab der Schwelle, sowie die Brüstungsplatten, Fig. 257, 258, geben Einzelstücke der Dekoration, eine getreue Uebersetzung des alten gotischen

Fig. 256.

Northeim'sches Haus in Einbeck.

Motivs in die Renaissance, ein Beweis für die zähe Lebenskraft solcher alten ausdrucksvollen Bildungen.

Fig. 257. Vom Northeim'schen Hause in Einbeck.

Fig. 258. Vom Northeim'schen Hause in Einbeck.

Fig. 259.

Haus in Goslar, Schuhhof 4, erbaut 1633.

Wie sich das Northeim'sche Haus von Hildesheim nach Einbeck verloren hat, so haben auch Goslar und Wernigerode einzelne Beispiele ähnlichen Charakters aufzuweisen. Freilich zeigt das Haus Schuhhof No. 4 in Goslar, erbaut 1633, keinen figürlichen, sondern nur ornamentalen Schmuck in den Fensterbrüstungen, Fig. 259, wie ebenso das Rathaus in Schwalenberg (Lippe-Detmold). Fig. 260.

Doch ist die Art und Weise der Verzierung der Konstruktionen den Hildesheimer Bauten gleich.

Fig. 260.
Rathaus in Schwalenberg, Lippe-Detmold.

Noch mehr gilt das freilich von einem 1674 in Wernigerode erbauten Bürgerhause. Fig. 261.

Aber sowohl in der Verteilung der Massen in den Reliefs wie in der Ornamentik steht auch dieses Werk später und geschmacklos überladener Kunstübung den Hildesheimer Vorbildern in jeder Beziehung nach.

Fig. 261.

Haus in Wernigerode, erbaut 1674. Erdgeschoss 1875 erneuert.

Fig. 262.

Der Schuhhof in Halberstadt, erbaut 1579.

Aehnliche Beziehungen zur Steinarchitektur besitzt auch Halberstadt, wie der prächtige Schuhhof von 1579, Fig. 262, zeigt, auch hier unterstützt durch die grosse, nach willkürlicher Dekoration verlangende Fläche der Brüstungsplatten.

Fig. 263.
Halberstadt, altes Haus am Holzmarkt.

Diese sind hier mit einem Arkadenmotiv geschmückt, welches mannigfache Nachfolger gefunden hat, sowohl in Halberstadt selbst, Fig. 263, als auch in der dortigen Gegend.

Wie selbst im kleinsten Landstädtchen die Lust an hübschen Holzhäusern lebendig war, mag Fig. 264 beweisen, ein Bau aus Hornburg nicht weit von Halberstadt, das jenes Blendarkadenmotiv ebenfalls bringt.

Gerade dieser kleine Ort zusammen mit dem benachbarten Osterwiek bietet lehrreiche Beispiele gleichmässigen Einflusses der beiden verschiedenen, nördlichen und südlichen Schmuckgebiete des niedersächsischen Fachwerkbaues.

Fig. 264.

Von einem Haus in Hornburg bei Schladen.

Eine höchst interessante Gruppe von Bauwerken liegt zwischen Höxter und Hameln nebst den nahen Umgebungen dieser Städte, dem Schloss Bevern, der Hamelschen Burg und Burg Schwöbber. Dem gesamten Charakter sowie der Detaildurchbildung dieser Bauten nach zu urteilen sind diese von eines Künstlers Hand entworfen.

Ist schon häufig davon gesprochen, dass die Ausführung der Holzschnitzereien den Steintypus wiederspiegelte, so muss man von diesen Ornamenten und Gesimsen — ob in Stein oder Holz dargestellt — behaupten, dass sie gleichmässig die Eigentümlichkeiten eines in dünnem Blech getriebenen Metallstils zeigen.

Die flachen Reliefs verschwinden an diesen Bauten noch mehr durch das tiefe Rot der Sandsteinunterbauten und lassen sie vollständig mit den Schnitzwerken in dunkelbraunem Eichenholz zusammenklingen.

Von diesen Metallornamenten am steinernen Unterbau und hölzernen Oberbau des Bevernschen Schlosses im braunschweigischen Weserkreise, geben Fig. 265, 266, 267 Einzelansichten.

Fig. 265.

Schloss Bevern bei Holzminden.

An dem steinernen Unterbau scheinen einige Kerbschnittmuster der Holztechnik entlehnt zu sein. Der Fachwerkbau dagegen ist ganz besonders dem Unterbau in seinen Formen angepasst, z. B. fehlen die Fensterriegelhölzer. Die Ständer über den Pilastern des Unterbaues sind über die Wandfläche vorgezogen und völlig als Steinpilaster behandelt. Auch die Betonung besonderer Gebälkglieder unter dem Dache ist eine Entlehnung vom Steinbau. Das Metallornament kehrt am Ober- und Untergeschoss in gleicher Weise wieder.

Fig. 266.

Schloss Bevern, erbaut 1600–1618. Schlosshof.

Fig. 267.

Aus dem Schlosshofe zu Bevern, erbaut 1600—1618.

Fig. 268.

Hameln, Markt No. 7.

Zu den künstlerisch vollendetsten Bauten dieser Periode gehört das Haus am Markt No. 7 in Hameln mit dem fein gekrönten massiven Giebel des Erkers und dem Fachwerkaufbau des zweiten Obergeschosses mit überkragenden Giebelgeschossen. Fig. 268, 269.

Fig. 269.
Hameln, Markt No. 7.

Auch die Stadt Braunschweig besitzt aus dieser Periode (der ersten Zeit des dreissigjährigen Krieges), in der dieselbe noch sehr wohlhabend war, eine grosse Zahl reich ausgestatteter Bürgerhäuser. Durchweg steht ein Fachwerkobergeschoss auf zwei massiven unteren Stockwerken.

Fig. 270.

Haus Bäckerklint No. 4, Steyer'sche Brauerei, erbaut 1636. Braunschweig.

Die Stegersche Brauerei, das Stammhaus der jetzigen Grafen Häseler, auf dem Bäckerklint 4 ist ein Beispiel. Fig. 270, 271.

Die bisher mit Mauerwerk ausgefüllte Fläche unter dem Riegelholze der Fenster ist mit einer dreieckigen Holzbohle geschlossen, aber sie ist für sich mit barocken Ornamenten versehen ohne Verbindung mit dem Schmuck der Winkeldreiecke, so dass deren konstruktive Funktion gewahrt ist.

Fig. 271.

Von dem Hause am Bäckerklint 4 in Braunschweig, erbaut 1636.

Erst jetzt sind in Braunschweig die Schutzbretter durchgängig durch geringe Füllhölzer (mit Schnurmotiven) verdrängt. Der hohe Mittelerker des Hauses scheint jüngeren Ursprungs.

Aehnlich treffen wir das Metallornament in Wolfenbüttel — auch an der Schwelle, wie wir auf Fig. 272 (angeblich von 1594) sehen. Hier hat eine willkürliche auslucht-

Fig. 272.
Kanzlei in Wolfenbüttel, 1594.

artige Verschiebung des ersten Stockes (ohne eigentliches Zwischengeschoss!) stattgefunden, die eine besonders weite Vorkragung des obersten Geschosses zur Folge hatte.

Konnten die vorigen Beispiele urdeutsch in ihrer ganzen Erscheinung genannt werden, so hat dagegen der sog. Zwicken in Halberstadt, Fig. 273, mit seinen langen massiven

Fig. 273. Der Zwicken in Halberstadt.

Kolonnaden, dem ruhigen Fachwerkaufbau und einfachen Dach ohne Giebel entschieden einen italienischen Charakter, aber mit Beibehalten der für diese Zeit modischen feinen Durchbildung der Holzprofile.

Aus noch etwas späterer Zeit, dem Ende des 17. und Anfang des 18. Jahrhunderts, mögen hier noch zwei Einzelheiten folgen.

Fig. 274, das Eingangsthor zu einem Bauernhause in Warbsen an der Weser mit zwei flankierenden korinthischen gewundenen Säulen am Thorweg, sonst gut auskonstruierter, aber schmuckloser Zimmerarbeit.

Fig. 274.

Eingangsthor im Giebel eines Bauernhauses in Warbsen a. d. Weser, erbaut Ende XVII. Jahrhunderts.

Ferner Fig. 275 die Eckkonsole eines sehr weit vorgebauten Erkers in Wolfenbüttel, auch in Rokokoformen dargestellt wie das vorige Beispiel.

Fast plötzlich versiegt in der zweiten Hälfte des 17. Jahrhunderts nach dem dreissigjährigen Kriege der verzierte Holzbau, wie er ähnlich überraschend entstanden war. Die Lust am Ornament ging völlig verloren — die Vorkragung der Stockwerke wurde so sehr beschränkt, dass keine Knaggen oder Konsolen mehr möglich waren, oder sie wurde ganz fortgelassen.

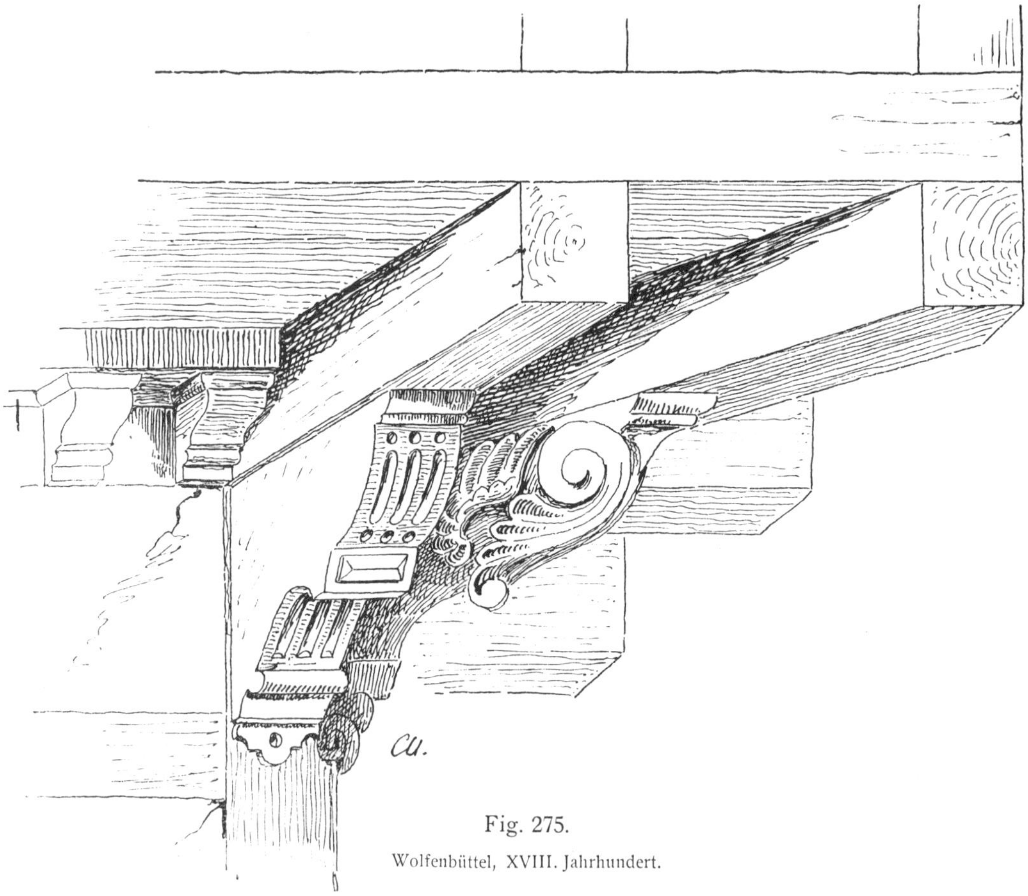

Fig. 275.
Wolfenbüttel, XVIII. Jahrhundert.

Fig. 276. Schloss in Wolfenbüttel.

Wollte man nicht einen ganz nüchternen, ungeschmückten Fachwerkbau, so suchte man ihm durch vorgenagelte Bretter das täuschende Aussehen eines Steinbaues zu geben.

Jetzt wurde umgekehrt das Holz als vielfach billigeres Material zur Nachahmung von Steinbauten benutzt, indem man absichtlich die Konstruktion der Hölzer verbarg und das Ganze mit einer Steinfarbe überzog. So wurde das Holz zum Surrogat des Steinbaues herabgedrückt und verlor seine Selbständigkeit durchaus.

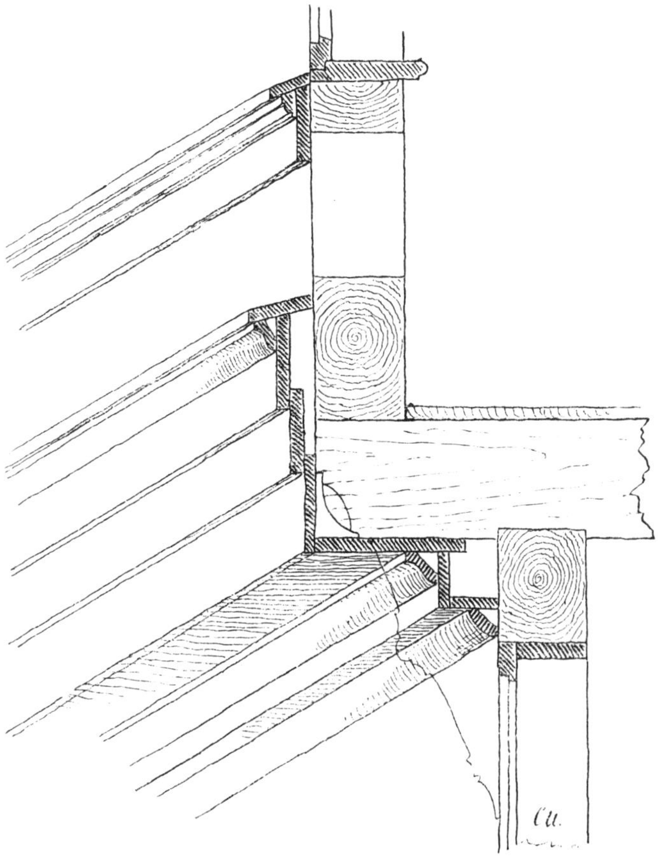

Fig. 277.

Verschalung der Fachwerkskonstruktionen mit Bretterkasten im XVIII. Jahrhundert.

Fig. 276 zeigt einen solchen Bau, das Schloss in Wolfenbüttel, eine vor einen älteren Steinkern vorgelegte Fachwerkschürze — in Nachahmung einer barocken Palastfront, 1716 vollendet. Nur das Hauptportal ist in Quadern ausgeführt.

Hat schon diese Zeit des späteren Barock und Rokoko kein Verständnis mehr für den materialcharakteristischen Holzbau gehabt, so war es für letzteren von noch grösseren, unheilvollen Folgen, dass man sich der Bauweise der Väter schämte und mit brutalem Unverstand die alten Holzschnitzereien abbeilte, glättete oder sie mit Verwüstung von Konsolen und Balkenköpfen hinter Bretterkastengesimsen versteckte, wie aus den Städtebildern der Hagenbrücke und des Meinhardshofes vielfach zu ersehen ist und ebenso aus Fig. 277.

Fig. 278.

Am Südklint in Braunschweig.

Zum Schluss dieser Betrachtung des niedersächsischen Holzbaues mögen hier noch einige Strassenbilder aus Braunschweig folgen, Fig. 278 bis 284, die das ausserordentlich Malerische dieser Häuserreihen der verschiedenen Perioden mit ihren krummgezogenen und doch noch so haltbaren Wänden veranschaulichen.

Fig. 279.
Jacobstrasse in Braunschweig.

Fig. 280.
Hagenbrücke in Braunschweig.

Fig. 281.

Sack in Braunschweig.

Fig. 282.

Der Nickelnkulk in Braunschweig.

Fig. 283.

Echternstrasse mit Ausblick auf den Südklint in Braunschweig.

Fig. 284.

Meinhartshof in Braunschweig.

## Der Holzbau in Mittel- und Süddeutschland.

Wie schon in der Einleitung besprochen, schliessen sich die Privathausbauten der ältesten romanischen und gotischen Bauperiode in Norddeutschland eng an die Steinbauten der Klöster an.

Aehnlich liegen die Verhältnisse in Mittel- und Süddeutschland, wo in vielen Städten noch die steinernen Kemenaten des 12. bis 13. Jahrhunderts vorhanden sind. Es mögen hier nur Kaiserswerth, Münstereifel, Köln, Saalfeld, Fritzlar, Esslingen, Regensburg unter vielen anderen genannt werden.

Romanische Holzbauten sind, wie früher klargestellt, überhaupt nicht mehr vorhanden, gotische nur in wenigen Ueberresten, selbst Bauten der verschiedenen Renaissanceperioden sind selten.

Der eigentliche Holzbau in grösserer Ausdehnung beginnt erst mit 1580—1600 und endigt bald nach dem 30jährigen Kriege um 1650—1680. Die Zeitdauer ist also viel kürzer — wenigstens an Bauwerken nachweislich — als im Norden und in jedem einzelnen Orte beschränken sich die Beispiele meistens auf eine noch kürzere Zeit.

Indem wir das Blütezentrum deutscher Holzarchitektur verlassen, verzichten wir überhaupt darauf, eine historische Entwickelung in der weiteren Peripherie zu verfolgen. Denn die geschichtlichen Gegensätze der Holzbaukunst in den übrigen Gebieten Deutschlands sind weit weniger streng, als in Niedersachsen, da nirgends mit ähnlicher Sicherheit der Schmuck aus der Konstruktion herausgebildet wurde.

Die Konstruktion kam auch nirgend wieder der materialcharakteristischen Verzierung so glücklich entgegen. Das klare Verständnis für die gegenseitigen Beziehungen der Einzelglieder der Ständerbaukonstruktion verschwindet mit zunehmender Entfernung von Niedersachsen, um schliesslich in Süddeutschland ganz zu gunsten eines rein malerischen, regellosen Gesamteindruckes zu weichen.

Ein äusserlicher Grund dafür ist die geringere Stärke der Hölzer, die eine schwächliche Erscheinung gegenüber dem wuchtigen Aeusseren niedersächsischer Bauten zur Folge hatte.

Den Uebergang zwischen diesen Gegensätzen bildet Hessen, wo man einen grossen Luxus mit Konstruktionsteilen trieb.

Man fügte dort dem rechtwinkligen Riegelwerk Schrägstreben hinzu. Durch Kreuzung derselben entstanden mannigfaltige Linienfiguren unter den Fenstern und an den Gebäudeecken. Der charakteristische Schmuck lag hauptsächlich in ausgedehnter Verwendung von Streben und Riegelwerk. Oefter wurde ein Erker hinzugefügt.

Die Vorkragungen der Stockwerke sind geringer als im Norden und daher Knaggen und die ganze damit zusammenhängende reiche Entwickelung der vorkragenden Konstruktionsglieder unnötig oder unmöglich. Die Giebel sind im Süden meist der Strasse zugekehrt.

Die Zwischengeschosse fehlen, da frühzeitig das fränkische Bauernhaus herrschend war. Da die Bürgerhäuser Süddeutschlands gerade wie die Niedersachsens ihre Grundrissanlage auf den ortsüblichen Bauernhaustypus zurückführen, fehlen ihnen alle Motive, die in Niedersachsen zum Zwischengeschoss zwangen. Dort war bekanntlich die zweigeschossige Däle entscheidend, während das fränkische Bauernhaus nur einen kleineren einstöckigen Flur besitzt.

Den Charakter dieser sehr gleichförmigen hessischen Bauten mögen die folgenden Abbildungen erläutern.

Fig. 285.

Hintergebäude des Pfarrhauses St. Martini in Cassel (jetzt abgerissen).

Die Hinteransicht des abgerissenen Pfarrhauses von St. Martini in Kassel zeigt Fig. 285.

Die gekreuzten Streben unter den Fenstern zeigen eine besonders wunderliche und unkonstruktiv geschweifte Form.

Die beiden Strassenansichten aus Alt-Wildungen geben den schmucklosen Eindruck dieser Bauten sehr gut wieder. Fig. 286, 287.

Fig. 286.
Alt-Wildungen.

Fig. 287.
Alt-Wildungen.

Fig. 288 bringt ein selten vorkommendes Detail aus Wildungen mit etwas reicherer Profilierung der Schwelle und des Rahmenholzes darunter und mit geschweiften, ausgezackten Streben.

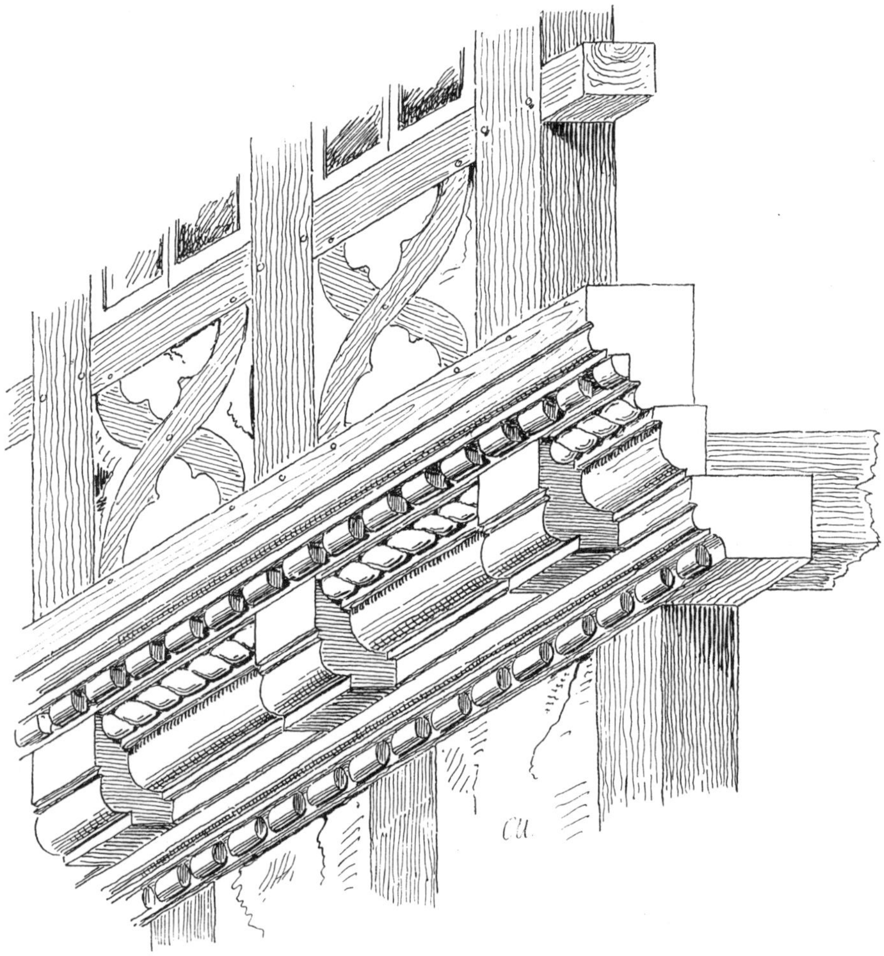

Fig. 288.

Von einem Hause in Wildungen, erbaut Mitte bis Ende des XVI. Jahrh.

Ein sehr interessanter, noch der gotischen Zeit angehörender Bau ist das Rathaus zu Alsfeld, 1512 erbaut. Auf einem massiven Unterbau erheben sich zwei Stockwerke mit hohem Giebeldach. Erker und Chörlein schmücken die einfachen Schauseiten. Die Stockwerksüberstände sind gering, ebenso der ornamentale Schmuck des Ständerwerks. Fig. 289.

Fig. 289.
Rathaus zu Alsfeld, 1512.

Fig. 290.

Portal aus Gemünden.

(Nach Bickel, Hessische Holzbauten.)

Zwei Portale aus Gemünden und Lichtenau von 1594 und 1654 zeigen sehr charakteristisch den Verfall der Kunst. Das Portal aus Gemünden, Fig. 290, ist noch mit gotischen Spitzbogen geschlossen, die Ornamentik des Holzwerks aber zeigt ganz die Formen der Renaissance bei leidlicher Berücksichtigung des Materials. Die Thür ist deshalb in der

Fig. 291.
Lichtenau, Rathaus, 1654.
(Nach Bickel, Hessische Holzbauten.)

Mitte horizontal geteilt, um das von der Weide heimkehrende Vieh vom Eindringen in das Haus abzuhalten, zugleich aber den Hausflur lüften und Ausschau vornehmen zu können.

Das Portal aus Lichtenau, Fig. 291, ist seiner Erscheinung nach ein vollkommener Steinbau und berücksichtigt das Holzmaterial gar nicht mehr.

In Frankfurt am Main herrschen schon durchaus süddeutsche Typen. Die Häuser haben fast immer ein steinernes Erdgeschoss, über welches das zunächst folgende Stockwerk vorkragt, zumeist von Steinkonsolen unterstützt. Das Fachwerk der oberen Geschosse ist versteckt hinter einem Bewurf oder auch hinter einem Schieferbehang. Diese Häuser werden kaum über die Mitte des 16. Jahrhunderts zurückgehen, sondern wohl der Zeit von 1600 bis 1700 angehören. Möglich auch, dass viele Häuser mit sichtbarem Fachwerk später verputzt oder mit Schiefer behangen wurden.

Fig. 292. Frankfurt a. M., Das Lutherhaus.

Eines der malerischen mit Schiefer behangenen Häuser ist das Lutherhaus am Dom, Fig. 292. Das Chörlein an der Ecke ruht gefällig auf der kräftigen, steinernen Ecksäule. Die Schattenwirkung der, dem Bedürfnis des Schieferbehangs entsprechenden, kleinen Flugdächer über den einzelnen Stockwerken bringt eine kräftige Gliederung hervor. Dies ersetzt einigermassen die Wirkung einer Vorkragung, die ausser am ersten Stockwerk nicht vorhanden ist. Die Abwalmung des Giebels schliesst sich trefflich dem Charakter des Unterbaues an.

Fig. 293. Salzhaus in Frankfurt a. M.

Eine Verschalung anderer Art besitzt das Salzhaus in Frankfurt am Main. Fig. 293, 294. Auf den ersten Blick glaubt man ein reich geschnitztes Fachwerk mit ebenfalls ge-

Fig. 294. Salzhaus in Frankfurt a. M.

schnitzter Bohlenfüllung vor sich zu haben. In Wahrheit aber ist das ganze Fachwerk noch besonders verschalt und erst diese Verschalung zeigt die reiche Schnitzerei aus der Zeit um 1600.

Der Gedanke an die dahinterliegende Konstruktion ist, wie man sieht, in der Anordnung der davorgelegten Dekoration zwar nicht ganz verschwunden, aber auch nicht scharf ausgedrückt. Diese Front ist fast nur ein dekoratives Geschränk und durchaus kein der Architektur angehöriges Kunstwerk. Die Erfindung der Einzelformen ist vortrefflich.

An die hessischen Holzbauten schliessen sich mit geringen Unterbrechungen diejenigen des jetzigen Königsreiches Württemberg im Süden an.

Fig. 295.

Aus Dahensfeld, nach Paulus.

Im Vergleich zu den niedersächsischen Holzbauten sind auch diese in den Abmessungen der Hölzer schwächer und dementsprechend die Durchbildung der Gesimse und Ornamentik kleinlicher und wenig in die Augen fallend. Dagegen ist das ganze Bauwerk in seiner malerischen Gruppierung beweglicher und reizvoller. Besonders ist dies der Fall bei freistehenden und Eckhäusern, die bei den geschlossenen Strassen des Nordens wenig oder gar nicht von Belang sind.

Die folgenden Beispiele aus Dahensfeld, Fig. 295, Frauenzimmern, Fig. 296, Schwaigern, Fig. 297, Esslingen, Fig. 298, Sülzbach, Fig. 299, Kochendorf, Fig. 300, Strümpfelbach im Neckarkreis, Fig. 301, 302, mögen das Gesagte besser klar stellen als lange Beschreibungen.

Fig. 296.

Haus der von Erzberg in Frauenzimmern.

Fig. 297.

Schwaigern (Paulus, Württemberg. Neckarkreis-Atlas).

Fig. 298.

Altes Holzhaus in Esslingen, erbaut 1579. Nach Paulus.

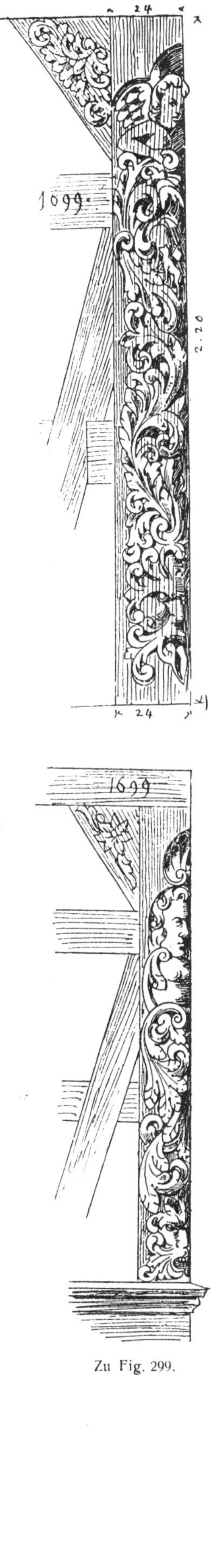


Zu Fig. 299.

Fig. 299.
Holzhaus in Sülzbach. Nach Paulus.

Zu Fig. 299.

Fig. 300. Rathaus in Kochendorf, erbaut 1597. Nach Paulus.

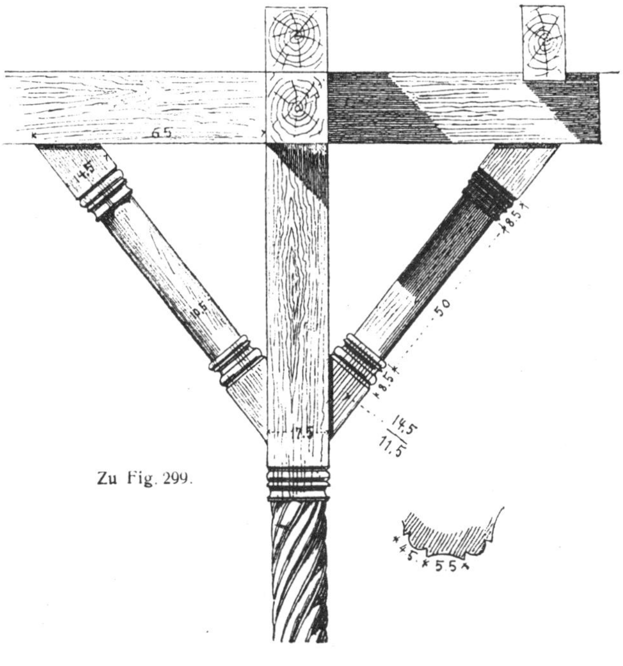


Zu Fig. 299.

Zu Fig. 300.

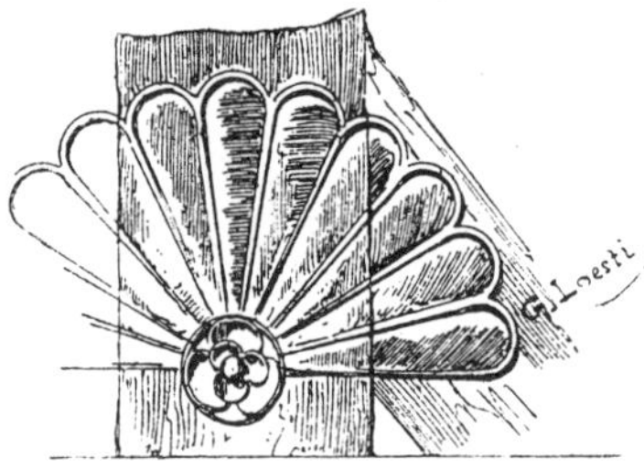

Fig. 301.
Strümpfelbach. Rathaus, erbaut 1591. Nach Paulus

Zu Fig. 301.

Fig. 303. Haus an der Mosel.

Die Eigentümlichkeiten der süddeutschen Fachwerkhäuser führten zu besonders willkürlichen, malerischen Gruppierungen bei den Bauten des Mosellandes.

Steingemäuer, reiche Riegelverbindungen, verputztes Fachwerk, Erker und Chörlein verbinden sich bunt an einem Bau — es ist das äusserste Extrem der lockeren, süddeutschen Konstruktion gegenüber dem strengen, systematischen Aufbau der Hölzer in Niedersachsen. Fig. 303, 304, 305.

Fig. 304. Haus in Berncastel. Allgemeine Bauzeitung 1888.

Doch ist die charakteristische, lebendige Wirkung dieser Bauten an der Mosel und Lahn ganz bedeutend.

Fig. 305.

Haus in Limburg a. d. Lahn. Allgemeine Bauzeitung 1888.

Das Individuelle jedes einzelnen Gebäudes kommt schrankenlos zur Geltung, und an jedem Haus strebt jeder einzelne Teil nach Selbständigkeit.

Fig. 306.

Haus in Strassburg, Nicolausstaden 16. Aus: Strassburg und seine Bauten.

Im Elsass ist das gekuppelte Fenstermotiv sehr heimisch. Das Detail ist teils dem Steinbau entlehnt (Konsolen!), teils sind es wieder jene im Norden so sinnreich verwandten Urmotive, die hier mehr dekorativ wiederkehren: Tau, Fächer, Zickzackornament.

Fig. 307.
Hof des Hauses Langestrasse 138, ehemals „Der Schmiede Trinkstube“ von 1657, Strassburg. Aus: Strassburg und seine Bauten.

Wie reich diese Fensterrahmen ein Haus schmücken können zeigt Fig. 306, Nikolausstaden 16 in Strassburg von 1575, sowie Hof des Hauses Langestrasse 138, Fig. 307, und Haus Küfergasse 23, Fig. 308.

Hier erscheint wieder der steinerne Unterbau und nur das erste Stockwerk ist vorgekragt.

Abweichend von der allgemeinen süddeutschen Sitte liegt in Strassburg der Giebel meist nicht an der Strasse. Vorgekragte Fenstereinfassungen scheinen in Strassburg ihre

Fig. 308.

Haus Küfergasse 23, Strassburg. Aus: Strassburg und seine Bauten.

grösste Anwendung gefunden zu haben. Auf sie beschränkt sich gewöhnlich, wie bei unserer Figur, die Schnitzerei, die durchaus in Nachahmung von Steinformen besteht. Die Geschosse sind durch vorgenagelte Gesimse getrennt. Das Fachwerk zeigt reiche Riegelmusterung.

Fig. 309.

Kammerzellsches Haus, Münsterplatz 2 in Strassburg.

Eine noch reichere Detailausbildung, aber doch in gleichem Charakter, zeigt das Kammerzellsche Haus in Strassburg am Münsterplatz, Fig. 309, 310, um 1589 errichtet. Hier hat man die Riegelmusterung vermieden, dafür jedoch alle Konstruktionsteile mit eleganten figürlichen und ornamentalen Schnitzwerk versehen.

Fig. 310.

Das Kammerzellsche Haus, Münsterplatz 2 in Strassburg.
Aus: Strassburg und seine Bauten.

Fig. 312.

Haus Pergamentergasse 2 in Strassburg, von 1589.

Aus: Strassburg und seine Bauten.

Zu Fig. 312.

Fig. 311, 312, Haus Pergamentergasse 2 zeigt Aehnliches; einen konstruktiven Ausdruck hat aber dieser reiche Schmuck nicht.

Sporadisch kommen fast in allen Gebieten Deutschlands einzelne Häuser vor, die die Umwälzungen in unseren modernen Städten bislang siegreich überstanden haben. Zu diesen vereinsamten und verlassenen Grössen gehört auch das Haus Orchheimerstrasse 12

Fig. 313.

Haus in der Orchheimerstrasse 12 in Münstereifel, Kreis Rheinbach.

Aus: Die Kunstdenkmäler der Rheinprovinz. Bd. IV.

in Münstereifel aus dem Anfang des 17. Jahrhunders, das seiner interessanten und reich geschnitzten Ausluchte halber hier erwähnt werden mag. Fig. 313.

Unter den verschiedenen Häusern und Höfen, die sich noch in Holz ausgeführt in Rudolstadt befinden, seien besonders bemerkt Obere Marktstrasse 8, Rathsgasse 4. Aber wie auch Fig. 314, der Hof des Bianchischen Hauses, erkennen lässt, tragen diese Formen und die ganze Disposition den Charakter italienischer Steinarchitektur. Derselbe schliesst

Fig. 314. Hof im Bianchischen Hause in Rudolstadt.

sich mehr dem Hof des Schlosses Bevern (Fig. 266) an und steht im grellen Widerspruch zu dem Hof aus Braunschweig (Fig. 241), der den Typus der Holzarchitektur darstellt.

## Der Schwarzwald.

Ein ganz neues Gebiet von Fachwerkhäusern treffen wir im Schwarzwald.

Hier sind es nicht mehr die Städte, sondern die Bauernhäuser des Gebirges, welche uns eine ganz besondere Form des Holzhauses bewahrt haben. Sie bilden das Vermittlungsglied zwischen den städtischen Holzhäusern Süddeutschlands und den meist einzeln stehenden Häusern in der Schweiz.

Man könnte von den Schwarzwaldhäusern sagen, sie sind mehr Dach wie Haus, wenigstens reicht das Dach fast bis zum steinernen Unterbau hinab, auf welchen das mit Bohlen gefüllte Fachwerk gestellt ist.

Fig. 315.

Haus aus dem Schwarzwald.

Ganz originell sind die ebenfalls weit überstehenden, schnabelförmig abgewalmten Giebelflächen des Daches, die einem Mützenschirm nicht unähnlich sehen. Die Dächer sind steil und mit Schindeln oder Stroh gedeckt und reichen an der Giebelseite, in welcher die Wohnräume liegen, nicht so weit herab wie an der entgegengesetzten, wo Stallungen und Vorratsräume untergebracht sind.

Vor den Wohnräumen gehen breite Gallerien entlang, die sowohl für den Aufenthalt der Familie im Sommer wie auch zum Trocknen von Wäsche und Früchten unter dem vorgezogenen Dache ihre sehr praktische Bedeutung haben. Das Dach ist meist durch Streben, die zur Unterstützung der ausserhalb der Hauswände liegenden Pfetten und Sparren nötig waren, mit diesen Gallerien verbunden.

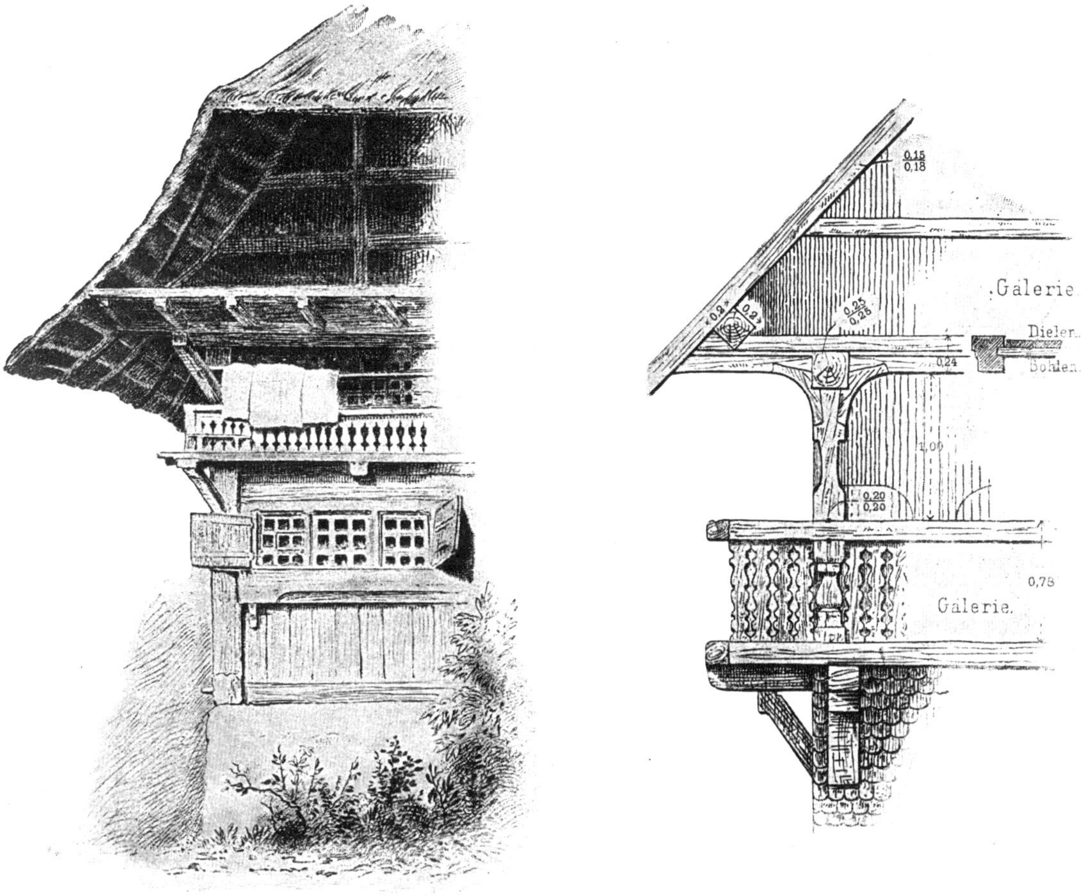


Fig. 316 und 317.
Schwarzwaldhäuser Zeitschrift für Bauwesen 1894.

Fig. 318.
Haus aus dem Schwarzwald.

Die Bauten sind also ganz konstruktiv aus dem praktischen und klimatischen Bedürfnis hervorgegangen. Sie zeichnen sich nicht durch besonderen Schmuck aus; der vorhandene besteht aus ausgeschnittenen Brettern und einfachsten Kerbschnittarbeiten.

Aus den beigefügten Figuren, Fig. 315 bis 320, wird die charakteristische Eigenart dieser Bauwerke in ihrer malerischen Wirkung und ihrem konstruktiven Zusammenhange klar hervorgehen.

In der Schweiz kehren die Konstruktionseigentümlichkeiten sehr verwandt wieder.

Fig. 319.

Fig. 320.

Von Häusern im Schwarzwald.

## Die Holzarchitektur der Innenräume in Deutschland.

Ebenso vollständig wie die Kette der Holzbauten in Niedersachsen und den Nachbargegenden von Jahrzehnt zu Jahrzehnt in allen ihren Kunstformen und Uebergängen zu verfolgen ist, ebenso lückenhaft sind die Holzkonstruktionen und ihre Ausgestaltung im Innern der Bauten auf uns gekommen. Naturgemäss ist dies zu erklären durch die von Generation zu Generation sich ändernden Ansprüche und Wünsche der das Haus bewohnenden Familien und die damit stets verbundenen Aenderungen der Räume, ihrer Benutzung und ihrer Dekoration, während die äussere Façade wenigstens ziemlich unangetastet blieb.

Aehnliche Verhältnisse kehren in allen übrigen Ländern ebenso wieder, weshalb die Holzbaukunst des Innern der Gebäude nirgends von dem umfassenden Interesse sein kann wie diejenige des Aeussern.

Die Verwendung des Holzes im Innern bleibt beschränkt auf die Herstellung der Decken als Balkendecken oder getäfelte Decken, wie sich dies aus Band I, Zimmer- und Tischlerkonstruktionen, ergiebt, und auf das Ueberziehen der Wände oder Mauern mit Brettern — den sogenannten Täfelungen oder Getäfel.

Da, abgesehen von den Balkendecken, sowohl die Decken- wie die Wandtäfelungen auf andere Konstruktionen aufgelegt werden, um diese zu verschönern und zu veredeln, so wird auch häufig statt des Holzes für diese Verkleidungen Marmor, Stuck oder Gips gebraucht, welch letzterer dann sogar je nach Mode oder Bedürfnis holzfarbig angestrichen als Surrogat des Holzes erscheint. In der That ist die Technik der Herstellung des Leistenwerks aus Holzstäben mit Hilfe des Hobels derjenigen des Ziehens der Gipsleisten an der Schablone so ähnlich, dass notwendig analoge Formen entstehen müssen, die eben nur durch die Verschiedenheit der Farbe zu unterscheiden sind. Mit aus diesem Grunde verwischt sich durch die Darstellungsweise die eigentliche Individualität des Holzcharakters oder dieser erhält wenigstens in dem künstlichen Stein einen unangenehmen Nebenbuhler.

Holztäfelungen aus den verschiedenen Perioden der Renaissance haben für den Beschauer lange Zeiten hindurch als Marmorarbeiten gegolten und sind dann wieder wie zu Anfang ihrer Entstehung zu intarsierten Tischlerarbeiten geworden und umgekehrt je nach Mode und Belieben der Besitzer.

Unter Zugrundelegung dieser Voraussetzungen sollen die nachfolgenden Beispiele nicht als eine geschlossene Kette, sondern nur als lose Kettenglieder aneinander gereiht erscheinen, so zu sagen einen Anhang bilden.

## Säulen und Balkendecken.

Aus dem Ständer mit quadratischem Querschnitt, wie solcher mit der Säge aus dem vollen Baumstamm hergerichtet wurde, entstand durch Brechung der Ecken zunächst der abgefasste Pfeiler, dessen Fuss und Kopf meist noch quadratisch blieb. Erst durch weitere Abrundung der Ecken erhielt man die Säule.

Die Verbindung des Pfeilers oder der Säule mit dem Träger oder der Balkenlage wird in zwiefacher Art ausgeführt. Entweder legt man zur besseren Haltbarkeit und Vereinigung des Trägerstosses einen sog. Hammer — ein horizontales Verbandstück — zuerst auf den Ständer in die Gaffel und erst auf diesen folgt der Träger, oder in die Ecke zwischen Ständer und Träger werden mit Versatz Kopfbänder eingelassen Beide Arten haben ihre konstruktive Berechtigung und auch ihre Schönheiten in der Ausführung. Die erstere scheint die ältere Methode zu sein.

Die obere Endigung des Pfeilers wurde als Gaffel hergerichtet und in diese zu unterst der Hammer und auf diesen der Träger gelegt und beide mit Versatz und Nagel unter einander verbunden.

So wie Fig. 321 und ähnlich dieser blieben die Formen während des ganzen Mittelalters.

Mit Zuhilfenahme eines Steinpfeilers ohne Hammer ist Fig. 322, die Decke im Remter des Schlosses zu Könitz in Thüringen, ausgeführt.

Einfache Balkendecken (ohne Pfeiler und Säule) mit Hohlkehlen und Rundstäben verziert sind häufig. Fig. 323.

In der Steinarchitektur der romanischen Kunst des 10., 11. und 12. Jahrhunderts kommt vielfach der gewundene Säulenschaft, entweder als Nachklang spätrömischer Ueberlieferung oder als Neu- oder Nachbildung des aus Stäbchen zusammengedrehten Peitschenstieles vor. In der Spätgotik, dem Tudorstil, wird dies Kunstmotiv mit den spielenden Formen dieser Periode wieder sehr häufig und geht so in die Renaissance über.

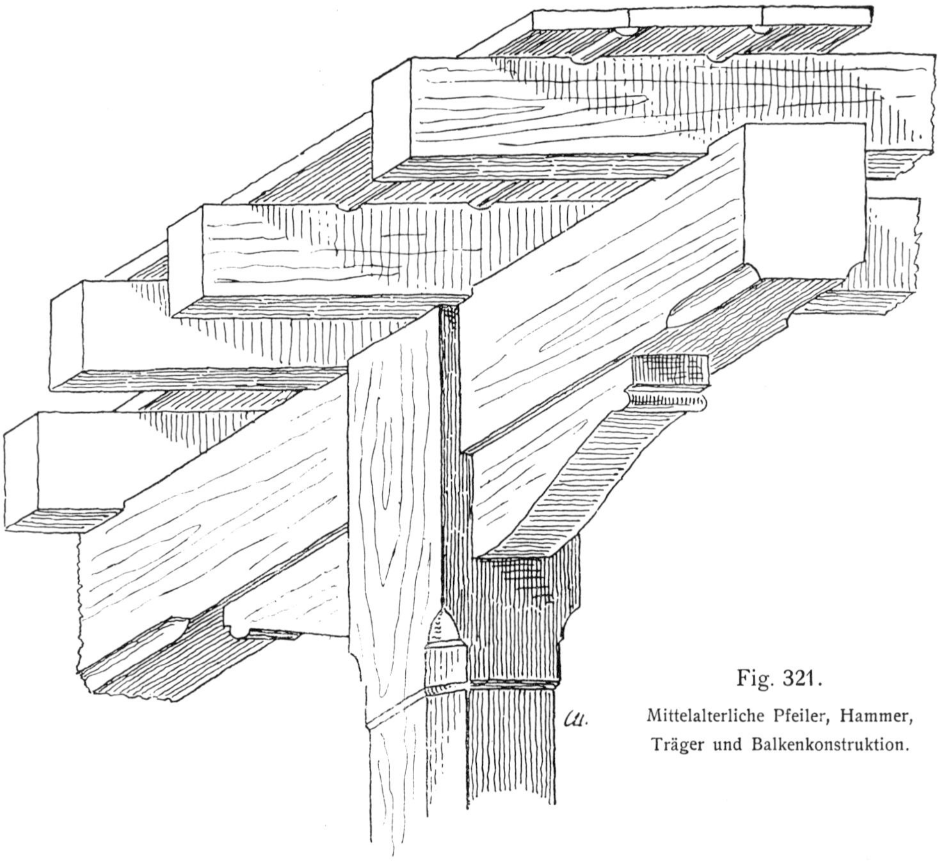

Fig. 321.
Mittelalterliche Pfeiler, Hammer, Träger und Balkenkonstruktion.

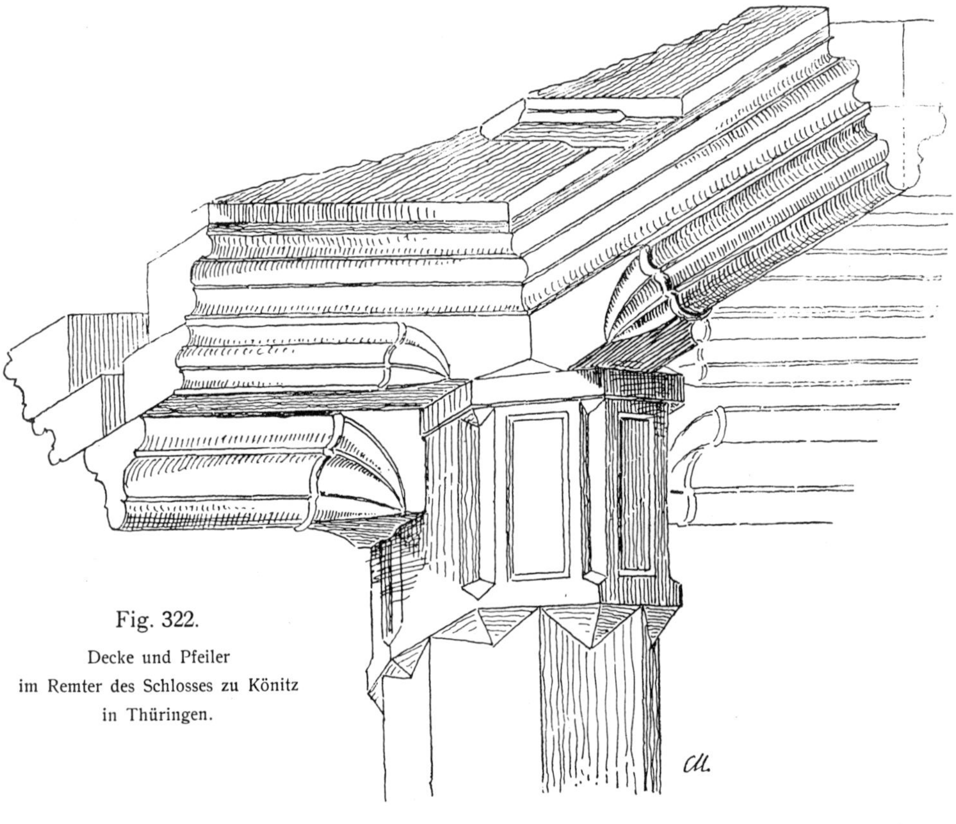

Fig. 322.
Decke und Pfeiler im Remter des Schlosses zu Könitz in Thüringen.

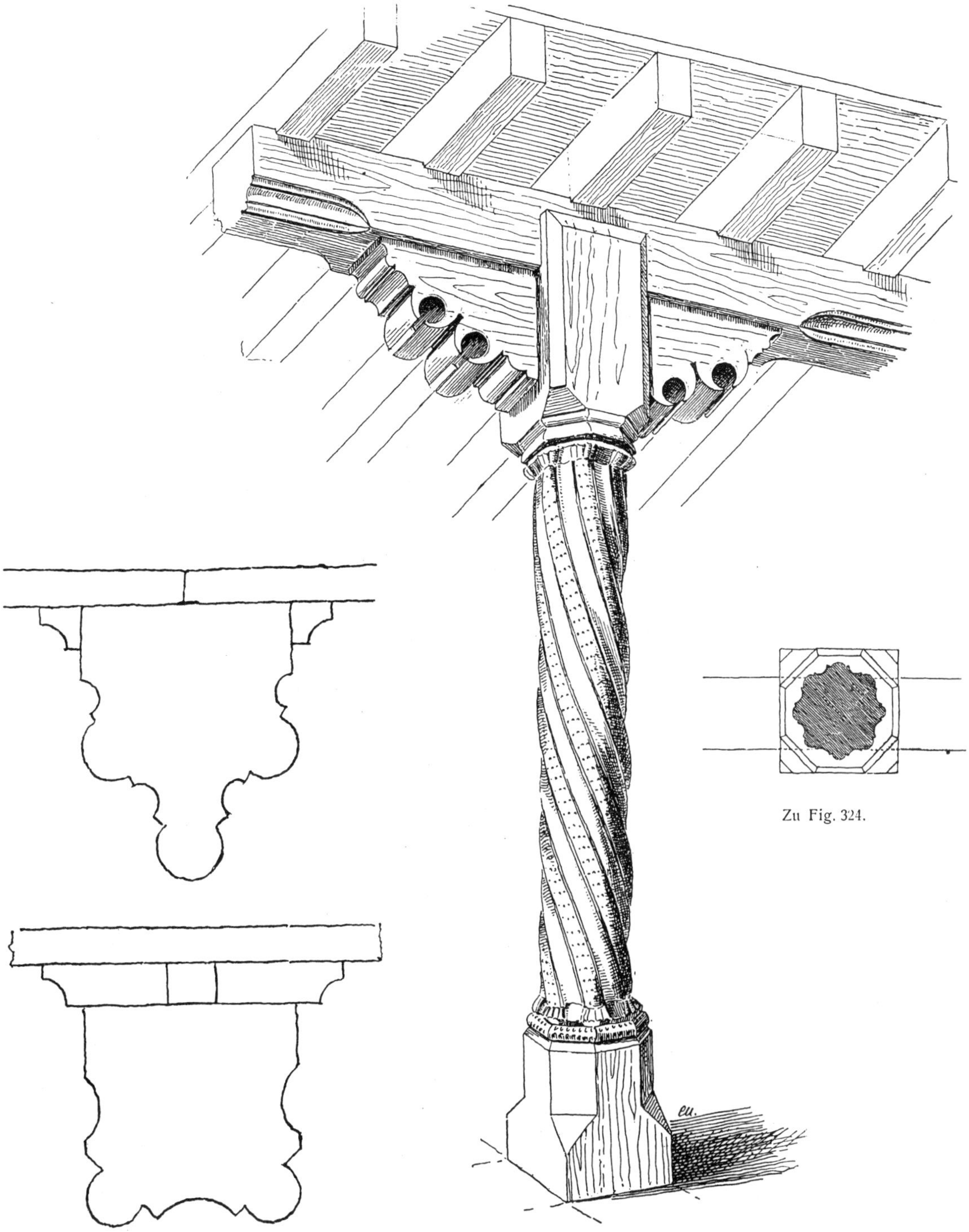

Zu Fig. 324.

Fig. 323.
Balkenquerschnitte aus dem XIV. und XV. Jahrhundert.

Fig. 324.
Holzsäule aus dem Schloss in Wolfenbüttel.

Oertlich nahe nebeneinander liegen solche Beispiele in Königslutter aus dem 12. und 14. Jahrhundert, in Braunschweig am Dom aus dem Ende des 15. und im Schloss in Wolfenbüttel aus dem 16. Jahrhundert. Fig. 324.

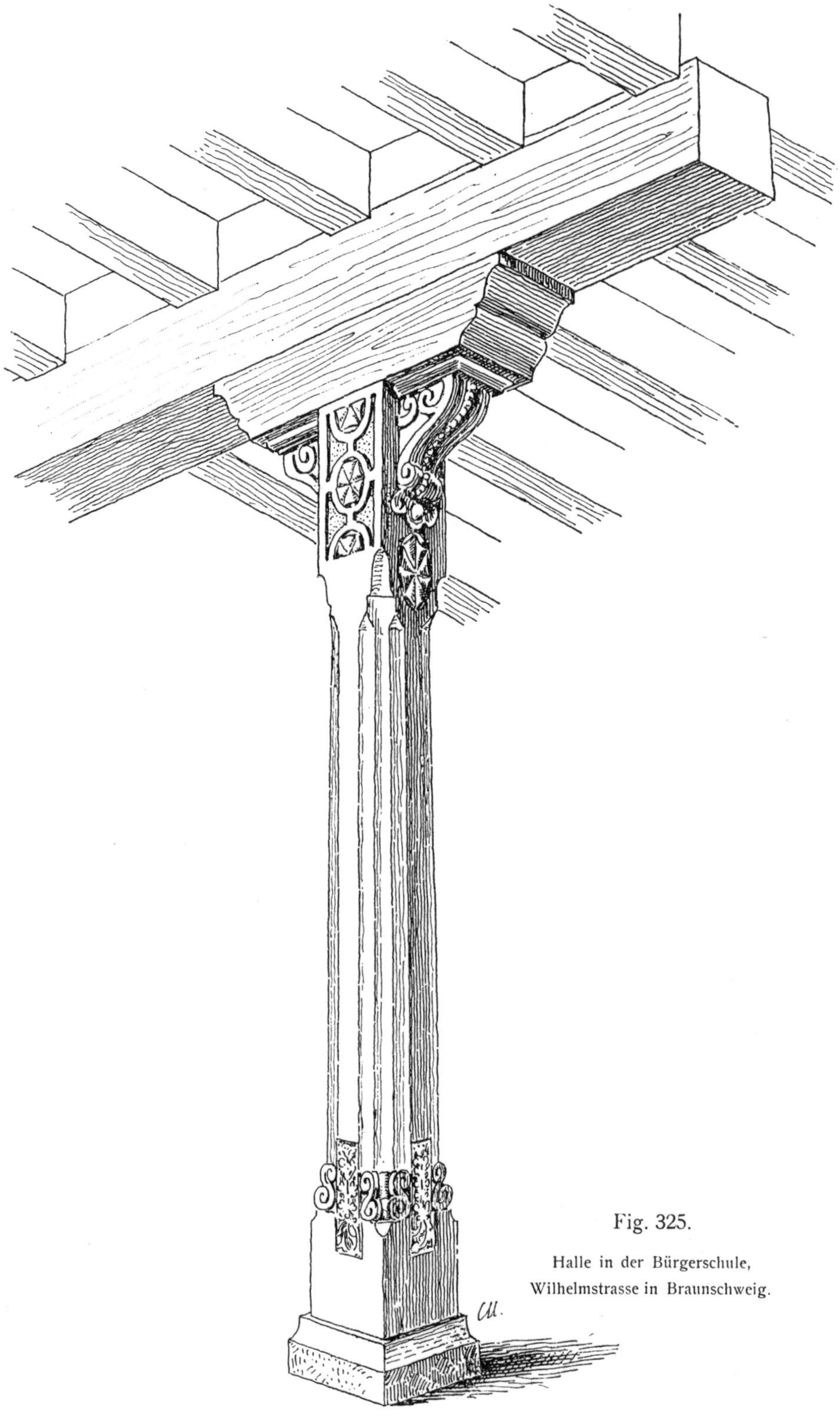


Fig. 325.

Halle in der Bürgerschule, Wilhelmstrasse in Braunschweig.

Letztes Beispiel nimmt die Form wieder in Holz auf, während die ersten den Stein als Grundlage haben und die Säule mit dem Gewölbe verbinden. Merkwürdig sind die Formen des Hammers, die ganz der Sägentechnik entsprechen, während die oberen und unteren Endigungen der Rundschnüre des Schaftes als Fransen erscheinen. Die mittelalterliche Gaffel zur Auflage des Hammers ist aber noch geblieben.

Aus dem Anfang des 17. Jahrhunderts stammt ein Pfeiler auf der Däle der Bürgerschule an der Wilhelmstrasse zu Braunschweig, der dies Konstruktionssystem verlässt, den Hammer auf den Pfeiler legt und in die sich so bildenden Ecken zwei antikisierende Konsolen mit Versatz befestigt. Haben auch die Konsolen keine grosse konstruktive Bedeutung, so ist dagegen die malerische Verbindung zwischen der Vertikalen und Horizontalen eine sehr hübsche. Fig. 325.

Eine ähnliche, aber noch etwas spätere Form der Konsolen giebt die Empore in der St. Catharinen-Kirche zu Frankfurt am Main erbaut 1678 bis 1680. Fig. 326.

Die zweite Art der Vereinigung von Pfeilern und Trägern bezw. Balken durch Kopfbänder wird in den Fig. 327 bis 330 klargestellt.

Es sind darunter jedenfalls sehr malerische gutsilhouettierte Lösungen.

Die Gotik kehlt das Kopfband bogenförmig aus; in der Renaissance wird dasselbe zur Säule oder zur Konsole.

Noch einige Holzsäulen mögen hier folgen, um die verschiedenartige Dekoration derselben zu vervollständigen.

Fig. 326.

Empore zu St. Catharina in Frankfurt a. M., erbaut 1678–80 von Melchior Kessler.

Aus: Baudenkmäler in Frankfurt a. M. Bd. I.

Fig. 327.
Altes Rathaus zu Esslingen.

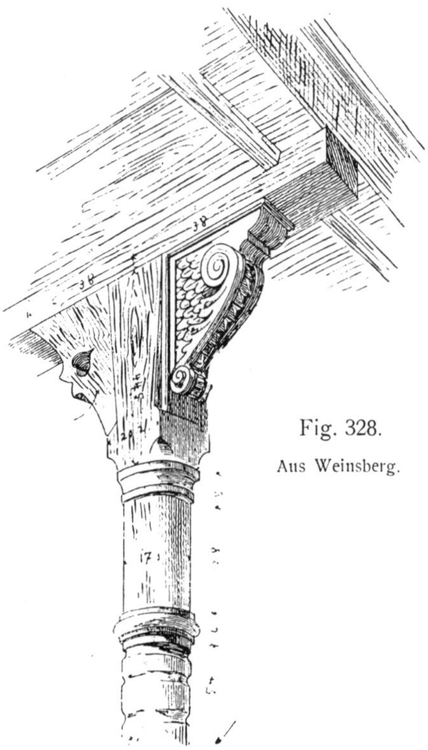

Fig. 328.
Aus Weinsberg.

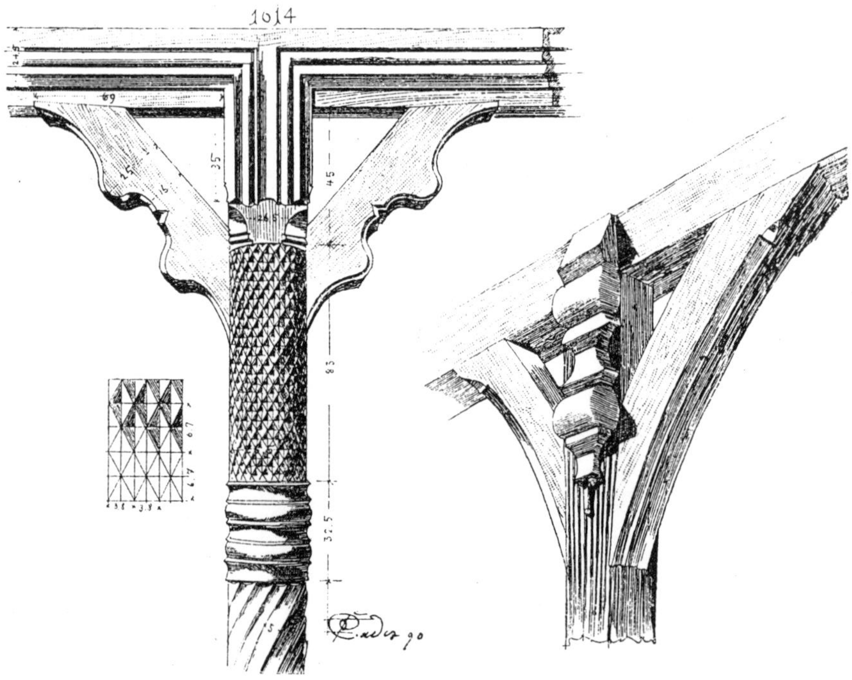


Fig. 329.
Aus Dürrmenz. Nach Paulus.

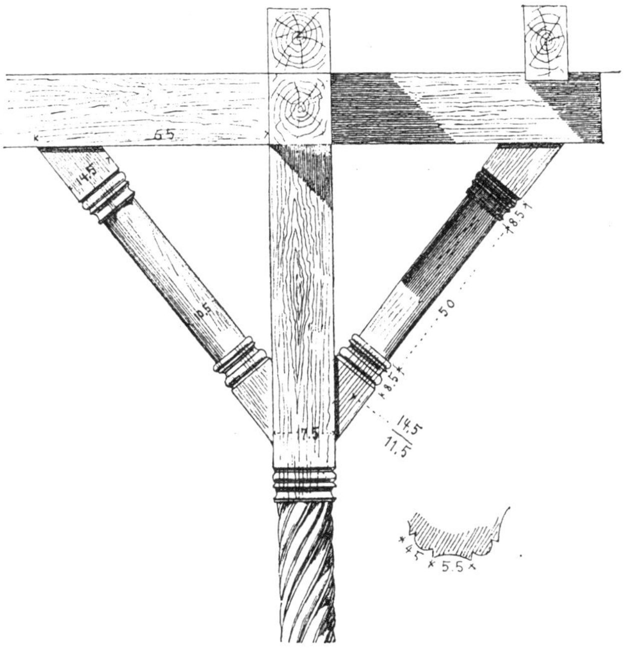


Fig. 330.

Aus Dürrmenz. Nach Paulus.

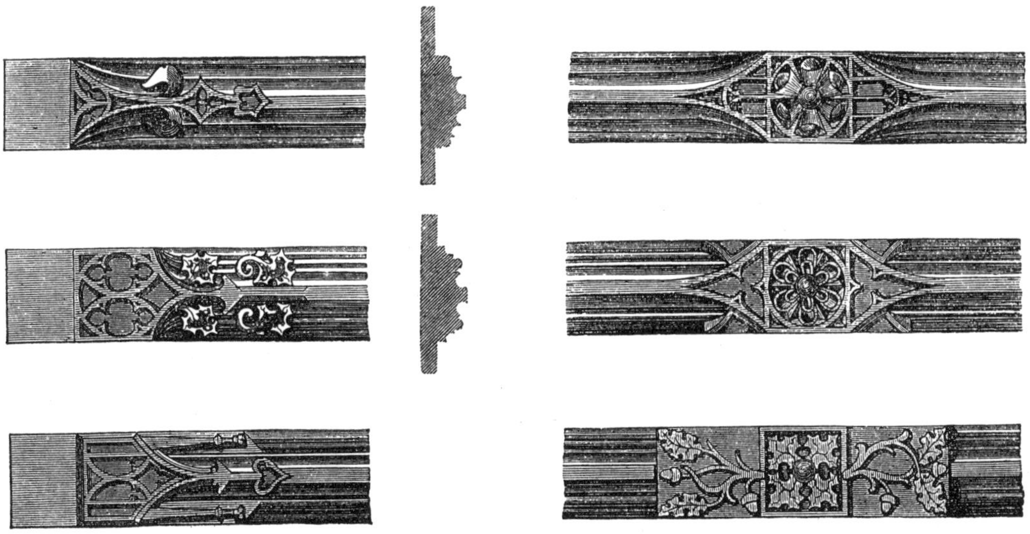

Fig. 332.

Deckenbalken aus dem Winterrefektorium in Bebenhausen.

(Aus: Paulus, Bebenhausen. S. 139.)

Sehr interessant sind die Säulen aus dem Winterrefektorium zu Bebenhausen (nach Paulus). Dieselben sind ausserordentlich fein und zierlich geschnitzt und erinnern ganz an die gleichaltrigen Formen der Steinarchitektur. Erbaut wurde dieser Saal 1470. Fig. 331 bis 334.

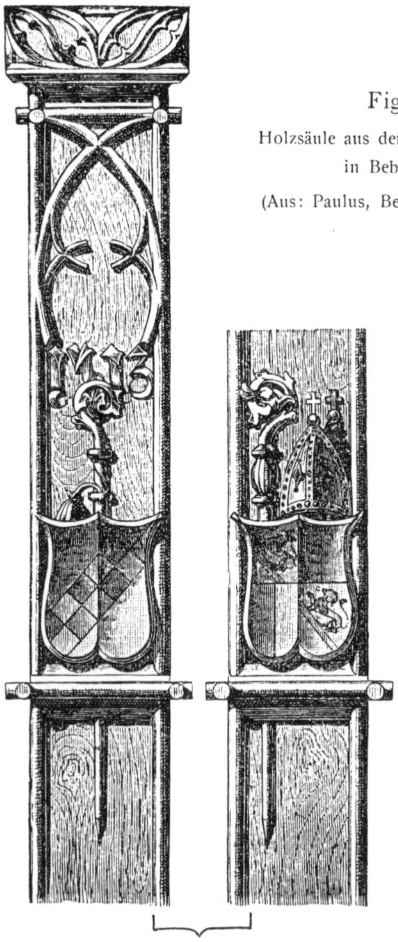

Fig. 331.
Holzsäule aus dem Winterrefektorium
in Bebenhausen.
(Aus: Paulus, Bebenhausen. S. 138.)

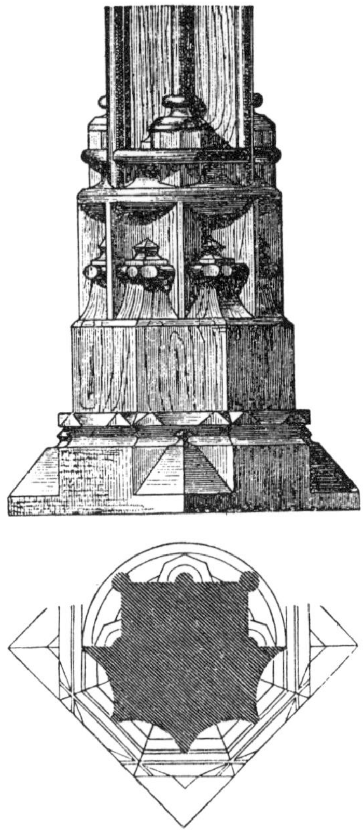

Fig. 333.
Holzsäule im Winterrefektorium in Bebenhausen.
Nach Paulus.

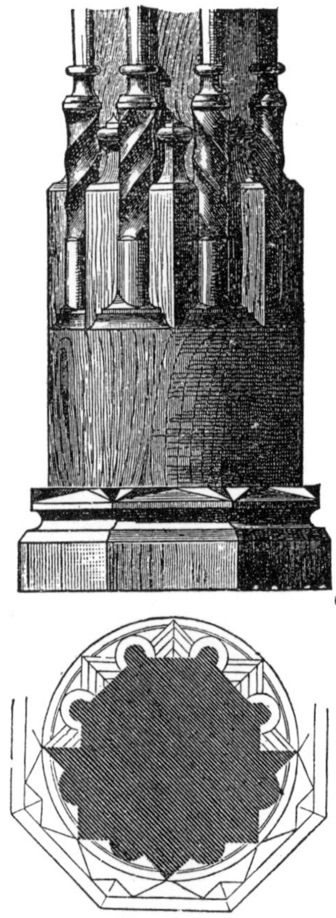

Fig. 334.
Holzsäule aus dem Winterrefektorium in Bebenhausen.
Nach Paulus.

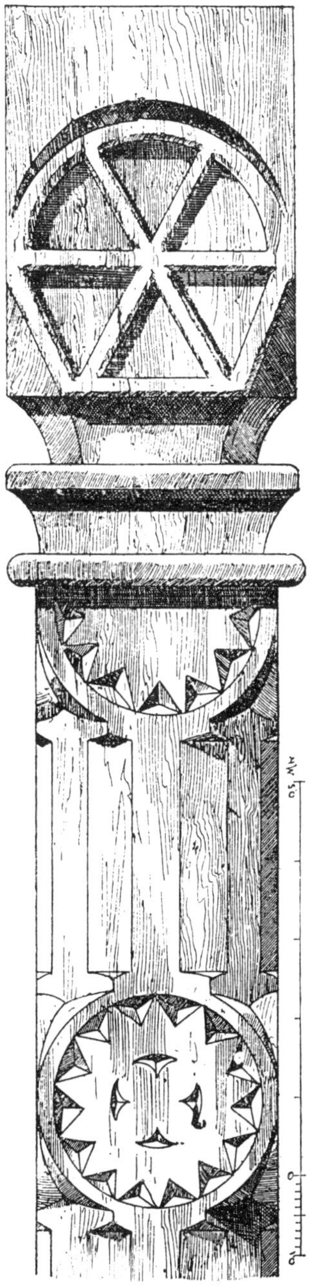

Fig. 335.
Holzsäule in der Kirche Lichtenstern, XV.–XVI. Jahrhundert. Nach Paulus.

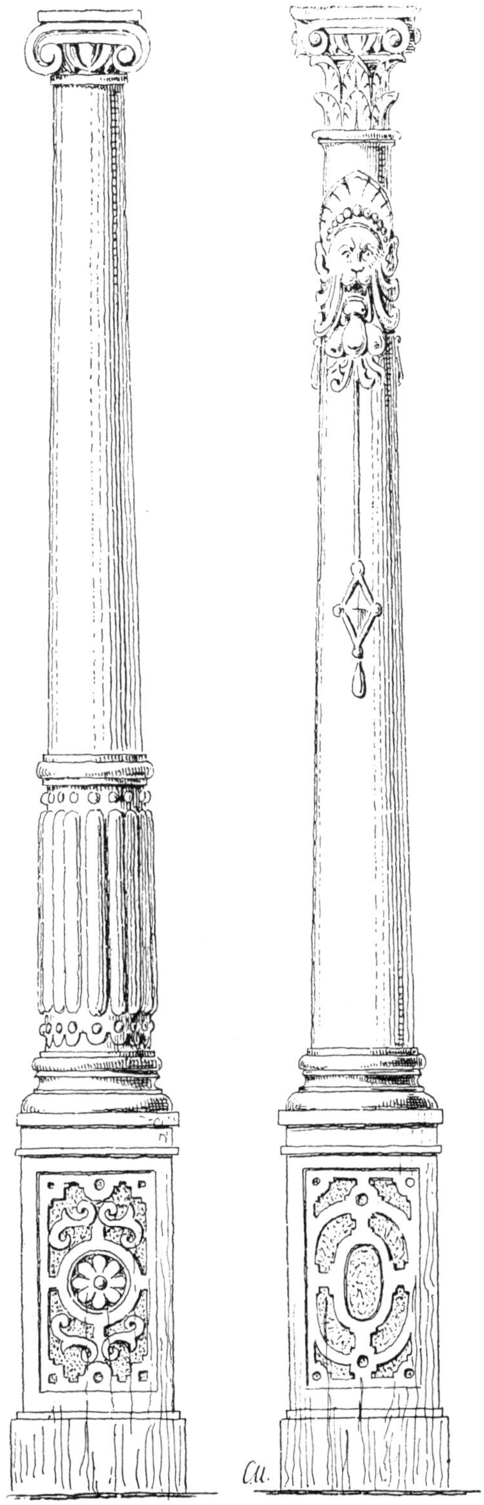

Fig. 336.
Säulen unter der Galerie eines Hofes in Braunschweig, jetzt abgerissen, erbaut ca. 1580.

Höchst eigenartig ist die Säule aus der Klosterkirche Lichtenstern, Fig. 335, die in Kerbschnitt gearbeitet aus dem 15. bis 16. Jahrhundert stammen soll, die aber ebensowohl den Formen nach der romanischen Bauperiode des 11. bis 12. Jahrhunderts angehören könnte.

Fig. 337.
Emporensäulen aus der Kirche in Thamm von 1672.
Nach Paulus.

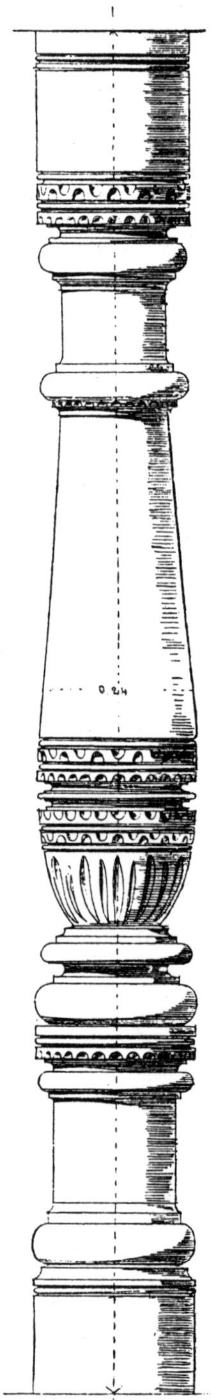

Fig. 338.
Emporensäule in Nürtingen.
Ende des XVI Jahrhunderts.
Nach Paulus.

Dagegen geben die Säulchen, Fig. 336, ganz den Geist ihrer Zeit, Ende des 16. Jahrhunderts wieder, sind freilich durch ihre Abmessungen mehr zu Kandelabern geworden und haben noch mehr durch die reiche Schnitzerei den Holzcharakter angenommen.

Die Säulenform ganz verloren haben dagegen die beiden Fig. 337, 338, die durch die starken Einschnürungen und Ausbauchungen des Schaftes vollkommen als Kandelaber erscheinen.

## Die Holzdecken.

Die noch erhaltenen Decken der romanischen und gotischen Zeit sind einfache Balkendecken mit aufgelegter und schlichter Schalung. (Fig. 321 u. 322.)

Mit dem Fortschreiten der Gotik werden die Balken reicher dekoriert mit eingekehlten Stäben und Hohlkehlen und auch die Brettschalung wird in Täfelung mit Kehlleisten verwandelt.

Erst die Renaissance umkleidet die Balken mit einem Kasten aus Brettern und Leistenwerk, um schliesslich die in geraden und parallelen Linien über der Decke durchlaufenden Balken ganz durch ein unter diese gehängtes Täfelwerk zu ersetzen, das in gar keiner konstruktiven Verbindung zu dem tragenden Balken steht. Solche Beispiele mögen etwa die vergoldeten Decken im Ratssaal des Dogenpalastes zu Venedig bieten. (Siehe dort unter „Italien".)

## Die Holztäfelungen der Wände.

Schliesslich mag auch noch über die Täfelung der Wände eine kurze Uebersicht gegeben werden:

Die ältesten Wandverkleidungen wurden nur in horizontal oder vertikal an einander gefügten Brettern hergerichtet. Darauf folgte die Verarbeitung der Bretter zu Rahm- und Füllwerken mit angekehlten oder aufgeschobenen Leisten.

Als Grundfiguren für diese Täfelungen benutzt man Quadrate, Rechtecke oder andere einfache, geometrische Figuren.

Bis hierhin, zeitlich bis zur Mitte des 16. Jahrhunderts, hatten die Täfelungen ihren materialcharakteristischen Ausdruck streng beibehalten. Jetzt aber drangen auch hier die Pfeiler-Säulen- und Bogenstellungen der Renaissance ein und führten die Steintechnik des Aeussern, allerdings in vielfach veränderter Gestalt, in diese Holzverbindungen ein. Aus dem einfachen Holzgetäfel wurden Pilaster- und Bogenstellungen mit weit vortretenden Hauptgesimsen. Die Holzschnitzerei wurde sehr ausgebildet, die Architekturformen, dem Holz entsprechend, mit plastischem Ornament überzogen, in sehr feinen Profilen und Gliederfolgen ausgebildet.

Dazu trat noch ein wichtiger Faktor: die Farbe. Verschiedenfarbige und auch künstlich gefärbte Hölzer mit reicher Maserung wechselten mit einander ab und wurden durch verschiedene Techniken, die dem Holz eigentümlich sind, unterstützt; zu diesen gehören der Holzbrand, das Fournieren, Einlegen, Intarsieren der Hölzer, die Marquetterie, Boulearbeit u. s. w.

Form und Farbe wirkte also bei diesen Holzarbeiten zusammen, um aus ihnen wahre Kunstwerke zu fertigen. Diese in all ihren Einzelstadien und Techniken hier wiederzugeben, würde den Zweck dieser Betrachtungen überschreiten.

Die nachfolgenden Beispiele mögen einen Platz finden, um zu zeigen, wie sinnreich die deutsche Renaissance in den letzten Jahrzehnten des 16. Jahrhunderts alle diese Techniken verwandt hat, zugleich aber auch, um den Verlauf der Formen von Einführung der Renaissance durch das Barock bis zum Rokoko festzustellen.

Fig. 339 stellt eine Stubenthür dar in Eichenholz, jetzt weiss lackiert.

Fig. 340. Auch dies reich intarsierte Portal in der Martinikirche zu Braunschweig war bis zu seiner Restauration im Jahre 1900 weiss überstrichen.

Fig. 341. Dies Portal ist um 1580 in einen gotischen Saal eingebaut, von dem nur noch die mit Rundstab und Hohlkehlen profilierten Balken erhalten sind.

Fig. 339.
Stubenthür aus Braunschweig

Fig. 342 stellt ein einfacheres, aber fein profiliertes Portal im Erdgeschoss des Altstadtrathauses in Braunschweig dar aus dem Jahre 1583.

Fig. 343. Das von Pawelsche Zimmer bildete eins der schönsten Holztäfelungen in Braunschweig aus dem Jahre 1580, ist aber leider jetzt an einen Antiquar verkauft und verschwunden.

Fig. 340.

Thür aus der Martinikirche in Braunschweig.

Fig. 341.

Thür, Täfelung und Decke aus dem Neustadtrathause in Braunschweig.

Fig. 342.

Thür aus dem Altstadtrathause in Braunschweig.

Fig. 343.

Restauration einer alten Holztäfelung aus dem Jahre 1580.

Fig. 344.
Barock-Thür, jetzt im städtischen Museum in Braunschweig.

Fig. 344. Barock-Thür.
Fig. 345. Rokoko-Täfelung.

Fig. 345.

Täfelung aus dem alten Lehrerseminar in Braunschweig.

Kap. XI.

# Die Schweiz und Tirol.

In den Alpen mussten sich naturgemäss aus den klimatischen Eigentümlichkeiten des Landes ganz besondere Daseinsbedingungen für den Menschen ergeben, aus denen die originellen Formen der dortigen Holzbauten hervorgingen. Der künstlerische Schmuck hing dabei überall ganz wesentlich von der Dachbildung ab. Die Aussenwände der Wohnhäuser bestehen in Tirol und den östlichen Alpengegenden meist aus Mauerwerk, doch findet sich auch dort häufig ein aus Holz aufgesetztes Obergeschoss und Giebeldreieck.

In der Schweiz dagegen besteht nur der Sockel (das Kellergeschoss) aus Stein, alles übrige, Haupt- und Scheidewände aus Holz.

In weiterer Entfernung vom Gebirge ist das Wohnhaus ein Riegelwerk mit Lehmfüllung, häufiger ein Ständerwerk mit Bohlenfüllungen; nur selten kommt der Schweizer Blockverband vor.

Fig. 346 zeigt ein verhältnismässig altes und äusserst stattliches derartiges Blockhaus von 1586.

Der besonders hohe Giebel hat nicht die gebräuchliche Beschwerung der sonst ziemlich flachen Satteldächer mit dicken Steinen, vielmehr ist die Bedachung ein feines Schindel-Schuppenwerk. Das Glockentürmchen ist eine besondere Zugabe für einen in dem Giebel untergebrachten grossen Betsaal. Die Vorstösse der Blockverbände sind geschickt zum Unterstützen des Vordaches benutzt, das an der Giebelseite in Ermangelung von Gallerien nicht sehr weit auslädt. Daher schützen besondere Flugdächer die Aussenflächen der einzelnen Stockwerke; die Streben dieser Flugdächer zeigen einfache Profile. Die übrigen Zierformen, die Fensterumrahmungen der bedeutendsten Zimmer, in reicher Silhouette ausgesägte Bretter und kleine Gesimse, stammen aus der ersten Hälfte des 17. Jahrhunderts, ebenso die Schiebeläden. Der zweckgemässe Ausdruck des Gebäudes ist völlig überzeugend, ebenso die Anpassung an die klimatischen Bedingungen des Gebirges, daher macht das Haus einen harmonischen, wahrhaft künstlerischen Eindruck.

Der Blockverband, wohl eine ursprünglichere Konstruktion als das Riegelfachwerk, ist, wie man sieht, durchaus nicht weniger ausdrucksfähig. Der Holzreichtum begünstigte seine Beibehaltung, zudem ist er das festeste Gefüge gegen die häufigen Unwetter und wohl zugleich der beste Schutz gegen die Winterkälte. Gegen letztere dienen hauptsächlich die Schiebeläden der Fenster, deren solide Konstruktion (der Laden wird in diesem Beispiel nach unten herabgelassen) Fig. 347 veranschaulicht.

Zugleich sehen wir damit eine charakteristische Fenstereinrahmung verbunden, wie solche auch Fig. 348 veranschaulicht. Der Holzcharakter ist hier durch die Silhouettierung, nicht wie in voriger Figur durch Durchbrechung der Bretter, zur Geltung gebracht.

Fig. 349 lässt uns die Konstruktion der Blockverbände mit ihren wenigen, aber ausdrucksvollen Profilen erkennen; das Gebäude links ist nur ein Käsespeicher und doch führte man solche Nebengebäude nicht weniger sorgfältig als die Wohnhäuser aus.

Fig. 346.

Das hohe Haus zu Wolfenschiessen, erbaut 1586. Nach Gladbach, Schweizer Holzstil.

Fig. 347.

Fenster mit Schiebelatten nach oben in der Manneberger Mühle bei Effretikon. Nach Gladbach.

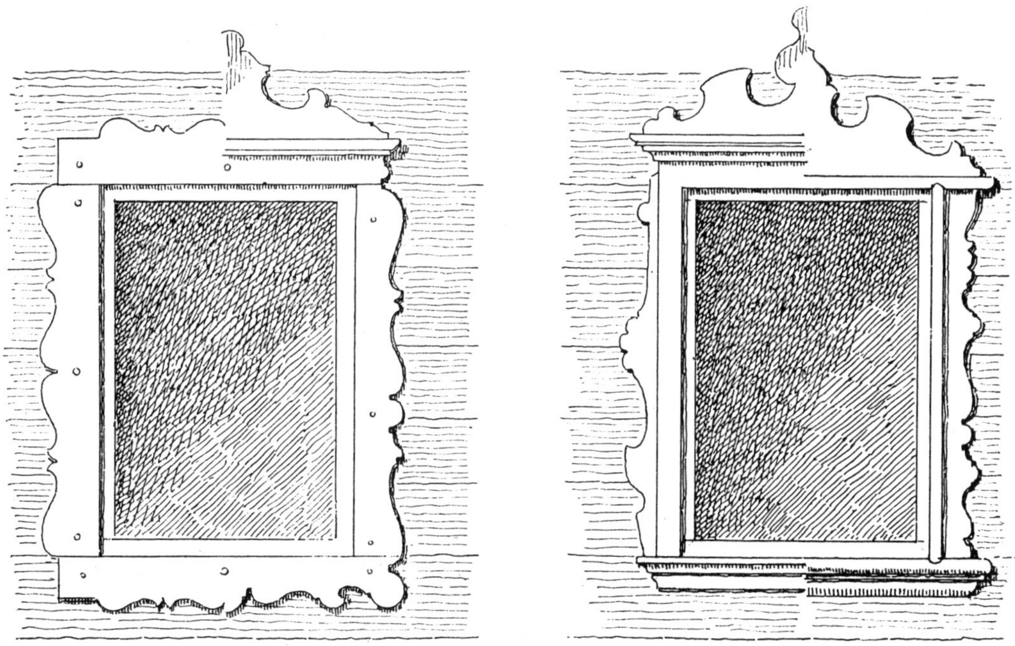

Zu Fig. 348.

Trefflich ist der Speicher gegen Bodenfeuchtigkeit geschützt. Zunächst ruht ein vorbereitender Schwellenrahmen auf starken Feldsteinen. Er trägt wenige freistehende kurze Ständer für die Hauptbelastungspunkte des Hauses, auf denen erst das Wandgefüge des Gebäudes ruht. Hier sehen wir besonders deutlich die lebendige Wirkung der durch die Kreuzung der Wände gebildeten Vorstösse, die eine konstruktiv notwendige, reiche Gliederung des Baues bilden. Nicht weniger notwendig ergiebt sich aus dem Block-

Fig. 348. (Siehe auch vorige Seite.)

Fenstereinrahmungen in Vorarlberg. Nach Deininger.

verband die kräftige und zugleich gefällige Unterstützung der vorspringenden Dachpfetten. Alle diese durch die Konstruktion bedingten vorspringenden Gliederungen bilden den natürlichen Vorteil lebendiger Wirkung, ähnlich wie die Vorkragungen der Fachwerkhäuser.

Der Speicher enthält zwei Geschosse, von denen das oberste, wie vielfach an den Wohnhäusern (auch bei Fig. 346), an der Giebelseite etwas vorkragt. Ein stärkerer Blockbalken, unterstützt von einigen Konsolen, springt nach aussen hin vor, worauf die weiteren Blockbalken, auch mit einigen einfachen Profilen versehen, in derselben Vorderfläche folgen.

Fig. 349. Käse-Speicher und Michetshaus zu Böningen. Nach Gladbach.

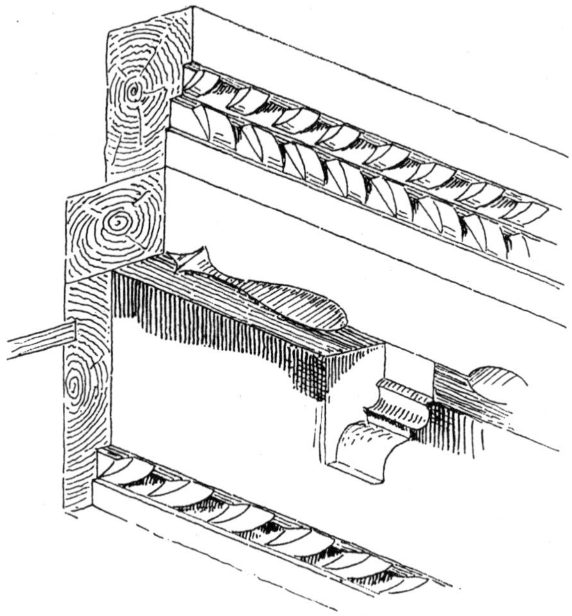

Fig. 350.

Gesimse von Schwellen eines Käse-Speichers in Böningen, erbaut 1740.
(Konsole mit Schwalbenschwanz eingelassen.)
Nach Gladbach.

Fig. 351.

Vom Hause des Friedensrichters Huber in Meiringen.
Nach Gladbach.

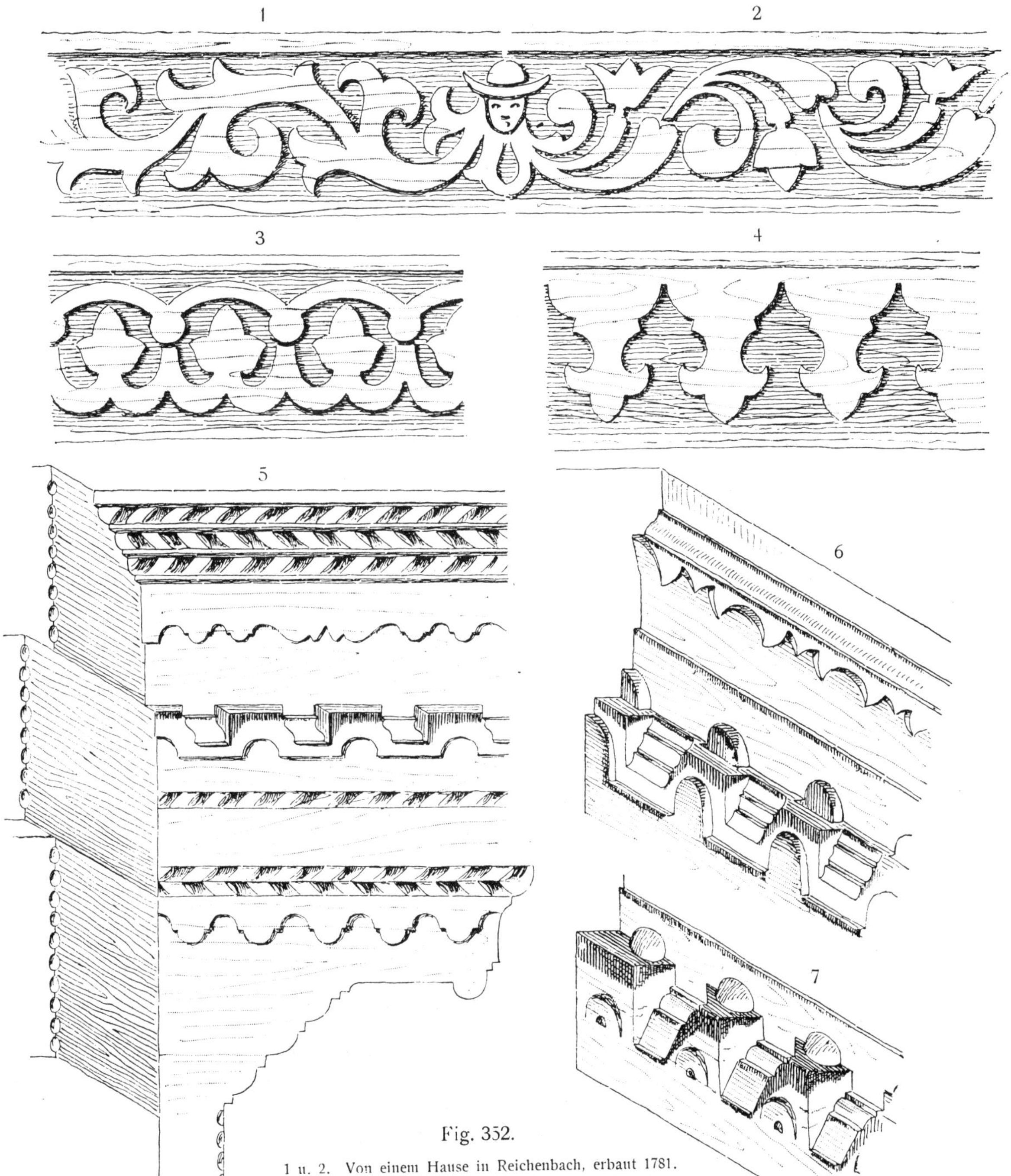


Fig. 352.

1 u. 2. Von einem Hause in Reichenbach, erbaut 1781.
3 u. 4. Von einem Hause in Erlenbach, erbaut 1766.
5. An der Strasse nach Kandersteg, erbaut 1752.
6. An einem Hause in Aeschi, erbaut 1794.
7. An einem Hause in Aeschi, erbaut 1761.

Da sehen wir neben einfachsten technisch gegebenen Motiven, Zickzack und Kehlen, auch einen Rundbogenfries, der offenbar dem Steinbau entlehnt ist, aber durch den kleinen Massstab seiner Ausführung mehr symbolisch-dekorativ, als materialcharakteristisch wirkt.

Eine originellere und reichere Umbildung dieses Motivs zeigt Fig. 353 von 1669.

Auf Fig. 354 aus Saanen sehen wir links ein Haus, dessen Hochparterre aus einem mit Bohlen gefüllten Ständerwerk besteht, während die oberen Geschosse im Block-

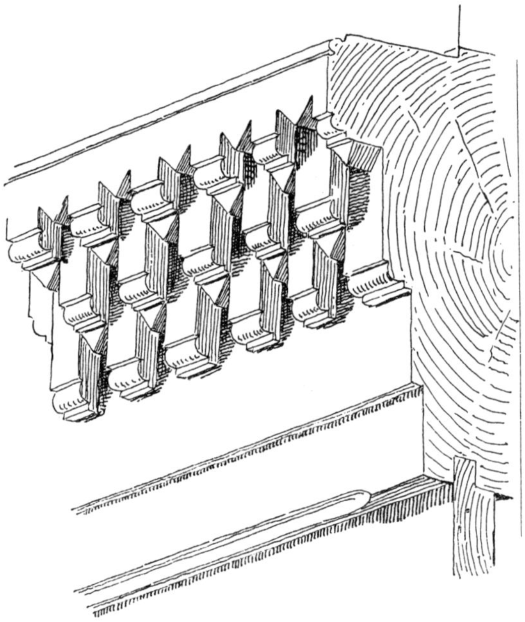

Fig. 353.

Sohlbank-Brüstungsgesimse in Buelisacker.
Nach Gladbach

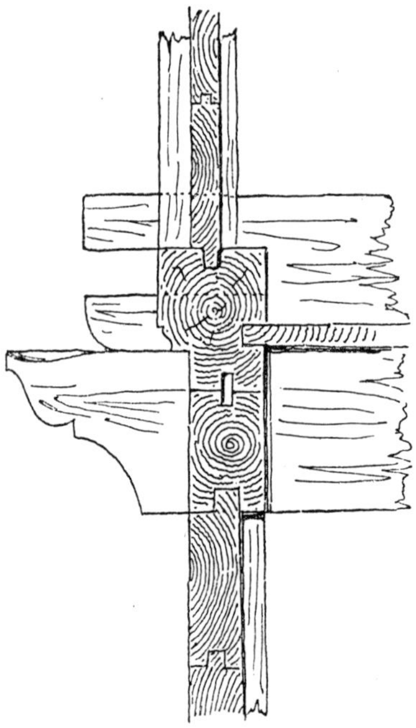

Fig. 355.

Aus Rosswiedi bei Fischenthal.
Nach Gladbach.

Holzverbindung der äusseren und inneren Wände der Schweizerhäuser.

Die äussere Wand ist noch mit starken Brettern, die wiederum auf Latten liegen, überzogen.

verbande konstruiert sind. Die Verbindung der Hauptteile solches Ständerwerkes erklärt Fig. 355, wo die ziemlich dünne Bohlenfüllung gegen die Kälte mit einer Bretterverschalung bekleidet ist.

Bei Fig. 354 mag noch auf die reiche dekorative Verwendung von Sprüchen hingewiesen sein, sowie auf die Darstellung der Messbude im Vordergrunde, vom Jahre 1709.

Fig. 354. Aus Saanen. Nach Gladbach.

Fig. 356. Scheuer in Zernez und Laube in Alvanen. Nach Gladbach

Fig. 356 zeigt uns die vorzugsweise interessante und wirkungsvolle Bildung der Dachunterzüge und Gallerien, daneben rechts oben ein Blockverband aus Rundhölzern. Die Gallerien gehen nicht bei allen Häusern rings um das Haus; befinden sie sich aber an der Giebelseite, der eigentlichen Front, dann bestimmen sie den Eindruck des Hauses wesentlich. Ihretwegen wird das Dach noch mehr als gewöhnlich vorgezogen und bedarf eines ganzen Systems haltender Streben. So zeigt es unsere Figur, wo wir in sonderbarer Umbildung Flecht- und Kettenmotive wiederzuerkennen glauben. Auch die Endigung

Fig. 357.

Scheuer in Unter-Telfes. Sterzing.

frei hervorspringender Hölzer in Tierköpfe entspricht alten volkstümlichen Gewohnheiten, denen wir überall auf der Erde begegnen.

Eine ähnlich reiche Verstrebung giebt Fig. 357 aus Unter-Telfes bei Sterzing in Tirol und Fig. 358 von der Mühle zu St. Maria in der Schweiz.

Hier treffen wir wieder das in Norddeutschland so beliebte gedrehte Tau. Wer möchte noch zweifeln, dass es sich da um einfachste Formen handelt, die sich jedem naiven, künstlerischen Gefühle naturgemäss aufdrängen, ohne dass die Einwirkung fremder, bereits entwickelter Kunstperioden nötig wäre. Es sind Anfangsformen der Kunst, die sich immer da finden, wo ein Volk auf niederer Stufe des Kunstbedürfnisses stehen bleibt, oder wo es neu zu einem noch ungebildeten Formenausdrucke erwacht.

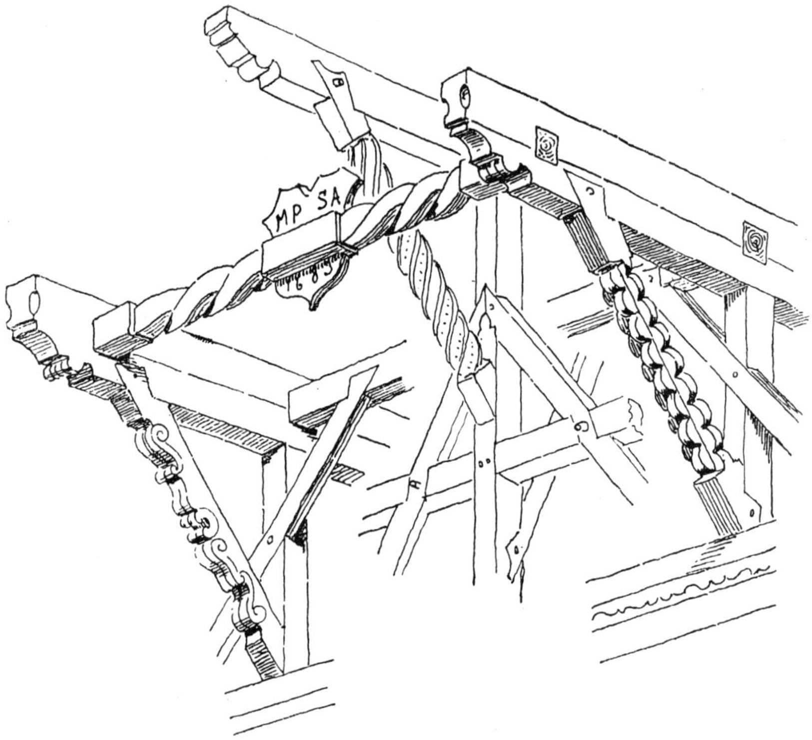


Fig. 358.
Vom Dach der Mühle zu St. Maria. Nach Gladbach.

Fig. 359.
Dachüberstände in Gastein.

Die Konstruktion von Dachüberständen einfachster Art veranschaulicht Fig. 359 aus Gastein.

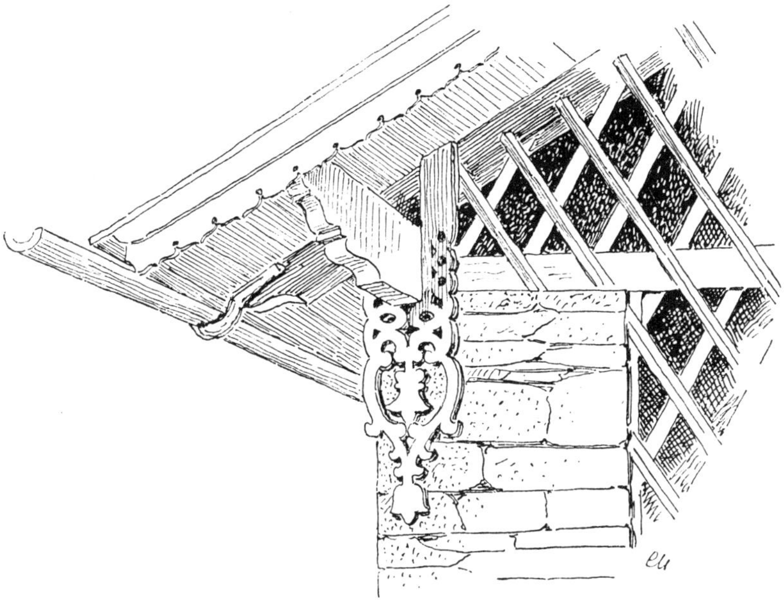

Fig. 360.

Dachüberstand einer massiven Scheuer in Gastein.

Eine ähnliche, aber verzierte Bildung giebt Fig. 360 ebendaher. In die Schweiz führen uns die folgenden Beispiele.

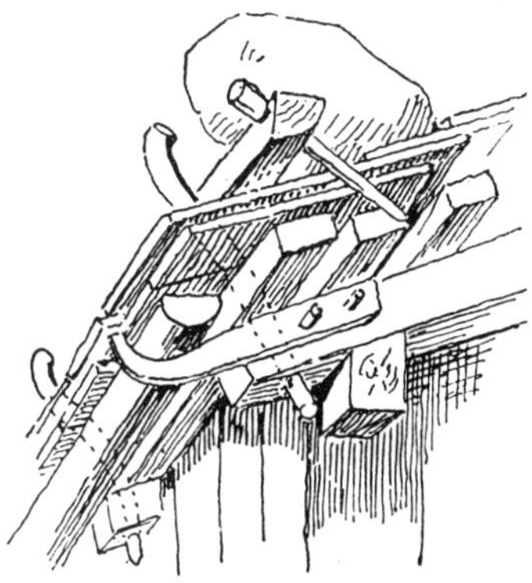

Fig. 361.

Dachüberstand mit Wasserrinne eines Heuschobers in Fluelen. Nach Gladbach.

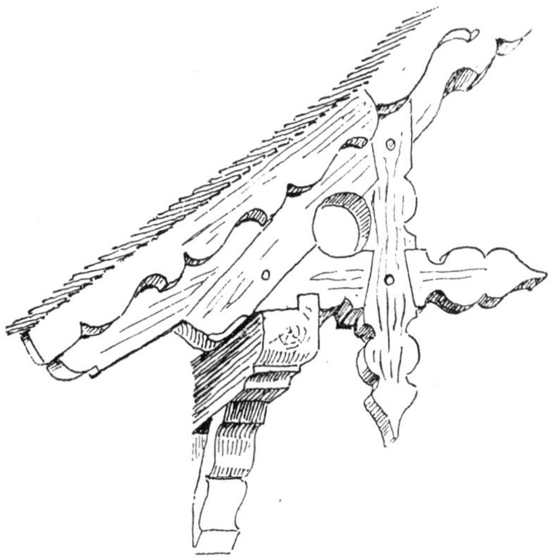

Fig. 362.

Dachüberstand eines Hauses in Mosnang (St. Gallen). Nach Gladbach.

Fig. 361 zeigt die Verbindung der Wasserrenne und die Befestigung der die Steine haltenden Dachlatten, Fig. 362 die gewöhnliche Konstruktion mit unterbrochenen Kehlbalken, Fig. 363 u. 364 ähnliche, noch kompliziertere Beispiele in Verbindung mit Gallerien.

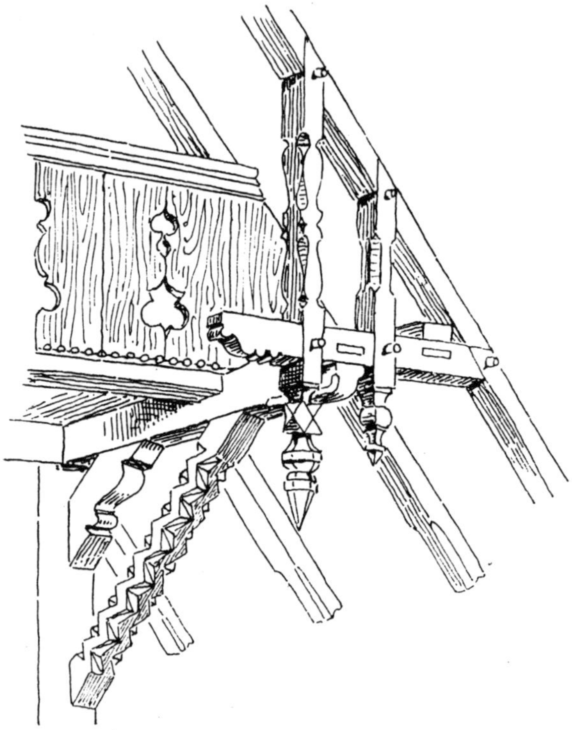

Fig. 363. Fig. 364.

Stützenkonstruktion der Lauben und Vordächer. Nach Gladbach.

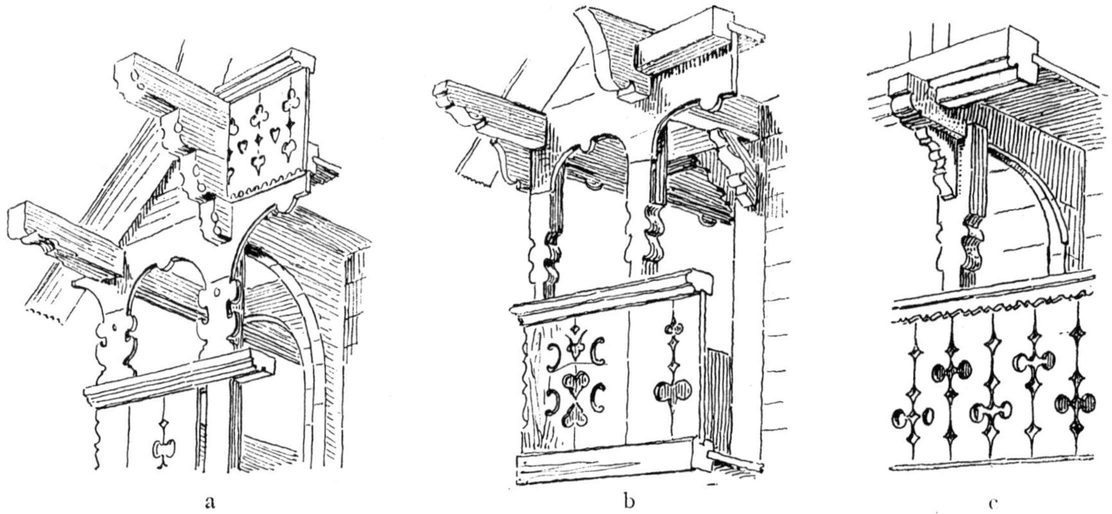

a b c

Fig. 365.

Dächer und Gallerien von Speicherbauten zu Langnau, erbaut 1738. Nach Gladbach.

(Siehe auch Seite 314.)

Fig. 365 bringt eine Reihe anderer Verbindungen von Gallerien mit Dachüberständen aus der ersten Hälfte des 18. Jahrhunderts, sowie die Fig. 366, 367 u. 368 noch weitere Einzelheiten dieser Dachüberstände und der mit diesen in Verbindung stehenden Gallerien.

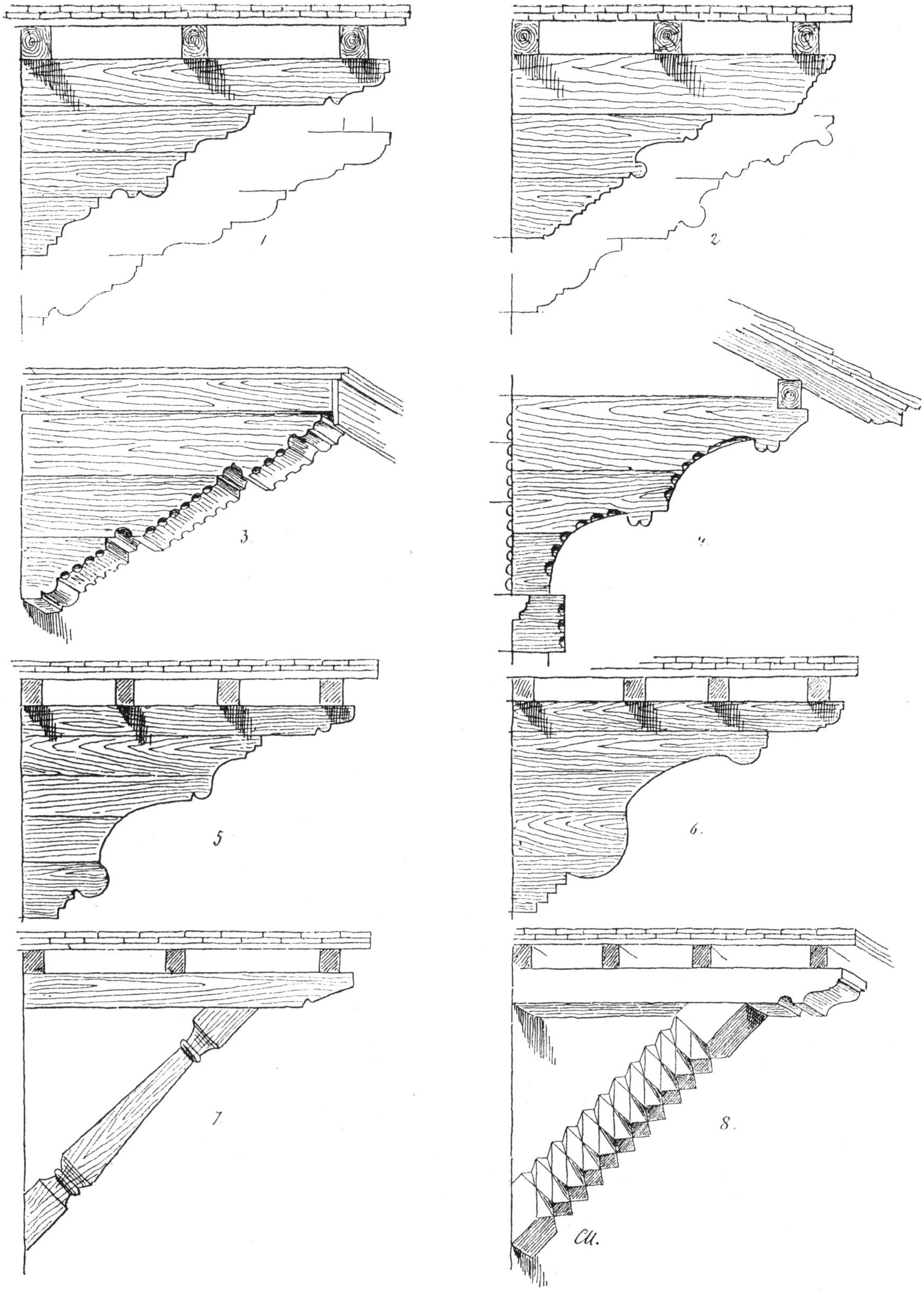

Fig. 366.

1.
2. } Dachüberstände von einem Hause,
3. } erbaut 1752.
4.

5. } Dachüberstände von Häusern in Reichenbach von 1781
6. }

7. } Dachüberstände von Häusern in Wimis.
8. }

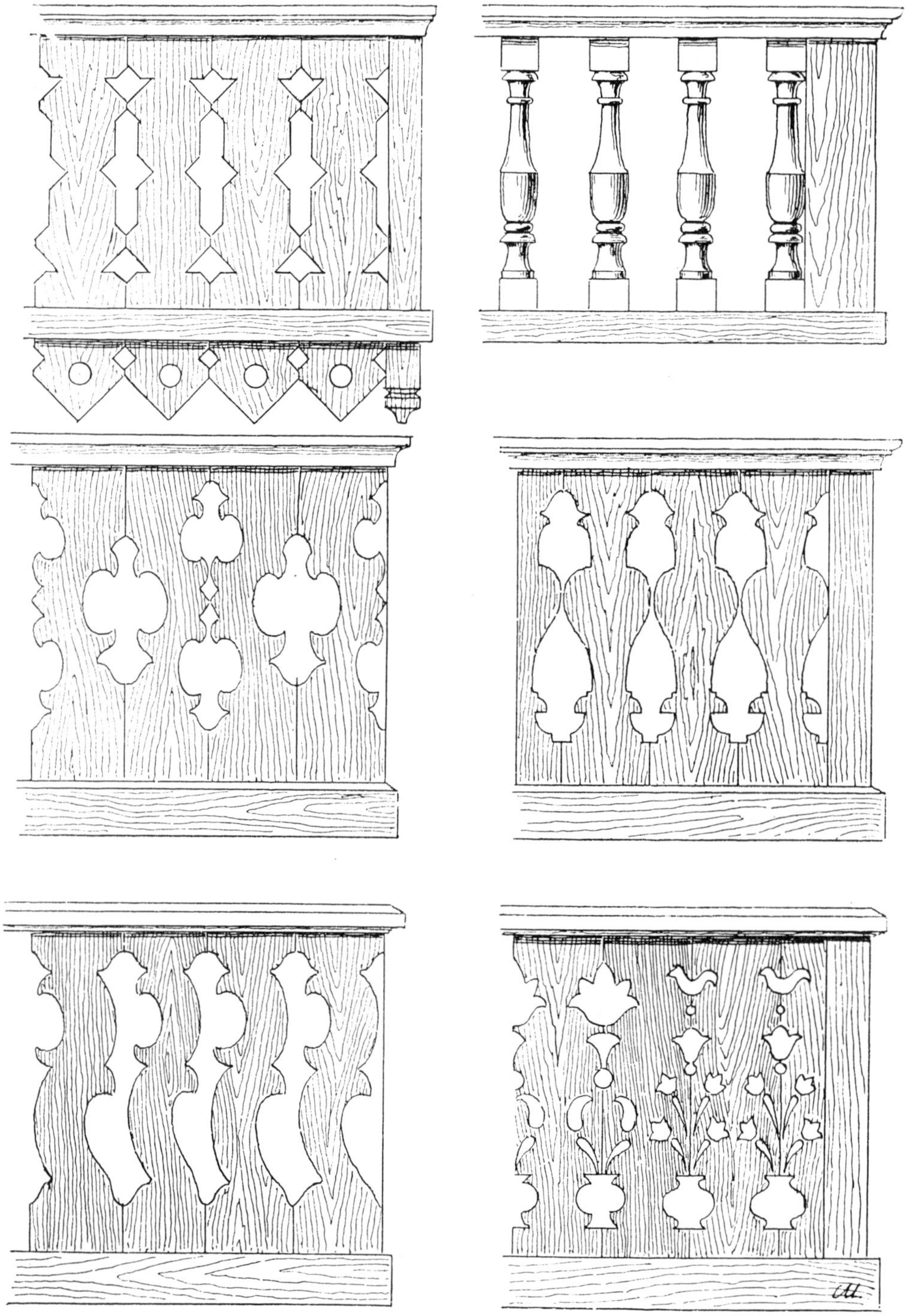

Fig. 367.

Aus Tirol; Gallerie-Brüstungen.

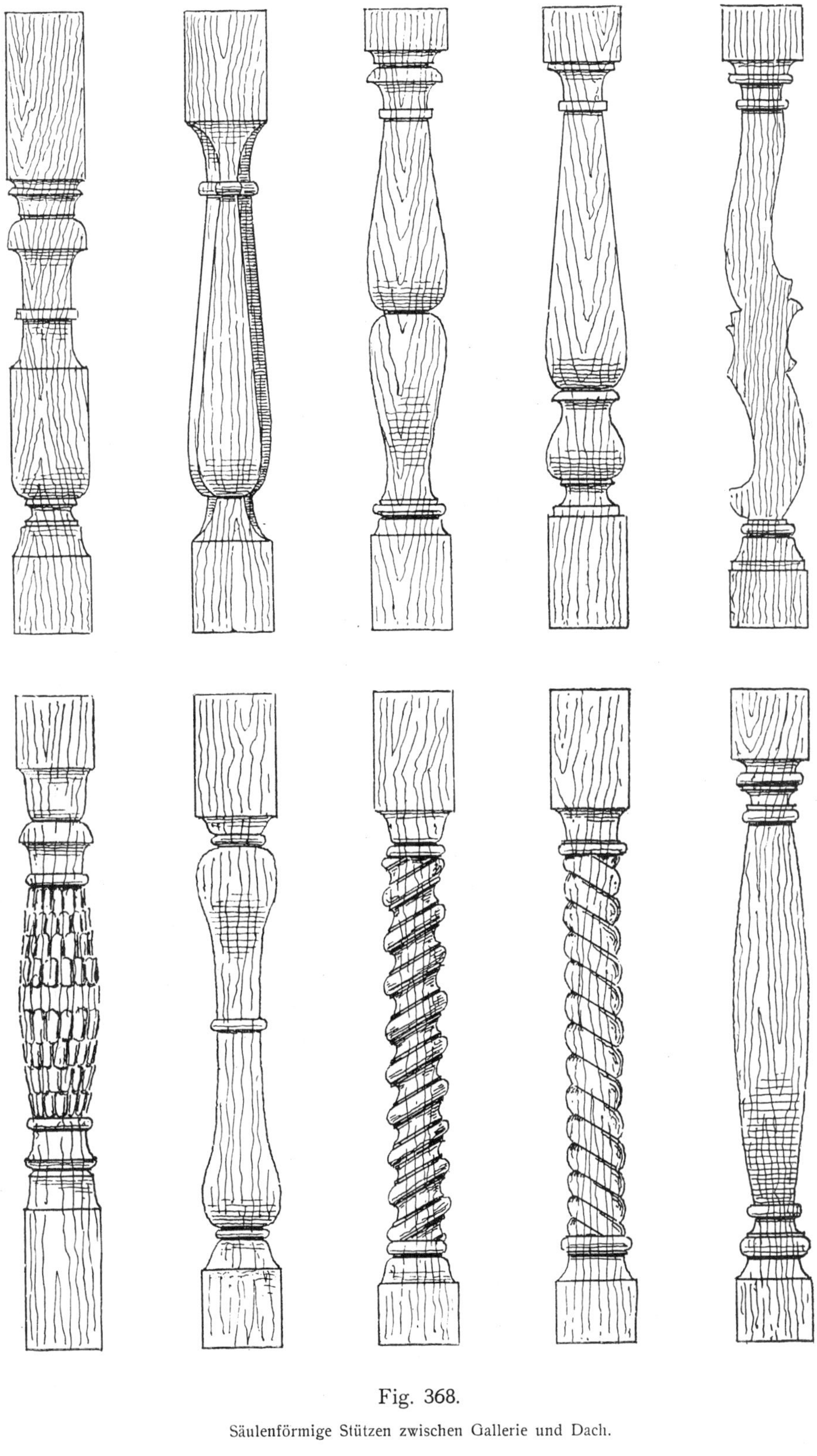

Fig. 368.

Säulenförmige Stützen zwischen Gallerie und Dach.

Schliesslich geben wir einige hölzerne Thürverschlüsse wieder in Fig. 369, die erkennen lassen, mit welchem Geschick man das Holz bis in die kleinsten Einzelheiten anzuwenden verstand, ohne irgend welche Benutzung des Eisens.

d

Zu Fig. 365, Seite 310. Dächer und Gallerien.

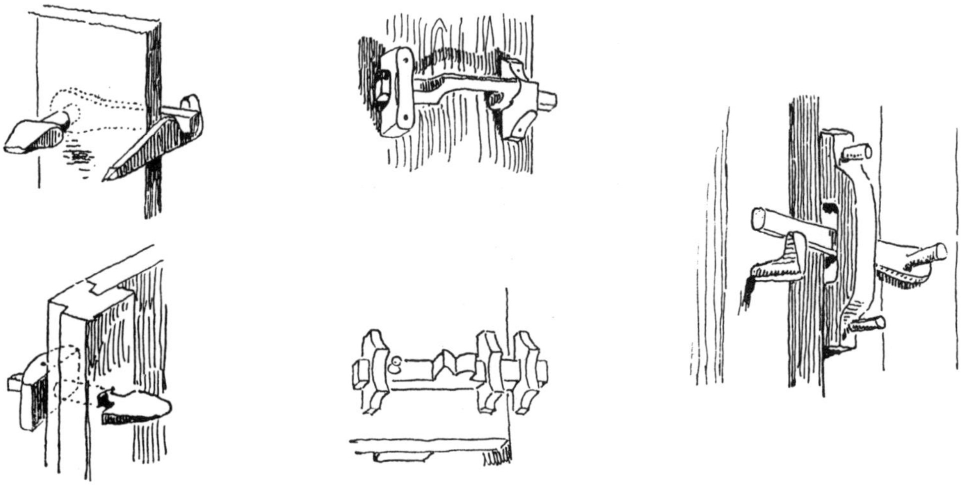

Fig. 369. Hölzerne Thürverschlüsse.

Die schweizerische und Tiroler Holzarchitektur liefert nach dem Gesagten und den gegebenen Beispielen das abgerundete Bild eines bis ins Einzelne künstlerisch und konstruktiv, auch materialcharakteristisch durchgeführten Stiles, wie solcher folgerichtig aus der Individualität des Volkscharakters und aus den klimatischen Bedürfnissen hervorgehen musste.

Kap. XII.

# Russland.

Es ist eine merkwürdige Erscheinung, dass über Russlands Holzbaukunst nur sehr wenig Buchmaterial vorhanden ist. Beinahe sollte man glauben, die in diesem gewaltigen

Fig. 370. Kukurutzen-Haus.

waldreichen Lande befindlichen Holzbauten seien entweder künstlerisch von so geringem Werte, dass sie nicht der Aufzeichnung für würdig gehalten wurden, oder solche Bauten seien überhaupt im heutigen Russland nicht mehr vorhanden. Zumeist wird beides der Fall sein. Jedenfalls steht das Niveau der Holzbauten in den Städten und Dörfern auf einer so niedrigen Handwerksstufe, dass gar von Kunst nicht die Rede sein kann.

Wie die Steinbauten aus einem Konglomerat europäischer und asiatischer Motive, willkürlich zusammengeborgt erscheinen, so geht es ähnlich und vielleicht noch im verstärktem Masse den Holzbauten, die aller künstlerischen Durchbildung bar sind, die ihre Formen den Steinbauten oder der Textilkunst entnahmen, ohne auch nur irgend eine materialcharakteristische Umgestaltung vorzunehmen.

Deshalb ist die Ausbeute russischer Holzbauformen sowohl in konstruktiver wie in künstlerischer Hinsicht eine äusserst geringe. Dazu kommt noch, dass in keinem Lande wie gerade in Russland ganze Städte und Dörfer fast ausschliesslich in Holz gebaut wurden, dass diese aber häufig durch Feuer total zerstört sind, so dass das Alter der jetzigen Holzbauten selten mehr als hundert Jahre beträgt. So kann schon aus diesem Grunde von einer historischen Entwicklung des Holzbaues nicht die Rede sein.

Fig. 371. Russisches Bauernhaus. Globus 1872.

Der Blockverband ist den slavischen Gebieten Osteuropas durchaus eigentümlich und findet sich ausserdem wieder in Norwegen.

Bei dem gewöhnlichen russischen Bauernhause müssen wir unsere Schweizer Vorstellungen fein durchgearbeiteter Blockhäuser fallen lassen. Das gewöhnliche Blockhaus Russlands besteht aus einem rohen Verbande runder Stämme, im besten Falle sind Thüren und Fenster mit einer schwerfälligen Umrahmung versehen.

In Fig. 370 bringen wir zunächst ein Vorratshaus aus dem Kaukasus.

Auf hohen Ständern ruht das einfachste Gefüge. Die Giebelflächen sind mit dünnem Reiserwerk gefüllt, das Dach mit langen Schindeln gedeckt. Eine Treppe aus einem Baumstamm gearbeitet (wie sie z. B. auch die Köhler des Harzes bei ihren Meilern noch jetzt benutzen) führt in den ganz von der Erde isolierten Raum. Zum sichereren Schutze umgiebt den Raum ein Zaun aus Flechtwerk.

Fig. 372.

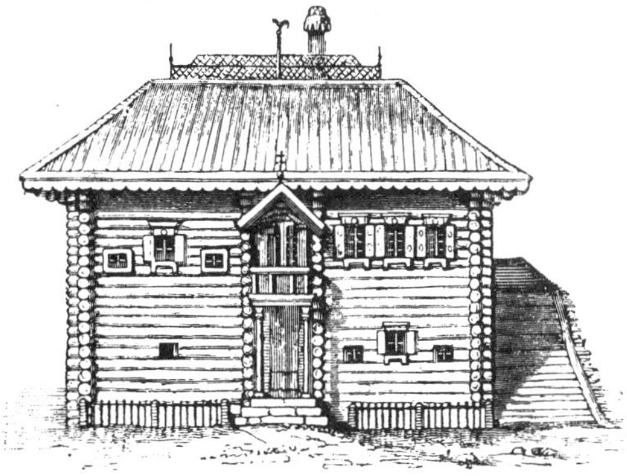

Fig. 373.

Bauernhäuser im Norden Russlands. Nach Blasius: Reise im europäischen Russland 1840/41.

Auch die Urform des Wagens unserer Abbildung mit den Scheibenrädern stimmt vortrefflich zu der ganzen primitiven Anlage.

Einen schon komplizierteren, aus mehreren Räumen zusammengesetzten Bau, aber ohne jeden künstlerischen Schmuck, lässt Fig. 371 erkennen.

Zweigeschossige Anlage zeigt Fig. 372 mit der Freitreppe an der Aussenseite und Bedachung aus langen, mit den Sparren parallel laufenden Brettern.

Fig. 373 stellt ein etwas reicheres und in den Verhältnissen schon gut abgestimmtes Bauernhaus dar. Auch hier geht die nur aus einer Folge von runden Blöcken gebildete Treppe an der Aussenseite in die Höhe.

Fig. 374. Rathaus in Eisenbrod.
Nach Lachner: Geschichte der Holzbaukunst.

Fig. 375. Rückseite des Eisenbroder Rathauses.
Nach Lachner: Geschichte der Holzbaukunst in Deutschland.

Nach der Meinung Lachners und Rudolf Hennings geht der Ursprung der westslavischen Holzhäuser auf germanische Blockbauvorbilder zurück.

Das Charakteristische der ostgermanischen Blockhäuser in Schlesien und Böhmen mag Fig. 374 in einigen wesentlichen Zügen erläutern.

Bei diesen Bauten ist schon eine Verbindung von Ständerwerk und Blockbau eingetreten, welche das eigentlich Charakteristische des Blockbaues nach aussen hin unterdrückt. Die Vorstösse der Balkenköpfe sind nämlich meist abgeschnitten, die sauber, eckig gearbeiteten Balken des besseren Haltes wegen schwalbenschwanzförmig verzinkt. Der offene Arkadengang des Erdgeschosses ist eine besondere Eigentümlichkeit dieser Bauten.

Fig. 375 giebt die Rückseite desselben Rathauses mit einer geräumigen Gallerie gleich der des Turmes.

Fig. 376.

Giebel eines Bauernhauses im Dorfe Fataroff
Nach Golyscheff.

Die auch an der Frontseite weit vorgeschobene Giebelwand ist nur dünn verschalt. Nennenswerter Schmuck ist nirgends vorhanden. Die wenigen Profile, z. B. der Brüstungssäulen und Arkadenträger, sind den Steinformen entlehnt, wie die gebogenen Kopfbänder der Arkaden. Auch gehört hierher die schon in Fig. 180 dargestellte Kirche.

Golyscheff giebt in seinen „altrussischen Holzbauten" einige sich im wesentlichen gleichende Giebelverzierungen, von denen Fig. 376 eine veranschaulicht.

Die Brettverkleidungen der Sparren sowie die vor die Pfettenköpfe vertikal gehängten Bretter endigen in einen flach eingeschnitzten Fransen- und Troddelschmuck als direkte Kopie der geflochtenen ähnlichen Formen. Die weitere Fortsetzung der Sparren sowie die Bretter der Giebelverkleidungen sind mit Tierfiguren und Akantusranken in möglichst ungeschickter Zeichnung verziert. Die Arbeiter haben eben nach Vorbildern gearbeitet, die sie selbst nicht verstanden haben.

Man könnte versucht sein, die russischen Ausstellungsbauten auf den modernen Weltausstellungen für nationale Ueberlieferungen zu halten, wie solche als „Motifs d'Architecture Russe“ mit noch anderen Entwürfen bei Ducher & Co. in Paris erschienen sind; leider aber habe ich zwischen den Aufnahmen altrussischer Bauten und diesen modernen Produktionen kaum eine Aehnlichkeit herausfinden können, weshalb ich diese hier ebenso ignorieren zu können glaube wie deutsche und andere moderne Schöpfungen.

Fig. 377.
Alte Holzkirche an der Suchona. Nach Blasius: Reise im Europäischen Russland.

Auch die Holzkirchen geben nur einen geringen Begriff von dem russischen Kunstvermögen. Die Gruppierung der Bauten mit den gedeckten, langen, am Gebäude herlaufenden Gallerien ist eine Folge des kirchlich und klimatischen Bedürfnisses.

Fig. 378.
St. Elias-Kirche beim Dorfe Karatschoff Murom, erbaut 1629. Nach Golyscheff.

Die in Blockverband ausgeführten Wände sind meist noch mit einer Brettverschalung überkleidet und haben dadurch ihre charakteristische Eigenart vollständig verloren.

Fenster- und Thüreinfassungen sind sehr dürftig und nur die Pfosten an den Eingängen sind zuweilen als nachgeahmte Steinpfeiler oder Traillen dekoriert.

Fig. 379.
Himmelfahrtskirche im Dorfe Wojalin.
Nach Golyscheff.

Auch die Dachflächen sind nicht in Schindeln ausgeführt, sondern mit groben Brettern wie unsere provisorischen Jahrmarktbuden notdürftig überdeckt.

Fig. 380.
Kirche in Pogost, 1859 abgerissen.
Nach Golyscheff.

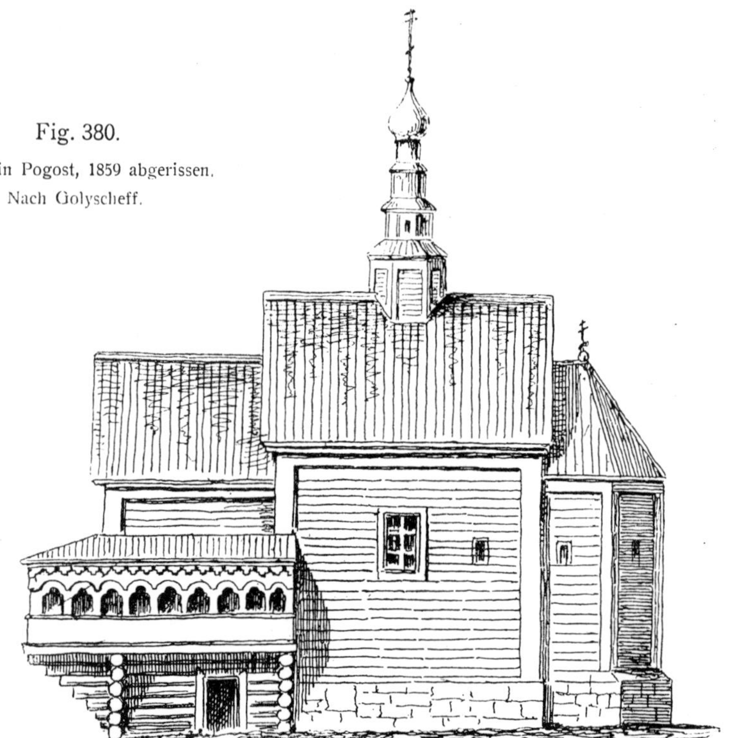

Die Türme bestehen aus einer Uebereinanderfolge nach oben kleiner werdender Dächer, die schliesslich mit einer in Metall gedeckten Zwiebelkuppel endigen. Die Fig. 377 bis 380 geben solche Beispiele.

Ein höchst interessanter Bau muss das in Abbildung Fig. 381 gegebene Sommerpalais des Czaren in Kolomenskoe bei Moskau gewesen sein, das im 16. und 17. Jahrhundert erbaut, 1760 wegen Baufälligkeit abgerissen wurde.

Am originellsten ist die Gruppierung der einzelnen Bauteile zu einander mit den sie krönenden Kegeldächern und Zwiebelkuppeln. Das Detail der Fenster- und Thürumrahmungen scheint sich ganz an die Steinkonstruktionen der Barock- und Rokokoformen angelehnt zu haben.

Fig. 381.

Sommer-Palais der russischen Czaren im Dorfe Kolomenskoe bei Moskau.
Nach einer Zeichnung von Hilferding aus dem Ende des XVIII. Jahrhunderts. Abgerissen 1760.
Nach Martinow.

Weiteres Material über russische Holzbauten anzuschaffen, war mir leider nicht möglich.

Die in Fig. 382 gegebenen Details von einem Bauernhause in Progar bei Semlin lassen den slavischen Charakter der ganzen Holzbehandlung sehr wohl erkennen. Flach geschnitzt machen dieselben den Eindruck von Geweben (wie auch Fig. 376) und können keinen Vergleich mit den Beispielen kräftiger, niedersächsischer Holztechnik aushalten.

Fig. 382.

Croatische Holzbauten. Bauernhaus aus Progar bei Semlin, Syrmien.
Wiener Bauhütte, Bd. XVII.

Kap. XIII.

# Norwegen.

Ganz eigenartig ist der norwegische Holzbau, der seiner Konstruktion nach aus einem Block- und Stab- oder Ständerwerk besteht.

Fig. 383.
Bauernhaus in Noknedal.

Charakteristische Details von Gesimsen und Profilen, die für unseren Zweck den grössten Wert haben, sind wenige vorhanden; hauptsächlich sind es die über die ganze Fläche geschnitzten Bohlen, welche dem Baustil ornamentalen Reiz verschaffen.

Ferner ist es nur das frühe Mittelalter (12. bis 13. Jahrhundert), das hier stilbildend für den Holzbau gewesen ist. Von Holzbauten der Renaissance in Norwegen erfahren wir nichts.

So giebt die norwegische Holzbaukunst nur ein eng begrenztes, wenn auch das älteste Bild der Holzbautechnik in Europa.

Fig. 384.

Stabur (Vorratshäuschen) aus Berdal, Vinje, Thelemarken, jetzt auf Bygdö bei Christiania.
Aus Architektur-Studienblätter, herausgegeben vom Akademischen Architekten-Verein, Braunschweig.

Aber weder durch die Zeitdauer noch durch die dieser entsprechende Vielseitigkeit der Formengebung kann der norwegische Holzbau es an allgemeinem Interesse dem niedersächsischen Holzbau gleichthun. Wenn man so sagen darf, bildet derselbe nur den ersten ältesten Anfang eines nach dem Untergang der römischen Kunst selbständigen, nordischen, national-germanischen Kunstempfindens.

In dieser originellen Urwüchsigkeit liegt für uns das Hauptinteresse dieser kleinen, eng begrenzten Baugruppe.

Die Bauernhäuser wurden stets im Blockverbande hergestellt, die Kirchen aus einem Ständergefüge besonderer Art, sog. Reiswerk (norwegisch Stabwerk d. h. Ständerwerk).

Fig. 383 ist ein einfaches Bauernhaus aus Norwegen, zweistöckig ohne jeglichen Schmuck. Wir bemerken die ungeheuer starken Schwellbalken über der Erde und die Benutzung der weit überstehenden Enden der Wandbalken zu einer Laube an der Giebelseite. Die Lagerung der Hölzer ist so angeordnet, dass immer die Unterfläche des

Fig. 385.

Stabur (Vorratshäuschen) aus Berdal.

oberen Balkens ein wenig ausgehöhlt auf der etwas konvexen Oberfläche des belasteten ruht (alles freilich nur in ganz roher flüchtiger Arbeit), um dadurch das Eindringen des Wassers in die Fugen zu erschweren. Die Bedachung besteht aus einer Bretterlage auf den Sparren, darauf Baumrinde und schliesslich eine Torfschicht, die, wie man sieht, mit Gräsern bewachsen ist.

Reichere Ausführungen sind uns meist in den Staburen, besonderen Vorratshäusern der Bauern, überliefert. Fig. 384, 385, 386 geben den Typus eines solchen Baues aus Berdal, Vinje in Thelemarken, jetzt auf Bygdö bei Christiania.

Das Haus ist möglichst vom Erdboden isoliert zum Schutz der Vorräte vor Nässe und Ratten, daher schliesst auch die Treppe nicht dicht an das Gebäude an. Der Kern des Hauses ist in beiden Geschossen im Blockverband hergestellt. Dem Obergeschoss ist ringsum eine Laube vorgelegt, die nach aussen hin von einer vertikalen, in vier starke Eckpfosten eingezapften Verschalung umgeben ist. Eine gleiche Verschalung liegt auch vor dem Eingang des Erdgeschosses.

Dieser Mantel gab Gelegenheit zu einer reichen künstlerischen Ausschmückung. Die Eckpfosten sind als gedrungene, kräftig profilierte Kandelaber geformt, die uns auffallend an mexikanische Steinbaumotive erinnern. Die Flächen derselben sind oft durch Einkerbungen unterbrochen. Durch ähnliche primitive Mittel der Technik sind die stark

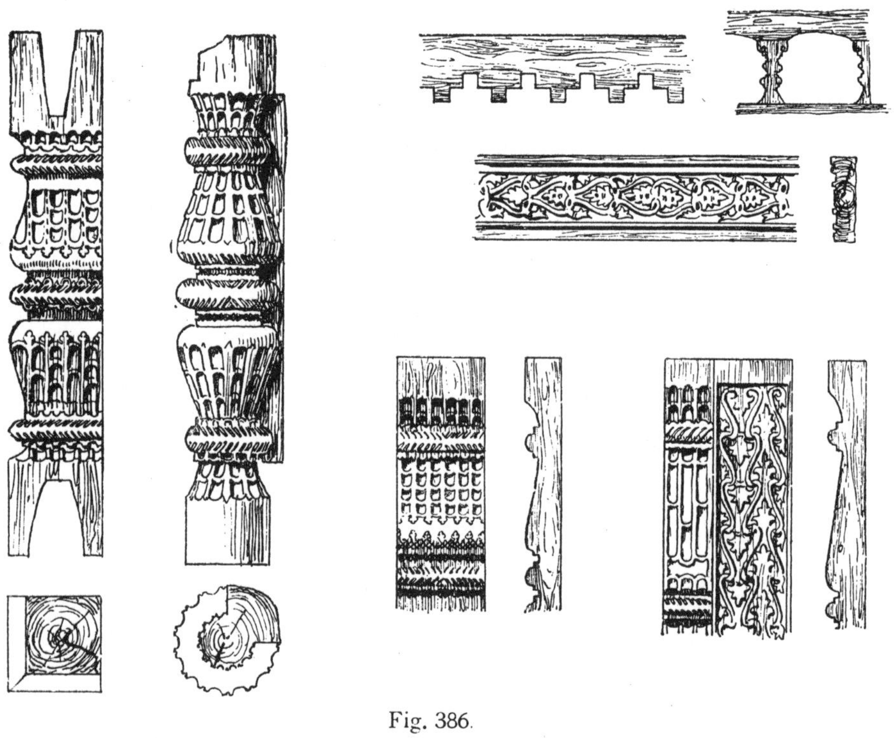

Fig. 386.

Vom Vorratshäuschen aus Berdal.

profilierten Einfassungen neben den Thüren gehoben, wo ausserdem die verstärkten Bohlen eine komplizierte Schnitzerei, eine Art Palmettenband tragen. Das gleiche Motiv kehrt am Giebel wieder. Die der Giebelseite am Dache vorgelegte Latte ist zackenförmig ausgeschnitten. Das Dach ist mit Schindeln gedeckt.

Derartige den früh mittelalterlichen Formen streng nachgebildete Bauten giebt es noch viele aus dem 17. und 18. Jahrhundert wie Fig. 387, 388 zeigen.

Fig. 389 giebt einen ähnlichen Bau, doch sind die Lauben an der Giebelseite durchbrochen und als offene Gallerien behandelt. Die Kandelaber sind schlanker und säulenähnlicher. Eigentümlich ist die Form der das Haus vom Boden trennenden, pilzförmigen Steinstücke.

Fig. 390 stellt einen modernen, auch jedenfalls einem alten Vorbild nachgeformten Innenraum dar, mit Beleuchtung von oben und sonst ganz primitiver Konstruktion.

Fig. 387. Stabur in Vestfjorddalen, Thelemarken.

Fig. 388. Stabur in Bredland, Thelemarken.

Fig. 389. Stabur in Naes, Hallingdal.

Fig. 390. Stabur in Bygdö.

Den Typus der Reiswerkbauten veranschaulicht uns Fig. 391, die alte, 1309 in Gol errichtete, 1884 nach Bygdö bei Christiania versetzte Kirche.

Der Bau besteht aus einem Ständergerüst, welchem nach aussen ein Schutzgang vorgelegt ist und dessen Wände durch zwischen die Ständer vernutete Bohlen — das sog. Reiswerk — gebildet sind.

Fig. 391.
Kirche, früher in Gol, Norwegen.

Das Aeussere baut sich notwendig in jener pyramidenförmigen Abstufung auf, der wir an asiatischen Holzbauten begegnen. An jene erinnern auch die weit aus den Giebelspitzen herausragenden Zierbretter — natürliche Ausklänge der Bewegung des Daches. Auch hier haben die Arkaden des Umganges ihre Formen der romanischen Architektur entlehnt.

Das Innere, Fig. 392, 393, lässt zugleich die konstruktive Zusammenfügung der einzelnen Bauglieder erkennen. Besonders eigentümlich sind die, die Hauptglieder der Konstruktion rechtwinklig versteifenden Buge, ein dem Schiffsbau entnommenes Motiv. Während man beim Schiffsbau allerdings krumm gewachsene Hölzer verwendete, zeigt unser Beispiel bogenförmig ausgeschnittene Bohlen.

Fig. 392.

Kirche zu Gol, Norwegen.

Die Hufeisenform solcher Holzbögen war notwendig bedingt durch das Material, da der untere Ansatz nur bei gehöriger Breite am Hauptstücke haften blieb. Die gleiche notwendige Hufeisenform hölzerner Bogen treffen wir auch an maurischen Bauten — für diese ja geradezu charakteristisch —, es sind also der Holztechnik eigene Formen.

Fig. 393.
Kirche zu Gol, Norwegen.
Nach Seesselberg.

Die wenigen Verzierungen, die unsere Figur zeigt, halten sich in den dem Material entsprechenden Grenzen, sind aber bis auf die den Chor vom Schiffe scheidende Wand roh und wenig eindrucksvoll. Die Ornamente dieser Wand zeigen eine reiche Fülle von Bandverschlingungen.

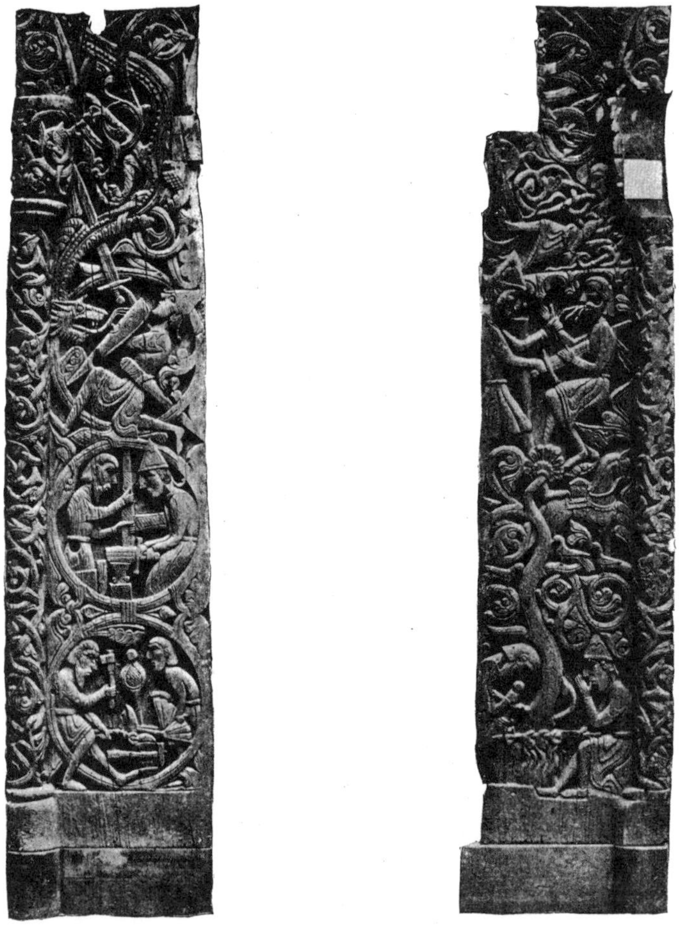

Fig. 394.

Aus der Kirche in Hyllestad, Norwegen.

Fig. 394 giebt das Detail einer ähnlichen gleichzeitigen Schnitzerei der Kirche in Hyllestad, die ein romanisch empfundenes Schlingwerk geschickt mit Figurendarstellungen verbindet. Diese Flächenschnitzwerke sind das besondere Charakteristikum dieser altnorwegischen Bauten.

## Kap. XIV.

# Frankreich.

Frankreichs Holzbaukunst ist auf einen verhältnismässig sehr kleinen Teil im Norden konzentriert.

Die Normandie und Bretagne, sowie die an Belgien angrenzenden nördlichen Departements sind durch ihren Holzreichtum mehr als das mittlere und südliche Frankreich in der Lage gewesen, das Holz als selbständiges Baumaterial zu benutzen. Obgleich der Holzbau jetzt bis auf einige sporadisch vorkommende Beispiele in diesen Gegenden verschwunden ist, so muss man doch annehmen, dass wie in dem jenseits des Kanals liegenden England früher ganze Städte aus Holzbauten bestanden haben.

Die Ausbildung ist der englischen sehr verwandt, allerdings im eigentlichen Riegelbau reicher und eleganter. Die hohe künstlerische Wirkung des Schmuckes deutscher Bauten wird jedoch in Frankreich nicht erreicht. Darf man Viollet-le-Duc glauben, der sich selbst unbestimmt ausdrückt (maison qui paraissait dater), so würde uns Fig. 395 ein Haus aus Dreux aus der Mitte des 12. Jahrhunderts vorstellen

Viollet-le-Duc sah es erst, als man schon beim Abbruch war, und er selbst erzählt, dass er auf obiger Zeichnung Dach und Fenster ergänzt habe, da das Haus mit einem neueren Giebel bedeckt gewesen sei und nur die Stürze der Fenster erhalten gewesen wären.

Hier laufen die Balken der Front parallel, der vorderste Deckenbalken ist zugleich der Rahmen des ersten und die Schwelle des zweiten Stocks. Der in der Mitte unter dem ersten Stock vorgezogene Balkenkopf gehört einem Unterzuge (Träger) an. Der Schwellbalken ruht ausser auf diesem Unterzuge nur an seinen Enden auf den steinernen Seitenmauern. Um daher nicht die ganze Last der Fronthöhe auf den nicht unterstützten Schwellenteilen ruhen zu lassen, ist das Gewicht des Obergeschosses durch Schrägstreben auf die unterstützten Schwellenpunkte übertragen. Die Konstruktion des Gebäudes ist sehr entwickelt und eigentümlich zugleich.

Von dem Schmucke kann man das Gleiche nicht behaupten, falls überhaupt von dem, was unsere Figur zeigt, irgend etwas deutlich erhalten war. Die Zickzack- und Halbkreisbänder bilden an sich den einfachsten Holzschmuck; sie erscheinen hier erst durch die Vermittlung des Steins am Holz wieder. Sicher dem Stein entlehnt und ohne jede konstruktiv symbolische Bedeutung ist das Rankenornament des starken Ständers über dem Unterzug, ebenso der aus dem vollen Holz herausgearbeitete bogenförmige Abschluss der Fenster. Er ist durch keine Eigenschaft des Holzes motiviert, schwächt aber dessen Stärke sehr, ist also ebenfalls eine Nachahmung steinerner Vorbilder.

Dieses leider so zweifelhafte Haus unterstützt daher unsere für Deutschland ausgesprochene Ansicht auch hinsichtlich Frankreichs, dass nämlich zur Zeit des romanischen Stils kein selbständig entwickelter geschmückter Holzbau bestanden hat. Gerade diejenigen Motive, die Einige in Deutschland auf romanische Vorbilder zurückführen: rundstabumsäumte Hohlkehle und gedrehte Stäbe fehlen hier völlig. Was vorhanden ist, ist entweder so handwerksmässig urwüchsig und primitiv, dass es zu jeder Zeit neu und selbständig entsteht oder doch entstehen kann, oder es ist ohne Funktionsverständnis dem Steinbau nachgebildet. Wenn jene Renaissanceformen Niedersachsens aus dem 16. Jahrhundert wirklich eine grosse Aehnlichkeit in den Motiven mit romanischen Formen zeigen,

Fig. 395.
Haus in Dreux. Nach Viollet-le-Duc.

so liegt dies in der gemeinsamen Familienabstammung beider Stile von der Antike und dieser entsprechenden gleichen Technik in der Ornamentation.

Die Annahme liegt viel näher und entspricht den Thatsachen viel mehr, dass die Renaissancezeit die schlicht durchlaufenden Hohlkehlen und Rundstäbe der Gotik wiederum nach antikem System eingravierte und querteilte und dadurch die scheinbar romanisierenden Formen neu schuf, aber im Geiste der Renaissance (Perlschnur, gedrehtes Tau etc.). Das

Ueberspringen einer ganzen vorhergehenden Stilperiode (hier der Gotik) ist ebenfalls sehr unwahrscheinlich; man modelte nur das Vorhandene im Geiste der neuen Zeit um. (Siehe auch Deutschland: die Säulen der Innendekoration.)

Dass unser französisches Haus hinsichtlich seiner Dekoration eine Ausnahme gewesen ist, machen die nach Viollet-le-Duc ältesten gotischen Holzhäuser Frankreichs wahrscheinlich.

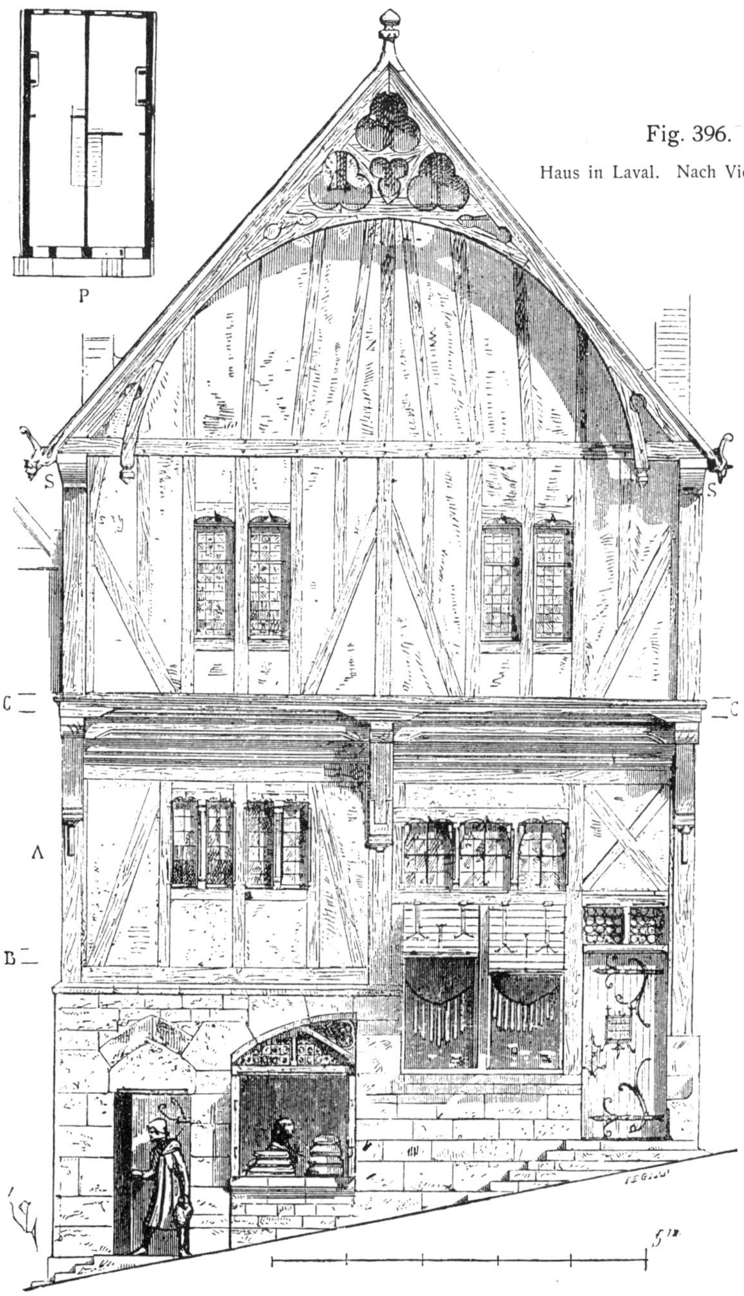


Fig. 396.
Haus in Laval. Nach Viollet-le-Duc.

In die Mitte des 14. Jahrhunderts setzt unser leider in der Unterscheidung von alt Ueberliefertem und eigen Zugesetztem nicht immer sehr scharfer Gewährsmann das von ihm gezeichnete Haus in Laval. Fig. 396.

In der Konstruktion erinnert es an das vorige Beispiel, insbesondere die Balkenlage parallel der Strasse mit dem Unterzuge in der Mitte. Unter der Vorkragung sind Füllhölzer hinzugetreten. Uebrigens ist das Haus fast ganz schlicht, nichts von jenem Schmucke der Ständer und Riegel ist zu sehen. Die Fensterstürze zeigen eine einfache in der Mitte tiefer eingeschnittene Abfasung. Vor dem Giebel des vorgezogenen Daches liegt ein offenes Dachstuhlgebinde mit unterbrochenem untersten Kehlbalken.

Den Oeffnungen zwischen den Holzteilen sind die Formen gotischen Masswerks mit gewisser Gewaltsamkeit gegeben. Die langen, eng gestellten Ständer, das Fehlen der

Fig. 397. Haus in Annonay. Nach Viollet-le-Duc.

Querriegel in fensterlosen Gefachen ist englischer Sitte verwandt. Der ganze Eindruck des Hauses mit seinen nackten Flächen und dünnen Schnitzereien erinnert an unser Marburger Haus (Fig. 181), beide gehören ungefähr gleicher Zeit an.

Noch schmuckloser ist ein in Fig. 397 ebenfalls nach Viollet-le-Duc dargestelltes Haus aus Annonay, wie der Zeichner sagt aus dem 14. Jahrhundert.

Die reichere Verwendung des Holzes an den Häusern dieser Gegend geht auf reichen, jetzt verschwundenen Waldbestand zurück. Die Balken laufen rechtwinklig gegen die Front und tragen über jedem Geschoss vorgekragt noch eine besondere Schwelle. Nur je eine Balkendicke trennt sie von einander. An der Unterseite haben die übrigens schlichten Balkenköpfe eine tiefe Hohlkehle. Nur vier von ihnen sind unter dem zweiten

Fig. 398. Eckhaus in der Strasse Saint Martin in Bayeux, Normandie.

Stockwerk durch Knaggen unterstützt, welche mit stark vorgezogener gotischer Nase verziert sind. Ueber dem Erdgeschoss sind sämtliche Balkenköpfe von flach ausgekehlten Hölzern unterstützt. Die weit vortretenden Aufschieblinge des Daches liegen auf einem reichen System von Balken und Streben.

Die weiteren hier gegebenen Häuser, Fig. 398 bis 402 aus der Normandie und Bretagne werden sämtlich der zweiten Hälfte des 14. Jahrhunderts angehören.

Fig. 399.

Altes Haus in Bayeux, Normandie.

Fig. 400.

Altes Haus in der Strasse Bienvenue in Bayeux, Normandie.

Fig. 401.
Altes Haus in Morlaix, Bretagne.

Fig. 402.
Häuser an der alten Strasse in Dol, Bretagne.

Das Holzwerk hat ausser einigen Hohlkehlen und Rundstäben keine Schnitzerei, die tragenden Konsolen sind als Figürchen ausgebildet. Am interessantesten wirken diese Häuser durch die unregelmässige Gruppierung der ganzen Façaden, weniger durch die systematische Konstruktion des Fachwerks.

Das Erdgeschoss dieser Bauten ist in Stein durchgeführt. Aus den hierbei verwendeten Formen lassen sich Rückschlüsse auf die Erbauungszeit machen, während charakteristische Formen der oberen Holzstockwerke vielfach fehlen.

Fig. 403.

Haus in Yville. Nach Gailhabaud.

Erst seit dem 15. Jahrhundert scheint man das Fachwerk häufiger bis auf einen niedrigen steinernen Sockel hinabgeführt zu haben.

Die Balkenlage geht der Strasse parallel, aber die Unterzüge sind mit der äusseren Wandfläche abgeschnitten, daher ist die Vorkragung nur eine sehr unbedeutende.

Einen solchen Bau des 15. Jahrhunderts führt uns Fig. 403 aus Yville vor.

Die Unregelmässigkeit seines Fachwerks, die Willkür der Wandöffnungen, das Fehlen der Riegel erinnert sehr an das englische Haus (Fig. 423) und wie dort fehlt materialcharakteristischer Schmuck. Der gotische Konsolen- und Zinnenkranz unter dem Dach ist nur äusserlich angeklebt ohne jeden inneren Zusammenhang mit der Konstruktion.

Ebenfalls dem fünfzehnten Jahrhundert gehört das Haus Fig. 404 an, dessen Aufbau sich an die Ueberlieferung der von uns zuerst angeführten Beispiele anschliesst. Hier erscheinen unserem deutschen Holzbauschmuck ganz verwandte Motive — nämlich die mit Heiligenfiguren ausgestatteten Knaggen, die Köpfe der Unterzugenden in der Mitte, die Laub- und Bandstäbe der Füllhölzer und Schwellen.

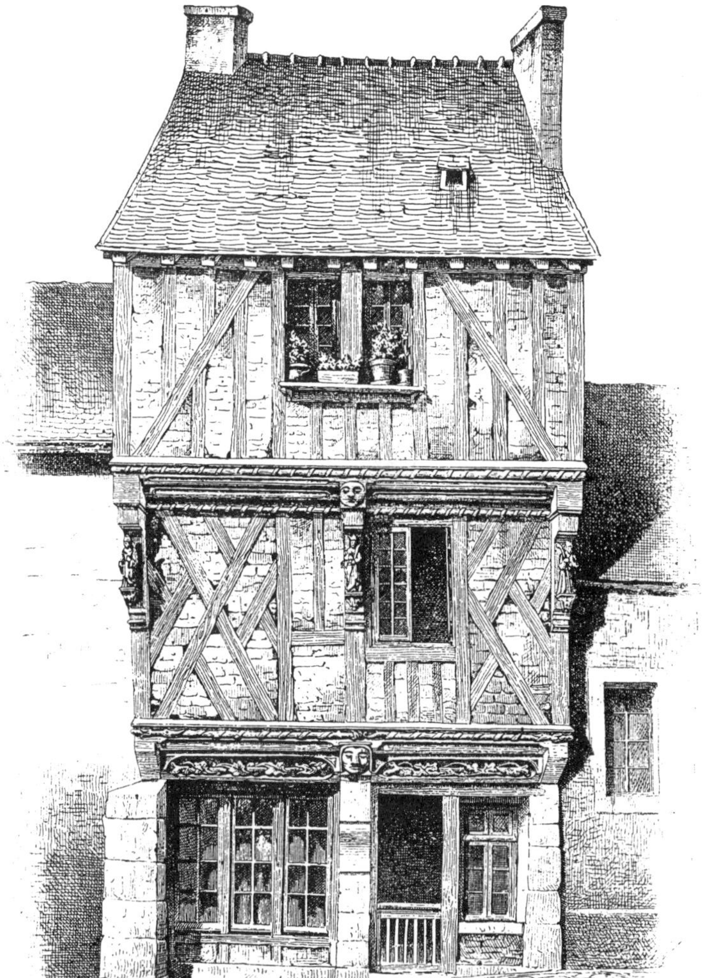

Fig. 404.

Haus in Compiegne. Nach Raguenet.

Von letzteren giebt uns Fig. 405 eine Detailansicht.

Jedoch scheinen in Frankreich diese Formen nicht die weite und charakteristische Verbreitung gefunden zu haben wie in Deutschland.

Auch Fig. 406 hält am beliebten Konstruktionsschema fest.

Hier sehen wir die Formen der Steinarchitektur als Fialen, Halbsäulen und Konsolenfries getreulich übernommen, ganz im Sinne von Greyfriars Hospital in England (Fig. 424).

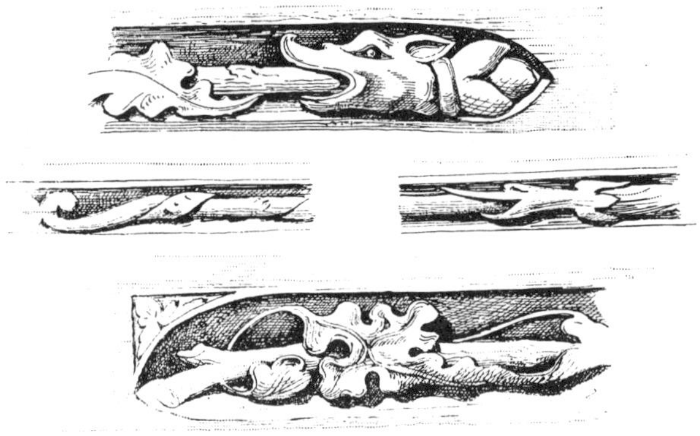

Fig. 405.
Laub- und Bandstäbe von Fig. 404.

Fig. 406.
Haus in Rouen. Erste Hälfte 15. Jahrhunderts. Nach Viollet-le-Duc.

Unterdrückte man die Vorkragung, so kam man dem Steinbau noch mehr entgegen, wie das Fig. 407 zeigt.

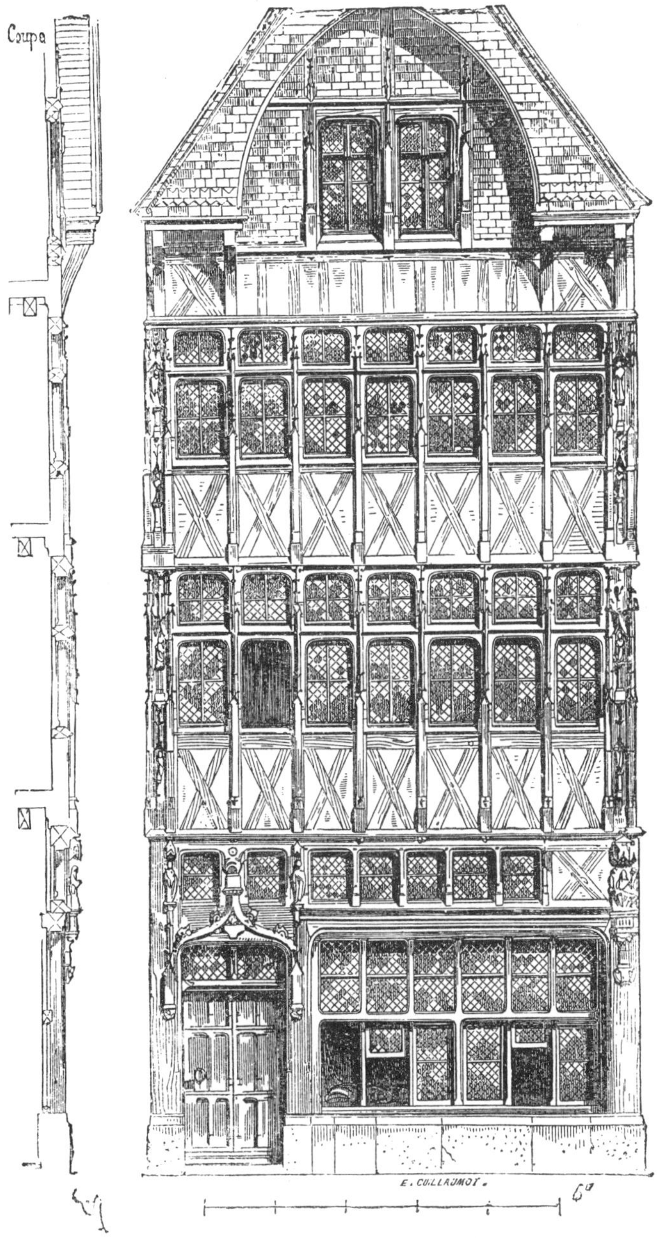

Fig. 407.

Haus in Rouen. Ende 15. Jahrhunderts. Nach Viollet-le-Duc.

So konnte man sich leicht entschliessen, einem älteren Steinhaus eine über dem Erdgeschoss weit vorgekragte Schürze aus Fachwerk vorzuhängen, Fig. 408, die dann mit reichem, spätgothischem Schmuck überzogen wurde, der ebenso gut ein Steinhaus bedecken könnte (z. B. Rathaus in Wesel).

Fig. 408.

Maison de Jacques-Callon in Rheims.
Nach Gurlitt, Baukunst Frankreichs.

Fig. 409. Von einem Hause in Abbeville. Nach Pugins

Fig. 410. Von einem Hause in Boulogne s. M. Nach Pugins.

Details solcher Holzhäuser giebt Fig. 409 mit den Schmuckformen des Steinbaus, wo die zwar reichliche, aber ganz im Steinstil befangene Anwendung des Laub- und Bandstabes (als Ausfüllung der gotischen Hohlkehle) zeigt, wie wenig man die dekorative Bedeutung dieses Motivs für den Holzbau zu schätzen wusste.

Aehnlich sind die Formen von Fig. 410, wo namentlich die Füllhölzer über den Fenstern gänzlich einer selbständigen Bedeutung beraubt sind.

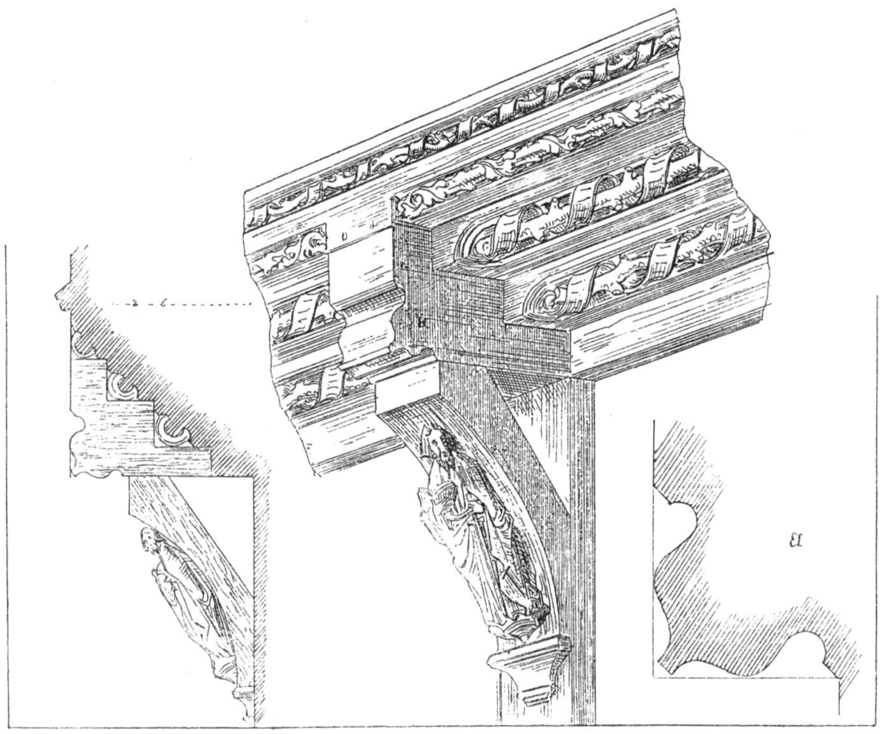

Fig. 411.

Von einem Hause in Beauvais. Nach Pugins.

Weit besser sind diese Teile samt Schwelle, Balkenkopf und Knagge an Fig. 411 behandelt, wo uns freilich die dünne ängstliche Behandlung des Bandstabes den Steinbau nicht vergessen lässt.

Dass in Frankreich die künstlerische Wirkung des Fachwerkbaues auch durch eine übertriebene Verwendung von Konstruktionsgliedern hergestellt wurde, zeigen Fig. 412 und 413.

Fig. 412.
Häuser in der rue de l'Oiselleries in Angers

Fig. 413.
Das Logis Adam in Angers.

Fig. 414.

Grande rue 33, Lisieux. Nach Gurlitt, Baukunst Frankreichs.

Neben jenen spätgotischen Nachklängen findet sich hier zuerst die malerische Musterung des Fachwerkes und mit ihr verbunden die absichtlich unsymmetrische Gliederung der Fronten und Dachpartieen. Dies führte wie in Hessen und England zur fast gänzlichen Unterdrückung des Schnitzschmucks, wie Fig. 414 beweist.

Daneben wurden die spätgotischen Gewohnheiten in die Renaissance übertragen. Statt gotischer Steinformen wurden die Renaissanceformen mit noch grösserer Vernachlässigung der Material-Eigentümlichkeiten den Fachwerkkonstruktionen aufgezwungen, da

Fig. 415. Haus in der rue des Boucheries, Lisieux. Aus: The Architect 1879.

die Freude an dem neuen Stil auch hier jeden energischen Versuch einer Umarbeitung desselben für das Holz erstickte.

Zu den gelungensten Schöpfungen dieser Art gehört Fig. 415 aus Lisieux mit einer Giebelfront, und Fig. 416 von 1572 mit Traufenfront und schon weniger originell.

Fig. 416. Haus in St. Brieux von 1572. Nach Palustre.

Ein höchst zierliches Produkt französischer Frührenaissance, freilich mit gänzlicher Unterdrückung aller konstruktiven Eigentümlichkeiten führt uns Fig. 417 vor.

Noch einmal schimmert der eigentümliche französische Aufbau durch an dem Hause der Diana von Poitiers in Rouen, Fig. 418.

Einige Details dieser Renaissanceperiode giebt Fig. 419, wo die Füllhölzer in Renaissancegesimse umgebildet sind, aber in dem bescheidenen Bandstab noch die Gotik nachklingt.

Fig. 417.

Haus in Frührenaissance aus Rouen. Nach Viollet-le-Duc.

Die ganze Schönheit der Einzelheiten dieser französischen Frührenaissance lässt Fig. 420 erkennen — wo man wieder alle Sünden gegen die Konstruktion gern vergisst.

In den gotischen Schlössern und denen der Renaissancezeit ist ja noch manches erhalten, mehr noch wieder hineinrestauriert. Verschiedene holzgetäfelte und mit Holzdecken versehene Zimmer aus der Zeit Franz I. bis Ludwig XIV. sind im Louvre neu aufgestellt. Doch übergehen wir diese Sachen, weil sie nur wenig charakteristisch Neues darstellen.

Fig. 418. Haus der Diane de Poitiers in Rouen. XVI. Jahrhundert. Nach Raguenet.

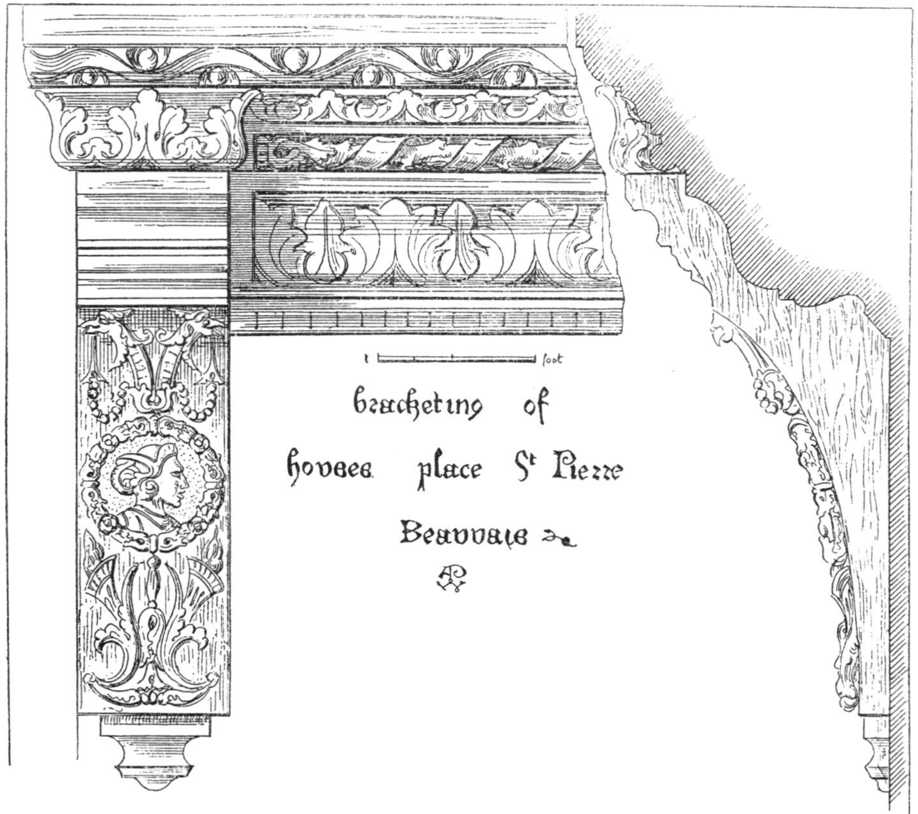


Fig. 419.

Fig. 420. Von einem Hause in Caen. Nach Pugins.

Von grossem Interesse ist jedoch in einem Hause in Morlaix in der Bretagne die sogenannte Treppe de la Reine Anne, die in Fig. 421 und 422 wiedergegeben ist.

Fig. 421. Treppe de la Reine Anne in Morlaix in der Bretagne.

Die geschnitzten Spindelpfosten sind überaus reizvoll in ihrer Mischung beider Stile. Sie wird Anfang des XVI. Jahrhunderts erbaut sein.

Sind schon die vorhandenen wenigen Beispiele von Holzbauten aus der Zeit Franz I. sehr wenig materialcharakteristisch geblieben, sondern dem feiner ornamentierten Steinstil der Renaissance gefolgt, so verschwinden die Holzbauten jetzt fast plötzlich und hinterlassen keine Uebergangsformen in Rokoko und Zopf, wie das in Deutschland der Fall

Fig. 422. Treppe de la Reine Anne in Morlaix in der Bretagne.

gewesen ist. Daher hat der Holzbau in Frankreich nur den Wert einer in sich abgeschlossenen Oase, beschränkt auf kurze Zeit und ein kleines Gebiet.

Kap. XV.

# England.

Der Riegelbau, den wir auf das trefflichste in Niedersachsen ausgebildet fanden, ist in vielen Varianten über ganz Mitteleuropa verbreitet. Er ist auch in England heimisch und hat dort eine hervorragende Pflege gefunden. Originell und national ist die Ausdrucksweise der Bauten nicht. Man kann sie eher mit den süddeutschen und besonders den französischen Formen vergleichen, mit denen eine offenbare Verwandtschaft besteht.

In England geht der geschmückte Fachwerkbau wie in Deutschland nicht über das fünfzehnte Jahrhundert zurück — ja kaum, dass wir ein Haus sicher für das fünfzehnte Jahrhundert bestimmen können. Die Gründe für das Erscheinen und die schnelle Entwickelung des Fachwerkbaus werden dieselben gewesen sein wie in Deutschland. Es sind die gleichen Voraussetzungen, die die Entwickelung erst hinderten, dann rasch eintreten liessen.

Der Fachwerkbau wurde aus seiner schmucklosen Form hervorgezogen und wurde Mode zugleich mit dem schnellen Aufblühen und der Wohlhabenheit der Städte.

Während in Niedersachsen die streng symmetrische Anordnung der einzelnen Hölzer von vornherein eine regelmässige konstruktive Verzierung begünstigte, fehlt die gleiche Vorbedingung jener gotischen materialcharakteristischen Holzbaukunst in England, ebenso wie in Süddeutschland.

Denn wie wir aus Fig. 423, einem dem fünfzehnten Jahrhundert zuzuweisenden, aber freilich stark restaurierten Fachwerkbaue in Shrewsbury ersehen, ist die Verbindung der Hölzer willkürlich, ohne bestimmte Wiederholung gleicher Teile am gleichen Orte. Auch fällt der völlige Mangel der Querriegel im ersten Stock auf. Daher ist die Wand des obersten Stockes fast ganz schmucklos.

Die Schwellen sind verschalt mit Nachahmungen gotischer Steingesimse; dahinter sind die Balkenköpfe versteckt, die auch künftig nicht ihrer Bedeutung in dem Holzgefüge entsprechend sichtbar hervortreten.

Die Vorkragung der Stockwerke wird unterstützt von wenigen eigentlichen Knaggen, die auf pilasterartig vorgezogenen Ständern, mit Kapitäl und Basis, ruhen.

Das schlichte Profil der Knaggen ist nach innen eingezogen und gotisches Masswerk auf ihren Flächen an den Ecken und auf den Eckständern eingestochen. Der rechte Winkel unter der vorgekragten Schwelle ist mit einer grossen, glatten Hohlkehle gefüllt, die aus einer Verbindung von Sprügelwerk und Verputz hergestellt ist. Sie schützt die dahinter liegenden Teile, ähnlich wie die Schutzbretter und Füllhölzer Niedersachsens, und hat auch wie diese keine stützende Funktion.

Die Fenster- und Thüreinfassungen des Erdgeschosses haben ebenfalls durchaus dem Stein entlehnte Formen, von denen unsere Figur einige Einzelheiten bringt.

Fig. 423.

Haus in der Butcher Row, Shrewsbury. Nach Ancient Domestic Architecture.

Ein wohl jüngeres Haus aus der ersten Hälfte des sechzehnten Jahrhunderts ist Greyfriars Hospital in Coventry, Fig. 424.

Fig. 424. Greyfriars Hospital in Coventry.

Hier ist das Verständnis für symmetrische Fachwerkverbindungen vorhanden, daher die klare, jeden einzelnen Fachwerkteil heranziehende künstlerische Ausschmückung. Die

Art der Vorkragung ist die typische Englands. Die Schwelle liegt in der Höhe des Balkens und ist mit diesem verzapft, liegt nicht auf diesem, so dass der Balkenkopf in der Front in die Erscheinung tritt, wie in Niedersachsen, Fig. 425.

Aehnlich vorgezogen in drei besonderen Gruppen sind die Fenster, eine fortan ebenfalls bleibende Sitte, die in jüngerer Zeit eine auffällige Verwandtschaft mit süddeutscher Eigentümlichkeit zeigt. Die enge Ständerstellung der Giebelseite war ohne Querriegel geboten.

Fig. 425.

Schwelle und Balken an Greyfriars Hospital in Coventry

Die Zierformen gehen auf dem bereits am vorigen Beispiele eingeschlagenen Wege weiter, was nach der dortigen ganz ungenierten Uebertragung aus dem Stein zu erwarten war. Jedes Glied des Fachwerks wurde besonders stark gewählt, denn es musste ein gutes Stück seines Holzes zu den sehr weit vorspringenden, gotischen Halbsäulen, Miniaturstrebepfeilern nnd Fialen hergeben, ebenso zu Hohlkehlen, Stäben und Schrägen, denn alle diese Formen sind nicht auf den Kern genagelt, sondern aus vollem Holz ausgearbeitet. An den Ständern beanspruchen diese Zierformen jedoch nur einen Teil der Breite, das übrige bleibt schlicht, sodass das Motiv an jedem Ständer wie aufgeklebt aussieht. Der Schmuck, an sich ohne innere Beziehung zum Holzgerüst, würde kleinlich erscheinen, wenn er nicht von der kräftigen Schattenwirkung der Ueberstände und Vorbauten begleitet wäre, wozu auch die energischen Abschlüsse der Giebel gehören.

Daher stellt sich die Front sehr wirkungsvoll dar, während der Hof, Fig. 426, mehr durch die Enge und das gebrochene Licht zu malerischem Eindruck gebracht wird.

Einige sauber gearbeitete Details giebt Fig. 427 wieder.

Die symmetrischen Fachwerkverbindungen, die zuerst an dem eben besprochenen Hause des sechzehnten Jahrhunderts ausgeführt wurden, finden nun mehr und mehr Anwendung; es ist als ob man sich durch ein überreiches und trotzdem regelmässiges Riegelmosaik für die bisherige unachtsame Willkür entschädigen wolle.

Fig. 426. Hof in Greyfriars Hospital in Coventry.

Wieder ist auf die Analogie auf deutschem Boden (Hessen) hinzuweisen. Doch hat diese Bevorzugung der Riegelmusterung nun das Zurücktreten von Schnitzornamenten zur Folge.

Eines der schönsten Beispiele dieser Art bildet Moreton Old Hall, Cheshire, 1550—57 erbaut, eine malerische Häufung verschiedener Einzelbauten. Fig. 428 zeigt einen Hauptteil dieses Hauses von besonders mannigfaltiger Gliederung der Hölzer; Fig. 429 einen anderen Teil, der durch die starke Vorziehung der Fenster (baywindow) sehr ansprechend wirkt.

Auch die Auflösung der Dachlinie in einzelne Giebel ist typische englische Sitte. Die Profile sind immer noch gotisch, wie man aus Fig. 430 ersieht. Das Auftauchen gedrehter Taue scheint einem Streben nach Verwendung neuer Kunstformen zu ent-

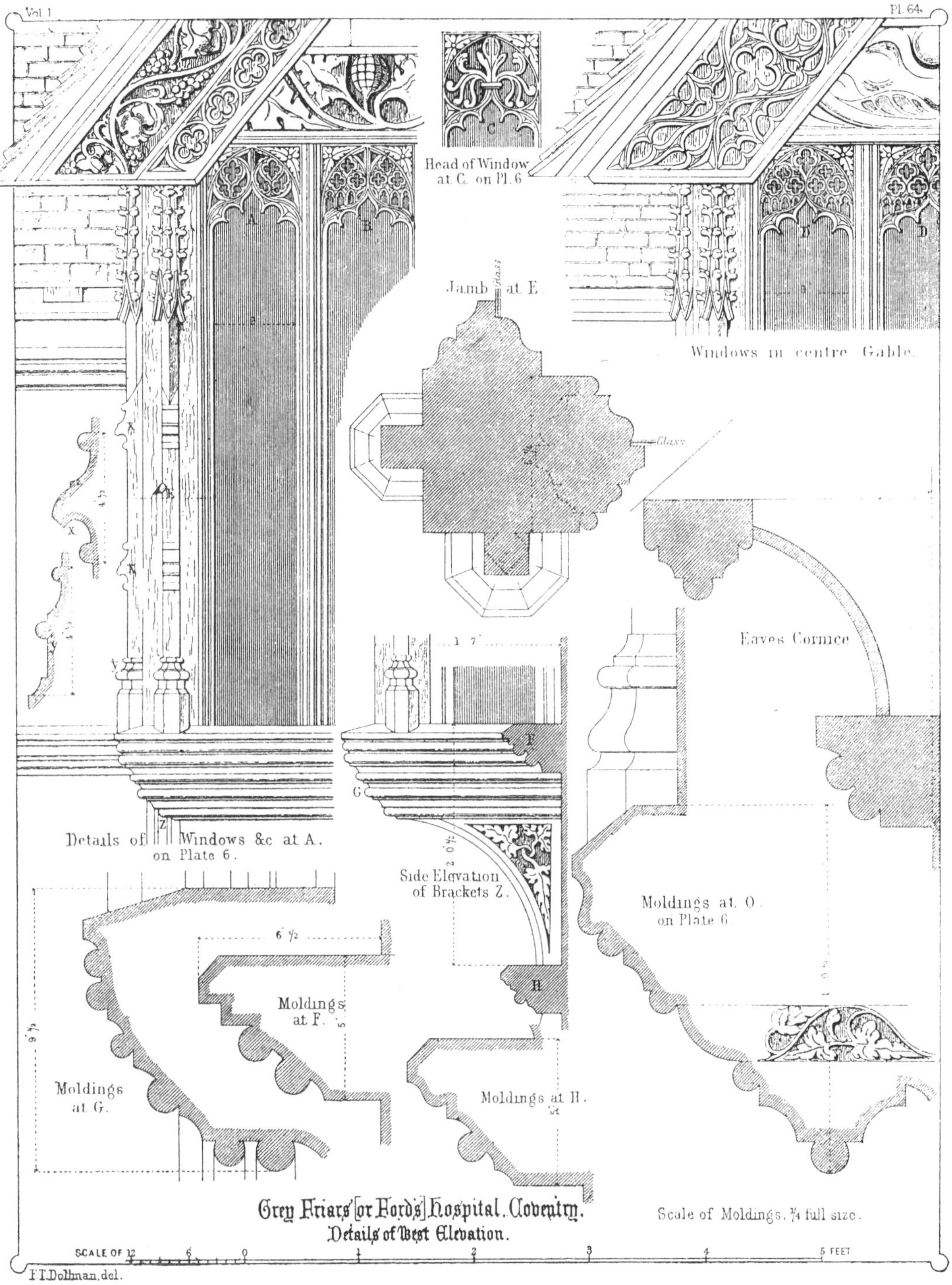


Fig. 427. Grey Friars Hospital in Coventry. Nach Dollman & Jobbins.

springen. Die ganze sehr reiche Anlage dieses Hauses, das wie es scheint unter einer bestimmten Idee einheitlich entstanden ist, entsprach wohl der gerade wieder herrschend werdenden englischen Sitte, möglichst jeden Raum des Hauses auch nach aussen hin zur Geltung zu bringen. Dies erhöhte natürlich die Wohnlichkeit, überhaupt den charakteristischen Ausdruck des Hauses wesentlich, machte indessen die monumentale Wirkung gänzlich unmöglich. Zu letzterer hat es denn auch der Fachwerkbau Englands niemals gebracht.

Das Zeitalter der Königin Elisabeth bildete die Zierformen grösstenteils im Sinne der Renaissance um und drängte jene reiche Riegelmusterung wieder etwas zurück.

Fig. 428.

Moreton Old Hall, erbaut 1550–1559. Aus Uhde, Baudenkmäler in Grossbritannien.

Wir erwähnen aus dieser Zeit Staple Inn in High Holborn, übrigens schmucklose, aber im Aufbau ganz charakteristische Häuser der City von London. Dazu gehört auch, reicher ausgestattet, Turton Tower in Lancashire, Fig. 431.

Bald entwickelt sich eine ähnliche Fülle des Details, wie wir sie in Deutschland zur Zeit der Renaissance kennen lernten, die gleich den Formen der englischen Fachwerkgotik die konstruktiven Bedingungen der Holzverbindungen nicht berücksichtigt. Ihr fehlt die formale Logik jener gotischen Zierformen durchaus, daher überzieht sie mit schrankenloser Willkür ohne jedes Prinzip (es sei denn die selbstgefällige Dekoration) nicht nur

Fig. 429. Little Moreton Hall, vom Eingange aus gesehen.

alles Fachwerk Fig. 432 und 433, sondern auch die Füllungen, selbst wenn diese aus anderem Stoffe bestehen. Fig. 434, von 1607—1612 erbaut.

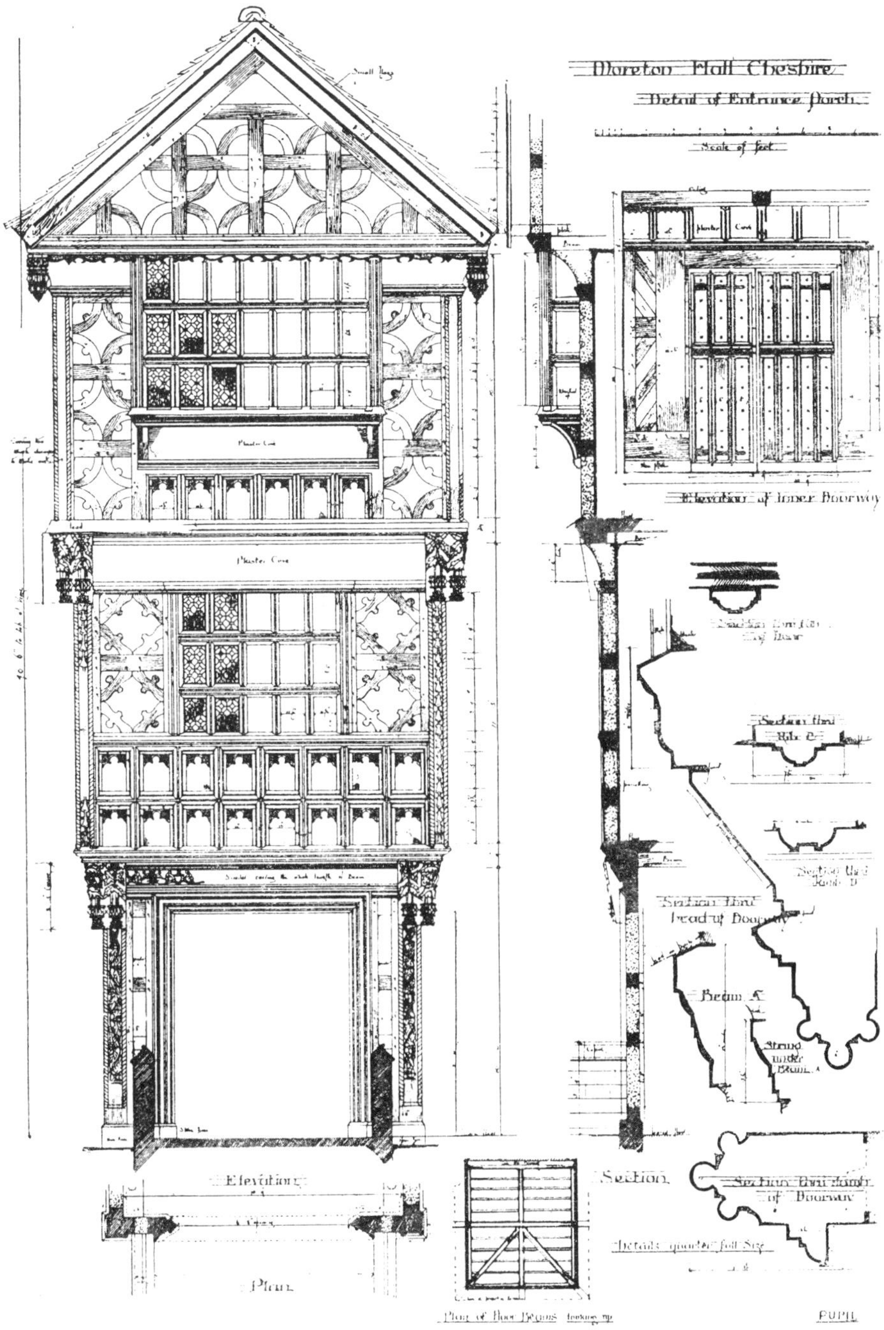


Fig. 430. Aus Moreton Hall, Cheshire. Nach Building News. 1883.

Derselbe Reiz, der in der willkürlichen, ja unverstandenen Formenanwendung unserer nordischen Renaissance liegt, lässt uns leicht die Sünden gegen das Wesen der Konstruktion vergessen.

Den Hauptsitz dieses späteren englischen Fachwerkbaues bildet Chester, aus dem wir hier einige Beispiele anführen wollen.

Fig. 431. Turton Tower in Lancashire.
Nach Building News 1880.

Fig. 432. From the Butter Market, Dartmouth.

Fig. 433. Alte Häuser in Coney Street, York.

Fig. 434.

St. Peters Hospital in Bristol.

Fig. 435. Bishop Lloyds House, erbaut 1615.

Fig. 435 Bishop Lloyds House von 1615, dessen bogenförmige Brüstungsplatten uns an Hildesheim erinnern und Fig. 436 Haus von Watergate Row von 1652.

Fig. 436. Altes Holzhaus in Chester, Watergate Row, erbaut 1652.

Eigentümlich ist bei einem grossen Teil dieser Häuser die Durchleitung des Fussgängerweges über dem Erdgeschoss, sodass dadurch eine Art offener Laube (Row) gebildet ist, wie das unsere Abbildungen zeigen. Fig. 437 mag uns die moderne Anknüpfung an solche alten Bauten vergegenwärtigen.

Fig. 437. The Cross in Chester – modern!

Können wir mithin dem englischen Fachwerkbau keine so wichtige Rolle zusprechen wie der deutschen Fachwerksarchitektur, so ist dagegen die Ueberdeckung der weiten mächtigen Hallen englischer Burgen und Schlösser von grösster Bedeutung in konstruktiver wie ornamentaler Beziehung. Kein Land ausser England hat ähnliche Bedürf-

Fig. 438. Dachstuhl der Westminster-Halle in London. Nach Viollet-le-Duc.

nisse an die Baukunst gestellt, aber auch keins hat nach jeder Richtung hin diesen Anforderungen in so ausgiebiger Weise Rechnung getragen wie gerade England. Die grossen weittragenden Dachwerke, welche wir seit der gotischen Zeit bis zum heutigen Tage drüben ausgeführt finden, sind sowohl konstruktiv mustergültig wie auch vom ästhetischen Standpunkte aus betrachtet wahre Meisterwerke der Holzbaukunst.

Die konstruktive Ueberlieferung solcher Dachstühle geht wohl auf alte germanische Gewohnheit zurück, ebenso wie bei den Holzkirchen Norwegens. Erst aus späterer gotischer Zeit sind solche Dachstühle erhalten. Es sind stets Sprengwerke, die mittelst einer mehr oder weniger verzierten Versteifung und durch Verklauung der Binder an die Innenseite der Wände das Dach selbst zusammenhalten und den Schub auf die Mauern

Fig. 439. Vom Dachstuhl der Westminster-Halle in London. Nach Viollet-le-Duc.

möglichst senkrecht übertragen. Ganz im Gegensatz zu diesen Sprengwerken standen die italienischen Dachstühle mit durchgehenden Dachbalken oder Bindern.

Aus dem Ende des vierzehnten Jahrhunderts, freilich inzwischen gründlich erneuert, ist uns die Westminsterhalle erhalten, mit 20,73 m Breite, 73,15 m Länge und 28 m Höhe — zugleich die grösste Halle Englands. Fig. 438.

Der in die Gebinde hineingelegte, gotische Bogen ergiebt sich vollkommen natürlich aus der Konstruktion der Versteifungen. Der notwendig vorspringende, unterste Stichbalken (Kehlbalken) klingt in der dekorativen Wirkung glücklich an die Bildung von Nasen gotischen Masswerks an, ohne darum seine eigentümliche Bedeutung aufzugeben, Fig. 438 und 439.

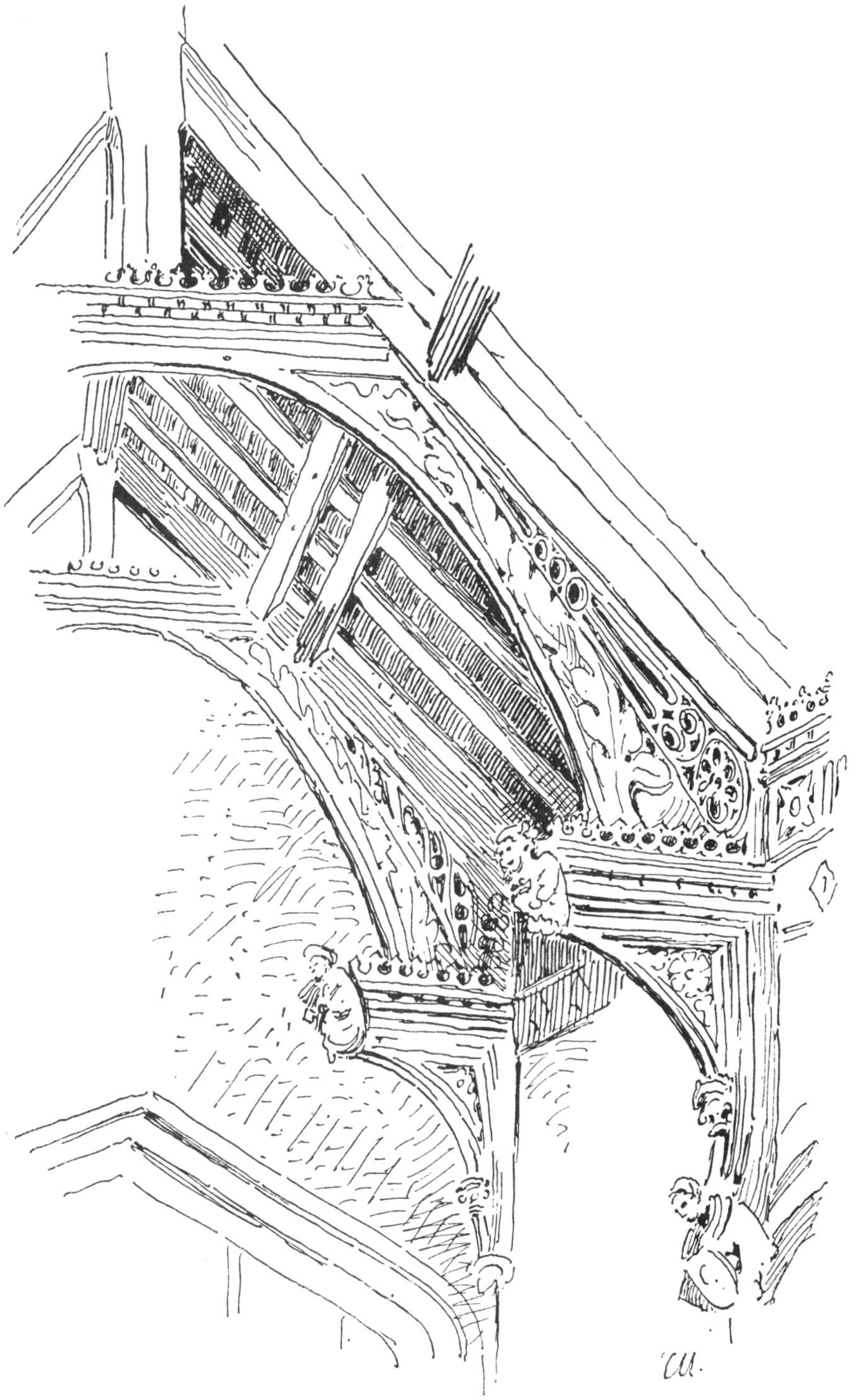

Fig. 440. Dachstuhl der Lynn Chapel, Outwell Church, Cam.

Aehnlich ist der Dachstuhl der Lynn Chapel an der Outwell Church, Cam. Fig. 440.

Einfacher, ohne die unterste Reihe unterbrochener Kehlbalken, ist King's Langley Church bei St. Alban's Hertfordshire, um 1450 erbaut. Fig. 441.

Eine flache Decke dagegen zeigt Fig. 442, wo die Hauptbalken ebenfalls noch kräftig gegen die Mauern verstrebt sind.

Eine prächtige Bildung des Tudorstils ist die grosse Halle von Hampton Court, 1536 erbaut, Fig. 443, wo auch die Binder untereinander durch eine Art Versteifung verbunden sind.

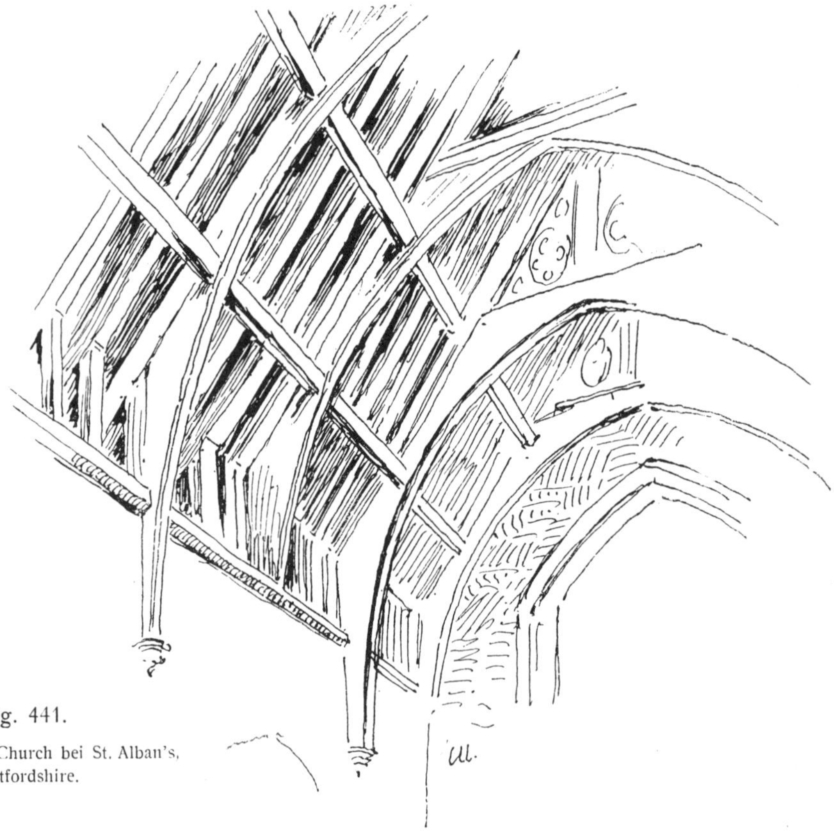

Fig. 441.

King's Langley Church bei St. Alban's, Hertfordshire.

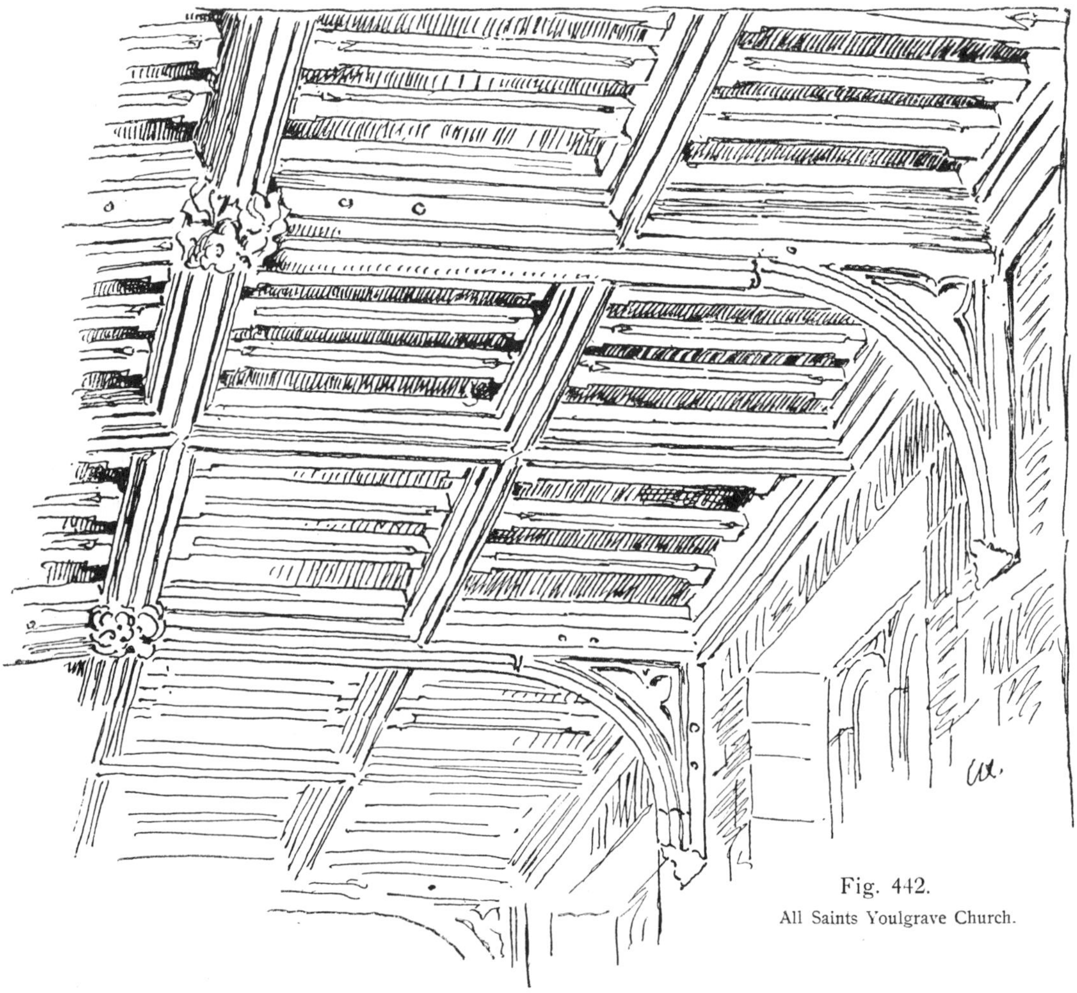

Fig. 442.

All Saints Youlgrave Church.

Fig. 443.
Hampton Court, Grosse Halle, erbaut 1536.

Fig. 444.

Halle des Mittel-Tempels, London, erbaut 1572.

Zu dieser Gruppe gehört ferner die Halle des Mitteltempels in London von 1572 Fig. 444, bei welcher die Profile in Renaissanceformen aufzutreten beginnen.

Ebenso konstruiert, allerdings ohne die sich über den Mauern erhebenden Teile des Dachstuhls sichtbar zu lassen, ist die Halle in Wollaton Castle; Fig. 445, um 1600 erbaut.

Fig. 445. Deckenkonstruktion der Halle in Wollaton Castle. Elisabethstil Ende XVI. Jahrh. Uhde, Grossbritannien.

Hier sind freilich die Kunstformen gänzlich im Sinne der Renaissance ausgebildet. Die Nachahmung schwerer Steingesimse und Steinsäulen an dem hölzernen Hängewerk wirkt doch etwas unnatürlich, obgleich man mit richtigem Gefühl den eigentlichen Dachraum hinter einer flachen Decke versteckt hat, um die Säulen und Gesimse anscheinend diese Decke tragen zu lassen.

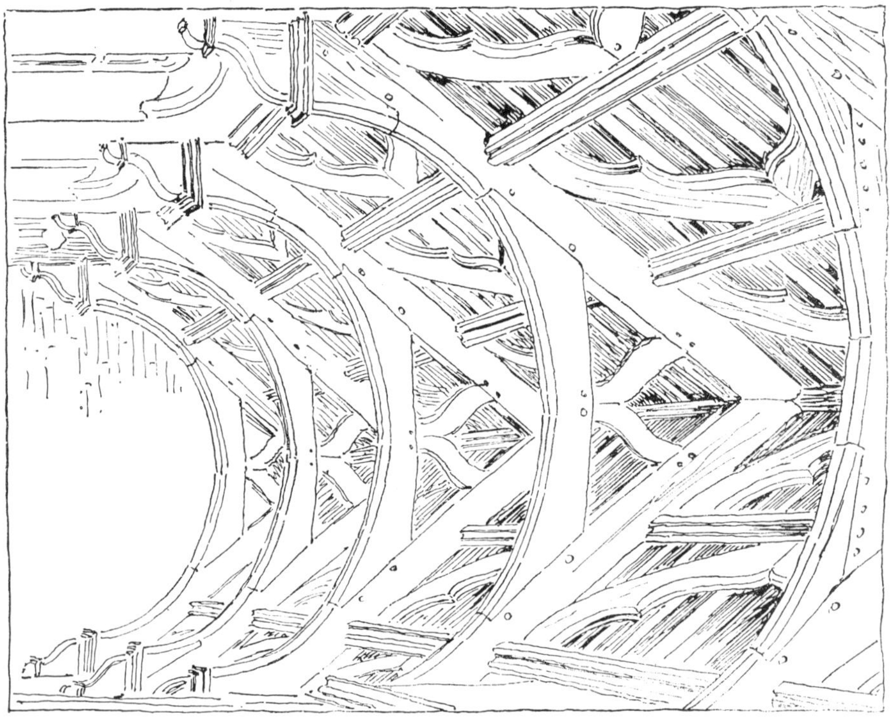

Fig. 446.
The Hall at Shiplake Court. Nach The Architect. 1890.

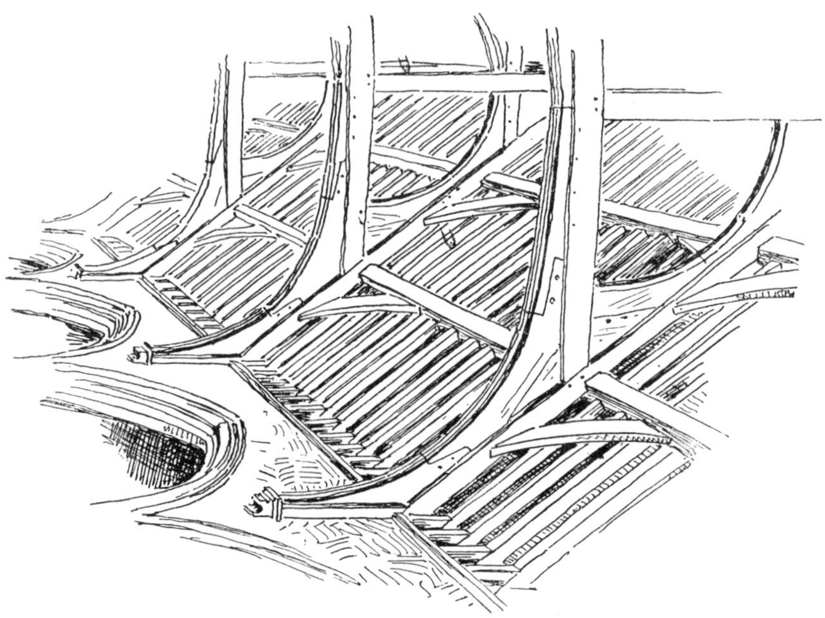

Fig. 447.
St. James Church, Inverleith. Nach The Building News. 1888.

Eine Reihe moderner Dachstühle bringen die folgenden Abbildungen. Sie schliessen sich eng an die konstruktiv bewährten und ästhetisch wirkungsvollen älteren Beispiele an.

Fig. 448.

Dachstuhl Canynges House, Bristol. Aus: Ancient Domestic Architecture. Vol. II.

Fig. 446 ist die Halle in Shiplake Court, ein schwerer, äusserst solider Bau von Ernst George und Peto. Eine noch schmucklosere, aber leichtere Anlage ist der Dachstuhl der Jakobskirche in Inverleith, Fig. 447, von R. Anderson. Hierher gehören auch Fig. 448, 449.

Reicher und ebenfalls sehr leicht ist die Anlage in Haileybury College von R. T. Blomfield. Fig. 450.

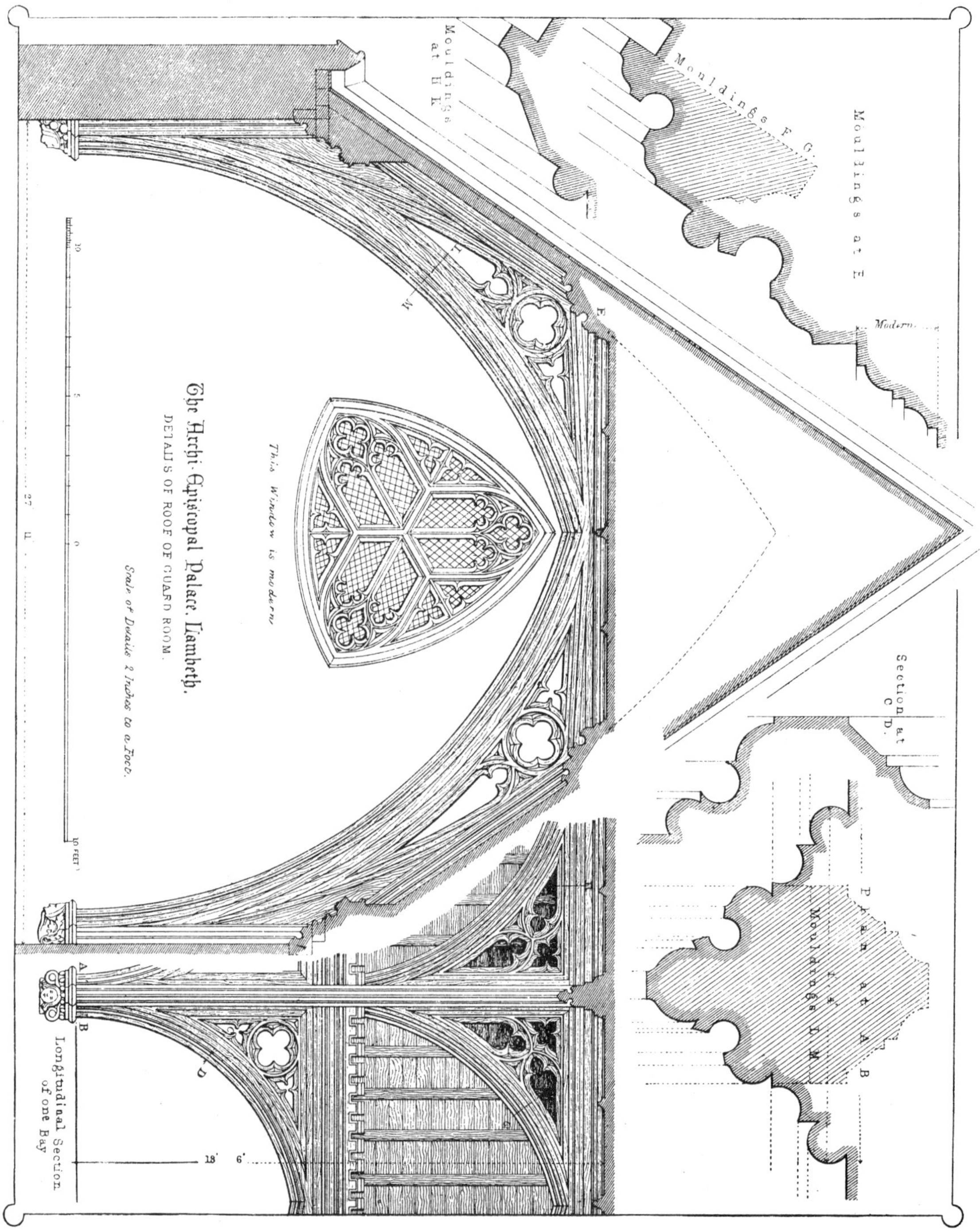


Fig. 449.

Nach Dollman & Jobbins.

Neue Beispiele sehr flacher Dachstühle (auch aus älterer Zeit zahlreich erhalten) sind Fig. 451 von Medland und Powell und etwas mannigfaltiger, Fig. 452, von Sidney Mitshell.

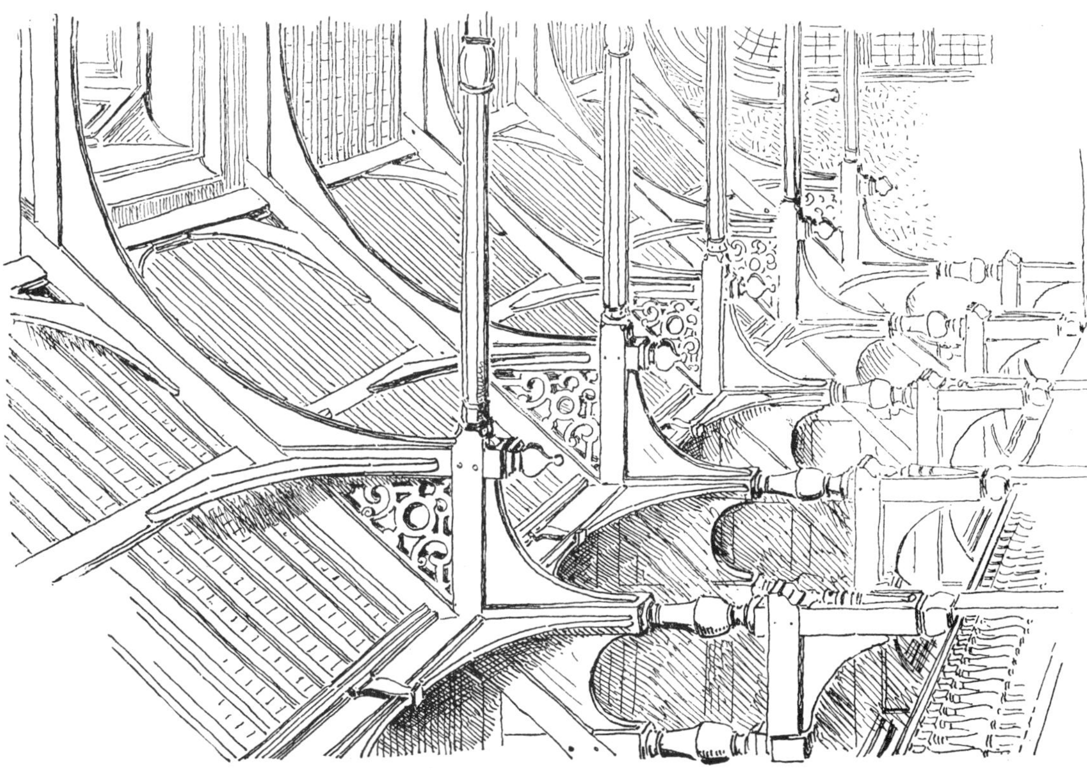

Fig. 450. Aus Haileybury College.

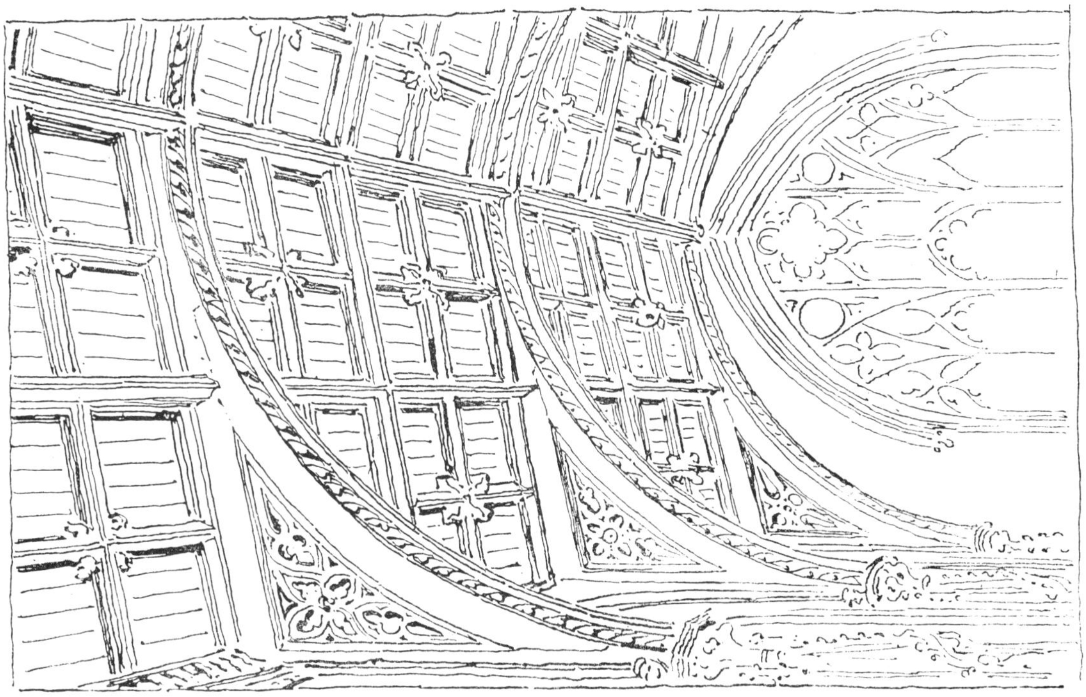

Fig. 451. Aus Edington Church.

Ein sehr interessantes Werk ist auch die Decke vom Episcopal Palace zu Lyddington in Rutland, Fig. 453.

Solche reiche Benutzung des Holzes bei der Konstruktion der Gebäude wirkte natürlich auf die Innenausstattung ein. Holztreppen und Holzgetäfel, hauptsächlich aus der Renaissancezeit, treffen wir überall in England.

Fig. 452.
Universität in Edinburgh. Nach: The Building News. 1888.

Eine Treppe führt uns Fig. 454 vor, aus Hatfield House von 1611, in den Formen barocker Renaissance. Die Auflösung der Architekturformen schmiegt sich glücklich den Bedingungen des Holzmaterials an.

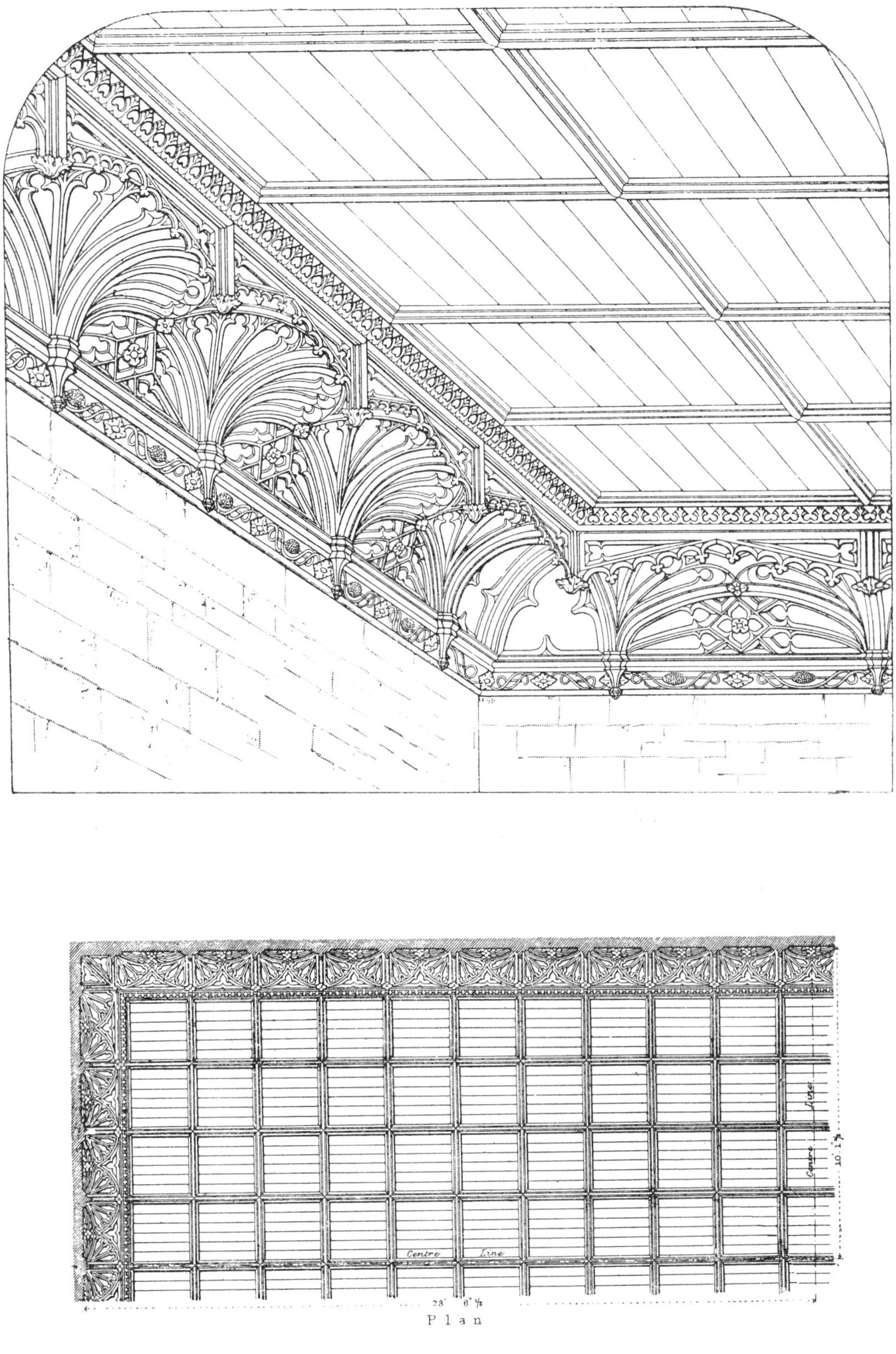


Fig. 453.

Decke im Episcopal Palace in Lyddington.

Fig. 454.

Haupttreppe in Hatfield House.

Fig. 455. Kirchenstühle in King's College. Cambridge.

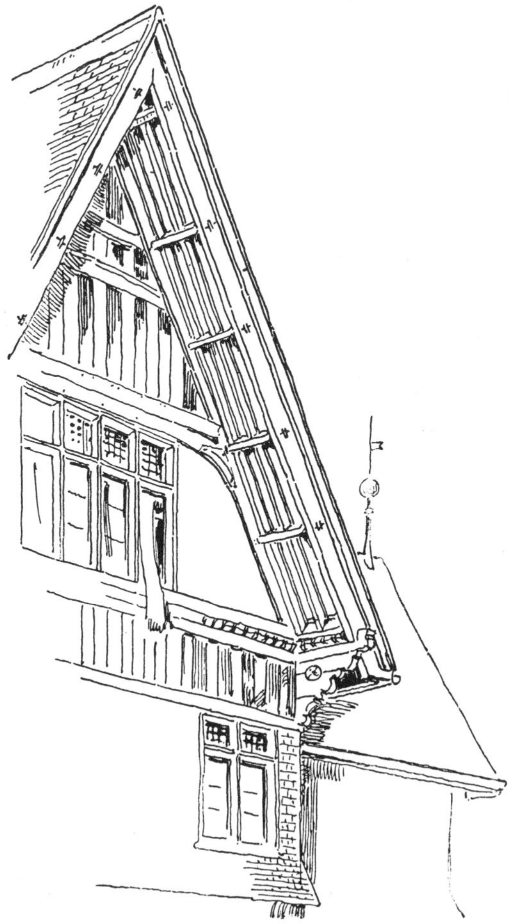

Fig. 456.

Moderne Amerikanische Architektur.

Nach Kirby.

Aehnliches darf man von dem Gestühl in Kings College zu Cambridge, Fig. 455, sagen, obgleich diese Formen älter sind und etwas strenger im Aufbau, feiner im Detail. Vortrefflich gelungen ist die Umbildung der Säulen der Bogenstellung in spielend elegante Kandelaber (Docken), wodurch der dekorative, wirkliche Charakter der Bogenstellung auf das gefälligste ausgedrückt ist.

---

Dass man auch in Amerika gegenwärtig das Holz seinem Wesen nach bei Hausbauten und Hausausstattungen zu würdigen weiss, zeigt Fig. 456 und besonders die auf Fig. 457 wiedergegebenen Treppenanlagen, mit dem meist auf der Drehbank nach Art arabischer Muster hergestellten Gitterwerk und Pfosten.

---

Fig. 457.
Moderne amerikanische Innen-Architektur. Amerik. Arch. 1883.

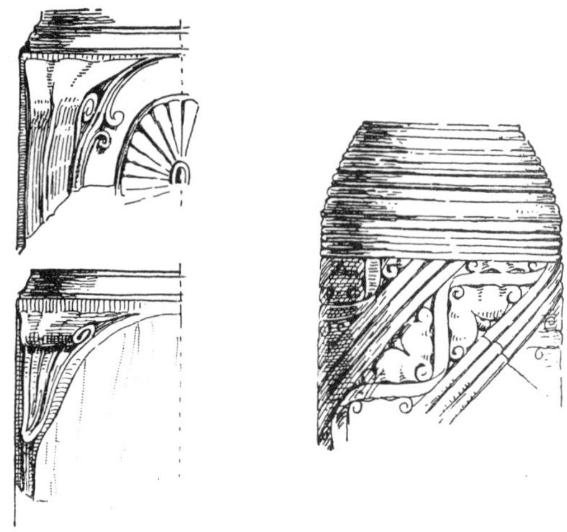

Zu Fig. 457.

Zu Fig. 457.

Kap. XVI.

# Indien.

Mit vieler Wahrscheinlichkeit dürfen wir annehmen, dass in den nach Osten gelegenen Grenzländern Mesopotamiens neben dem Steinbau der Holzbau fortbestand. Die Wanderung nach Persepolis lässt den zunehmenden Einfluss des Holzes auf den Stein erkennen. Das nächste Kulturland gegen Osten ist Indien. Wie völlig verwandelt ist dort das Bild der Architektur! Während nichts in Aegypten und nur einzelnes in Persien auf einen Holzbau wies, stehen wir im Mittelpunkt eines einst ausgedehnten und bevorzugten Holzbaus. Es ist nicht zu bezweifeln, dass die persischen Bauten bereits in bestimmterem Zusammenhange mit gleichzeitigen Bauten Indiens standen, obgleich kaum etwas aus jener

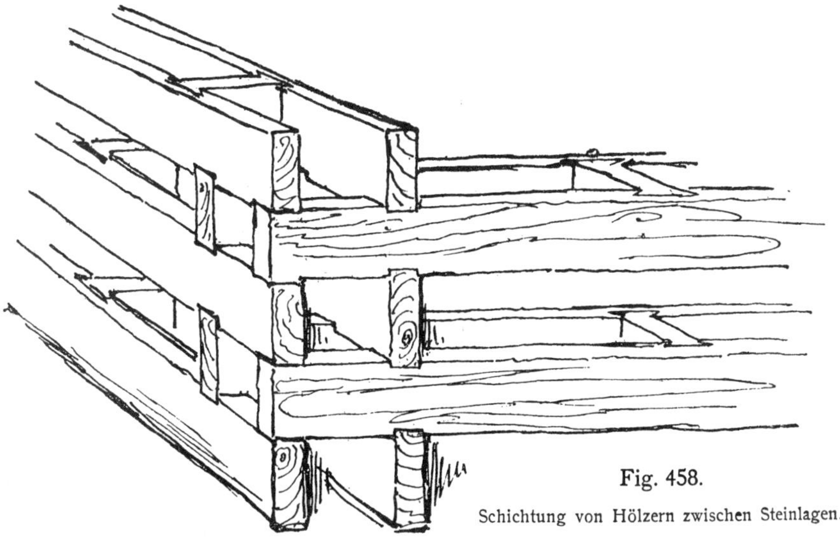

Fig. 458.
Schichtung von Hölzern zwischen Steinlagen.

Zeit in Indien erhalten ist. Dort lassen sich die ältesten Bauten nur etwa in das dritte Jahrhundert v. Chr. (König Asoka) zurückführen. Die ältesten indischen Monumente zeigen neben einigen Entlehnungen aus der abendländischen Antike durchaus entwickelte, charakteristische, einheimische Formen, wie sie noch bis heute benutzt werden. Vielfach sind es direkt in Stein übertragene Holzschnitzereien und Holzkonstruktionen.

Alle folgenden Jahrhunderte hindurch hielt man an derartigen ganz äusserlichen Nachahmungen von Holzbauten in dem grössten Teile Indiens fest, auch noch dann, als der Holzbau im allgemeinen verschwunden war. Daneben hat sich in einigen wenigen Gegenden Indiens ein Holzbau erhalten, der noch heute jene ältesten Traditionen der indischen Holzarchitektur bewahrt. Ebenso sind dort die religiösen Anschauungen um Jahrhunderte hinter jenen des übrigen Indiens zurückgeblieben. Nach den wenig vollständigen Forschungen bildet Nepal den Hauptsitz dieser Kunst.

Holz und Stein sind gemeinsam zum Bau benutzt. Die Unterbauten der Tempel zeigen eine zwischen Steinlagen mehr oder weniger regelmässige Schichtung von rechtwinklig bearbeiteten Hölzern, die auf den Ecken ohne festere Fügung aufeinander liegen. Fig. 458.

Fig. 459. Ornamentierung einer Mauer am Tempel zu Jacko.

Die Zwischenräume dieses aufeinander geschichteten Holzstosses wurden durch lose hineingelegte Steine ausgefüllt, ebenso der hohle Innenraum. Dann wurden die einzelnen Hölzer durch fortlaufende Schnitzereien an der Aussenseite geschmückt, doch nur soweit sie nicht in Berührung mit anderen Hölzern waren, also nicht an den Ecken — um hier die Konstruktion selbst wirken zu lassen. Fig. 459.

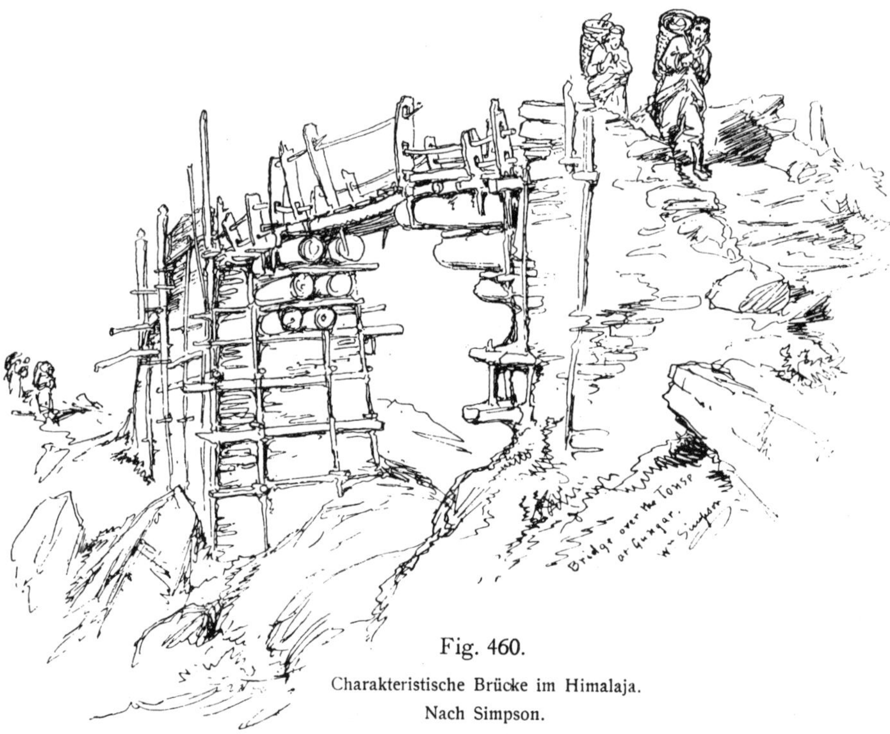

Fig. 460.
Charakteristische Brücke im Himalaja.
Nach Simpson.

Diese Verbindung von Holz und Stein hat wenig mit unseren abendländischen Fachwerkbauten gemein. Die indische Uebereinanderschichtung von Schwellbalken bildet kein festes Gefüge ohne Mitwirkung des Steins. Das Holz hat hier vielmehr den Zweck einer Art von Verankerung der Steinschichten, um diese vor dem Auseinanderfallen zu bewahren. So finden sich oft ganz vereinzelte Holzbalken in übrigens massiven Mauern. Fig. 460.

Fig. 461.
Stil der Himalaja-Konstruktionen. Nach Simpson.

Fig. 462. Tempel in Chergaonam, Sutley.

Fig. 463. Platz vor dem Königspalaste in Fatan, Nepal. Globus 1886.

Dies bildet den Uebergang zu Holzverbindungen, die sich unserem Fachwerkbau nähern und wie dieser meist zur Umschliessung bewohnbarer Räume benutzt wurden.

Fig. 464.
Pfeiler eines Hauses in Patan. Globus 1886.

Auf die festen Unterbauten mit grossen Flächen wurde bei Hausbauten ein weit ausladendes Obergeschoss gesetzt, das durch ein einfaches Ständerwerk gebildet war. Die Wandverbände sind stets im rechten Winkel angelegt; schräge Streben, Schubriegel wie bei unserem Fachwerk sind bei ihnen niemals zu bemerken. Fig. 461.

Bei mehreren Stockwerken treten die oberen Geschosse hinter den unteren zurück, so dass jedes Stockwerk einen weit vorstehenden Dachansatz besitzt, aus dem der Oberbau hervorwächst. Fig. 462.

Das vorkragende Geschoss ist nur über dem massigen Unterbau beliebt, die folgenden Geschosse dagegen treten zurück, im Gegensatz zu den deutschen, wo die oberen Stockwerke stets weiter vorgeschoben sind. Etwas ähnliches zeigen die norwegischen Holzkirchen.

Die Sparren der Dächer ruhen auf der Mauer und ihr weit ausladender Teil häufig noch auf besonderen langen und dünnen, meist reich geschnitzten Streben. Fig. 463.

Oft ist die Dachlinie nach aussen geknickt (Fig. 461, 462). Die äusseren Ecken sind fast immer mit einem nach oben gerichteten, hornartigen Ansatz versehen. Diese Dachform weist auf chinesischen Einfluss hin, sie hat keine Verwandtschaft mit eigentlich indischen Bauten.

Bilden die Ständer ein offenes Hallenwerk, so sind sie reich geschnitzt, oft eine bunte Aufeinanderfolge eingezogener und ausladender Profile, zuweilen auch mit figürlichem Ornamente. Fig. 464.

Kurze konsolartige Hammer liegen meist zwischen diesen freistehenden Holzpfeilern und dem darauf ruhenden Architrav und verkürzen die weite Spannung. Die Wiederholung derartiger Holzformen zeigt der hohe Tempel auf Fig. 463 links im Hintergrunde. Die Fenster sind auch in Backsteinwänden von einem vollständigen und fast überreich verzierten Brett-Rahmenwerk eingefasst. Fig. 465. Oft wird in dem obersten Geschoss diese Einfassung in origineller Weise mit den Dachstreben verbunden.

Fig. 465. Vorderseite eines Herrenhauses in Katmanda, Nepal. Globus 1886.

Fig. 466 giebt derartige Einfassungen in besonders reichem Material, in Bronze, wieder. Sie sind, wie man sieht, reine Nachahmung hölzerner Vorbilder.

Im Süden der Halbinsel ist wenig von Bedeutung zu finden und dieses nur bei ganz untergeordneten Bauten. Die Bauten der Todas nämlich überliefern uns eine ganz primitive Bau- und Konstruktionsform, die wir, obgleich sie noch älter zu sein scheint als die des eigentlichen Holzbaus an den Steinmonumenten wiedererkennen.

Die Todas bauen ihre Tempel, oft auch ihre Hütten in der kunstlosen Form eines direkt auf dem Boden aufsitzenden, länglichen, halbcylindrischen oder Tonnendaches. Die

Fig. 466. Broncethür im Königlichen Palaste zu Patan, Nepal. Globus 1886, pag. 134.

Sparren desselben sind durch Bambusrohre gebildet, die in zwei einander parallelen Reihen mit den unteren Enden in der Erde stecken und deren obere Enden je mit dem

Fig. 467. The Tiriéri or Holy Place of the Todas. Transactions of the Inst. of British Arch.

gegenüberliegenden, bogenförmig verbunden sind. Auf dieses bogenförmige Gerüst wird eine zweite Lage Bambusrohr horizontal querüber gebunden. Das Ganze ist dann mit Binsen gedeckt, Fig. 467.

Die Giebelseite des Eingangs ist etwas nach innen gerückt, so dass das ovale Dach einen geschützten Vorbau bildet. Hier haben wir das deutliche und unmittelbare Vorbild für eine ganze Reihe indischer Heiligtümer gerade aus älterer Zeit — der Grotten.

Fig. 468. Chaitya Hall in Bhaja. Nach Transactions of British Architects 1891, pag. 246.

Damit wenden wir uns zu den Steinbauten, soweit wir in ihnen Holznachbildungen erkennen können, und das können wir bei allen indischen Bauten, die nicht von der mohamedanischen Kunst beeinflusst sind.

Von jenen Grotten dürfen wir annehmen, dass sie noch auf die ganz primitiven Bambushütten zurückgehen, die vor dem entwickelten Holzbau Indiens vielleicht überall gebraucht wurden.

Besonders altertümliche Form zeigt Fig. 468, wo wir die Konstruktion jener halbrunden Dächer mit ihren Sparren und Pfetten sowohl an der eigentlichen Höhle, wie an der Dekoration rechts und links darüber wiedererkennen. Die ebenfalls aus dem Stein herausgearbeitete Stützenreihe im Inneren ist dagegen schon eine reichere Zuthat, die auf einen ausgebildeten hölzernen Ständerbau zurückgeht oder eigentlicher Steinkonstruktion entspricht. Dieser Höhlentempel, jetzt Ruine, mag um den Beginn unserer Zeitrechnung entstanden sein.

Fig. 469. Basreliefs der Schaitiga in Karli bei Bombay. Globus 1870.

Fig. 469 giebt die Aussenseite anderer Höhlen in Karli, deren Reliefs 335 n. Chr. datiert sind. Neben den Nachbildungen der Köpfe von Deckbalken und hölzernem Gitterwerk darüber, sehen wir die vorspringenden Pfetten von Holzdächern nachgeahmt.

Mit der Zeit verschwand die wirkliche Benutzung solcher Bambushütten und damit auch ihre Kopien in Stein. Aus jenen Nachahmungen entwickelten sich keine neuen selbständigen Steinbildungen, sondern man fuhr fort, in den Steinbauten zeitgenössische Holzhäuser nachzuahmen. Wie das freistehende Wohnhaus mehr und mehr zu kunstvollem Ständerwerk überging, so ist diese Veränderung auch am Steinbau kenntlich.

Die Felsentempel mit grossen, flachen, auf Pfeilern ruhenden Decken scheinen einer jüngeren Zeit anzugehören, in der man von jenen zeltartigen Bambushütten der Todas zu flachgedeckten Holzbauten mit kunstvoll bearbeiteten Baumstämmen übergegangen war.

Es war die Zeit, in welcher der Brahmadienst wieder zu erstarken begann und die üppigeren Formen des Buddhadienstes annahm. Es erfolgte dann eine Verschmelzung

Fig. 470. Inneres des Felsentempels von Lanka in Ellora.

beider Religionen und ihrer Kultusformen, also auch ihrer Tempel. Man suchte nun im Innern des Felsens nicht nur das Innere hölzerner Freibauten hervorzuzaubern, sondern auch das ganze Aeussere derselben.

Einen ganzen Komplex solcher Bauten finden wir zu Ellora, von dem uns Fig. 470 eine Innenansicht giebt.

Wir erkennen auf den Pfeilern deutlich die Hammer mit den von diesen unterstützten Balken wieder. Die Pfeiler selbst freilich zeigen keine Holzformen, vielmehr als Kapitäl (zur Veranschaulichung der Last) die Nachbildung eines zusammengedrückten Kissens,

Fig. 471.

Vom Eingang der Felsengrotte in Kanheri bei Bombay.

Fig. 472.

Säule aus der Vihava in Ajunta.

darunter einen kurzen, polygonen Schaft, der einen verkümmerten Säulenschaft vorstellt. Dieser steht auf einem nach unserem Gefühl viel zu grossen viereckigen Unterbau. Ornamente — Nachahmungen von Teppichbehängen — sind reichlich angebracht; man erkennt das freilich nicht durchgedrungene Streben nach einem eigentlichen Steinstil.

Aehnliche, nur etwas schmucklosere Säulenformen zeigt Fig. 471, wo statt der Hammer eine Art Abakus auf dem Pfühl lastet, die Steinform also mehr ausgebildet ist.

Besonders schlank und mit unserem abendländischen Gefühl harmonierender ist die Säule Fig. 472, ebenfalls aus einer Grotte. Hier ist das tragende Kissen noch nicht so ausgebildet wie bei Fig. 470 und 471 — das Kapitäl wird nur durch das oberste, durch Einschnürung gesonderte Stück des polygonen Schaftes gebildet. Darüber liegt ein rechteckiger Abakus und hierüber nochmals der für den Holzbau so charakteristische, konsolenartige Hammer.

Aehnlich erscheint die frei aus dem vollen Felsen herausgearbeitete Aussenansicht solcher Felsentempel. Fig. 473 giebt eine solche wieder aus der Zeit um 1200 n. Chr. Man erkennt die lastenden, stützenden und sich durchkreuzenden Holzstämme. Die kleinen abgerundeten Dächer erinnern an jene alten Grottenformen und die Bambushütten der Todas. Das Ganze besteht aus einer beständigen Uebereinanderhäufung einzelner in sich

Fig. 473. Ecke eines Monolith-Tempels in Mahadelligon, Indien. XII. bis XIII. Jahrhundert.

abgeschlossener Konstruktionen, Galerien und Tempelchen. Von der monumentalen Wirkung, zu der das Steinmaterial fähig wäre, ist keine Spur zu entdecken, will man nicht bei dieser beständigen Wiederkehr gleicher Details in bestimmter Reihenfolge den

Fig. 474. Urbild des Dschagganatha-Götzenwagens. Globus 1869, pag. 82.

eigentlichen monumentalen Gedanken im Rhythmus des Aufbaues erkennen. Er bildet wohl auch jenes regelmässige Zurückweichen der Stockwerke nach, das wir an Nepals Fachwerkbauten beobachtet haben.

Endlich zeigen die aus einzelnen Werkstücken errichteten Steinbauten Indiens im wesentlichen eine Form, die in äusserlicher Nachahmung von reichen Holzkonstruktionen befangen ist.

Fig. 475.

Westportal von Sanchi, Tope.

Nichts lässt besser dieses gewaltsame Anpassen des Steins an Formen, die diesem Material widerstreben, erkennen, als der in Fig. 474 dargestellte Dschagganatha-Götzenwagen, ein im Holzoriginal viel gebrauchtes, heiliges Möbel.

Hier ist alles in Haustein umgesetzt. Wir erkennen die Bohlenräder mit den Achsenenden. Der Unterbau mit einer Reihe vorspringender Gurte und zurückweichender

Streifen profiliert, scheint nach jenem in Nepal beobachteten Wechsel von Holzschwellen und Mauerwerk der Häuser gebildet zu sein, die man sich freilich als festgefügtes Gerüst zu denken hätte. Auch die bandartige, fortlaufende Ornamentierung der Holzteile fehlt nicht. Die vorbildliche Holzkonstruktion der Stockwerke ist nicht zweifelhaft und wir sehen das charakteristische Zurückweichen des oberen Geschosses hinter dem unteren. Wir erkennen die Schwellen unter und auf den Pfeilern, die vorspringenden Balkenköpfe und die gewiss durch Holzschwellen gebildete treppenförmige Abdachung. Ein breiter Gesimsestreifen hat deutlich textilen Charakter. Das Ganze schliesst eine aus Backsteinen aufgesetzte Kuppel, gleich dem Hauptbau aus einer unteren grösseren und einer oberen kleineren bestehend. (Motiv des heiligen Regenschirmes.)

Fig. 476.

Eingangsthor zu den Shinte-Tempeln bei Kobe.

Das Prinzip der Wirkung durch übermässige Wiederholung gleicher Formen in jeglicher Richtung ist jedenfalls in Indien durchaus herrschend. Unterordnung der Glieder lässt sich kaum deutlich und konsequent beobachten — ausser an den mohamedanischen Bauten.

Eine ebenfalls spielende Nachahmung von Holzkonstruktionen bilden die Portale der Sanchi Tope, jenes uralten Buddhistischen Heiligtums, das man auf König Asoka zurückführen will Trifft dies zu, so haben wir darin wohl die ältesten, aus einzelnen Werkstücken zusammengesetzten Steinbauwerke Indiens zu sehen.

Fig. 475 giebt eins dieser Thore wieder.

Fig. 477. Seitenfassade des Palastes in Gwalior. Erbaut im 7.–8. Jahrhundert. Globus I 73, pag. 338.

Fig. 478. Ein Hof in der Pagode zu Tschillambaram in Süd-Ost-Indien. Globus 1868, pag. 171.

Wir erkennen deutlich die hölzernen viereckigen Pfeiler mit dem darüber gelegten Sturz, der sich noch über die Stützen hinaus fortsetzt, um die Konstruktion haltbarer zu machen. Auch die Skulptur ist als Flächendekoration dem Holzcharakter entsprechend. Zum Vergleich bringen wir ein hölzernes modernes Thor, das gewiss auf das über 2000 Jahre ältere Vorbild direkt zurückgeht, ein Eingangsthor zu einem buddhistischen Heiligtume (in Japan). Fig. 476.

Fig. 479.

Ein Sanctuarium in der Pagode von Tschillambaram. Globus 1868.

Bei den gemauerten steinernen Tempeln und Häusern beobachten wir überall eine grosse Abhängigkeit vom Holzbau. Diese Bauten gehören meist erst dem zweiten Jahrtausend n. Chr. an. Sie werden nur allmählich die bis dahin in der Form gleichen früheren Holzbauten verdrängt haben.

Einen der ältesten dieser Steinbaue — noch vor 900 n. Chr. zu datieren — giebt Fig. 477 wieder.

Wir sehen die hölzernen Schwellen, die Holzpfeiler mit den zugehörigen schrägen Streben, die Balkenköpfe und die verschiedenfarbigen, horizontallaufenden Streifen des Gebäudes, die vielleicht auf die Schichtung von Holz und Stein zurückgehen.

Die Turmdächer geben genau die Form breitkrempiger Hüte wieder.

Das Material ist verschiedenfarbig glasierter Backstein.

Das Stück eines Hofes sehen wir auf Fig. 478.

Auch hier die stets wiederkehrenden Eigentümlichkeiten der Holzkonstruktion und ihres flachen Skulpturenschmuckes. Wie schematisch dabei die nur konstruktiv berechtigten Formen übernommen wurden, zeigen die weit in den Hofraum hinein vorstehenden Teile des Hammers über den Pfeilern.

Fig. 479 giebt einen Innenraum derselben Pagode, wo wir jedes Stück des Holzbaues im Steinmaterial wiedererkennen.

Fig. 480.

Das Mandapam in Tschillambaram. Globus 1870.

Das Aeussere eines Pfeilerbaues mit Steinbalkendecke zeigt Fig. 480 wieder mit allen Eigentümlichkeiten des Holzbaues.

Dieser Bau erinnert hinsichtlich des allgemeinen Eindruckes unwillkürlich an jene offenen Säulenhallen in Persepolis.

Einige Details werden uns mit dem Wesen der indischen Architektur noch vertrauter machen. Alle möglichen aus anderen Techniken stammenden Motive sehen wir benutzt; vielen lag ein fruchtbarer Gedanke zu Grunde, fast jedem aber klebt sein fremder Ursprung noch zu deutlich an, um uns anzusprechen.

Fig. 481 zeigt eine eiserne Gedenksäule aus König Asokas Zeit, 3. Jahrhundert v. Chr. Der meist darauf befindliche Löwe, ein Sinnbild des siegreichen Buddhismus, ist nicht mehr vorhanden.

Eine ähnliche Säule aus dem Fels gearbeitet, steht vor dem Höhlentempel zu Karli. Fig. 482.

Fig. 481.

Kopf einer eisernen Gedenksäule.

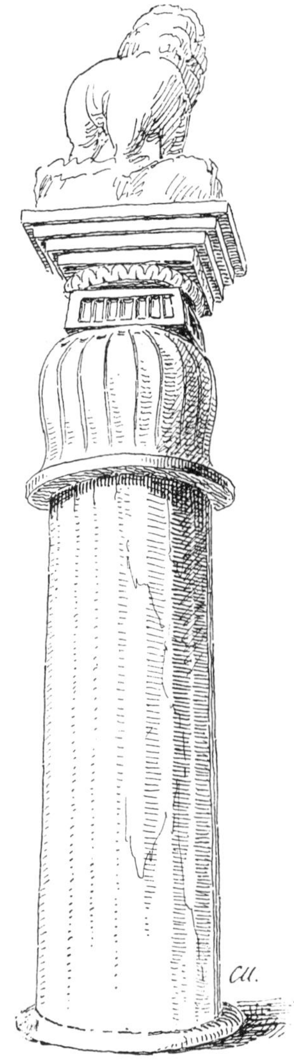

Fig. 482.

Freistehende Steinsäule vor dem Höhlentempel zu Karli.

Beide erinnern mit ihren fallenden Quasten und den wiederholten Zusammenschnürungen von Strickbündeln an einige Säulen in Persepolis, die derartige Posamentiervorbilder ganz gleichartig verwenden. Die Verwandschaft ist vielleicht nicht bloss eine äusserliche, da wir sie auch in der Konstruktion der Häuser vermuten müssen.

Zwei andere mit einander verbundene, man darf wohl sagen gekuppelte Säulen sehen wir in Fig. 483.

Das Kapitäl derselben bringt ähnliche Motive, dazu eine viereckige Platte mit überhängenden Ecken, die wohl ein über dieselbe gelegtes Tuch nachbilden. Der Abakus, bestehend aus vier über einander liegenden vorkragenden Brettern, ist sehr bezeichnend.

Der polygone Säulenschaft ruht auf einer Base, die sich nur als ein Topf erklären lässt, — welch gewagtes, gesuchtes Motiv für einen Säulenfuss! Die Plinthe wiederholt richtig empfunden die Form des Abakus, aber umgekehrt.

Fig. 483.

Pfeiler in der grossen Chaitya-Höhle zu Karli.

Derartige Formen kehren in unzähligen Variationen wieder.

Fig. 484 giebt die Platte mit den Ecken des Tuches am Kapitäl besonders deutlich.

Fig. 485 zeigt dasselbe, diesmal über einem darunter gestellten Topf — unserem Gefühl nach eine Spielerei mit Formen, die nichts mehr mit dem tragenden Wesen der Säule zu thun haben.

Fig. 484.
Ecke von der Nordseite des Tempels zu Vijiamizzur.

Beide Abbildungen zeigen die Konstruktion der Decke — einen Steinkasten, der statt des schützenden Daches mit Estrich gefüllt ist. Dieselbe Konstruktion fanden wir bei den persischen Bauten. In Fig. 485 sehen wir den beiderseits vorspringenden Hammer mit einem entsprechenden Architravstück belastet, ferner mit einem den Architrav kreuzenden Balkenkopfende. Der Architrav ist durch einen schmalen Bandstreifen oben nach aussen und innen abgeschlossen. Die Kranzgesimsebildung fehlt, obgleich noch einige Steinschichten auf dem Architrav lagern — offenbar aus Mangel an einem formgebenden Vorbild und an Initiative zu materialcharakteristischer Umbildung. Die Konsolenform der Hammer ist dagegen dem Steinmaterial glücklich angepasst. Der Abakus darunter erinnert an den Eierstab der jonischen Form, also auch hier eine materialcharakteristische Bildung.

Fig. 485.
Säulenhalle des Tempels zu Kootub bei Delhi, Ost-Indien,
erbaut 1191—93.

Fig. 484 zeigt über demselben Gebälk ein weit vorgeschobenes, geschwungenes Glied, das sich nur als Nachbildung eines ausgespannten schützenden Teppichs erklären lässt. Sogar die Enden der den Teppich tragenden flachen Hölzer erkennen wir unterhalb. Dieser Teppich war bei offenen Säulenhallen notwendig und seine etwas zusammengeschrumpfte steinerne Nachbildung wird vielleicht zum Schutze eines wirklich vorhandenen Teppichs gedient haben. Hier ist die steinerne Einfassung, welche die Estrichdecke seitlich hält, mit einem kräftigen Profil abgeschlossen, in das eine Art Blattreihung eingegraben ist. Die Ecke ist durch ein Akroterion abgeschlossen und mit einem Elephantenkopf am Sims ausgezeichnet. Die Köpfe der Architravbalken stehen an den

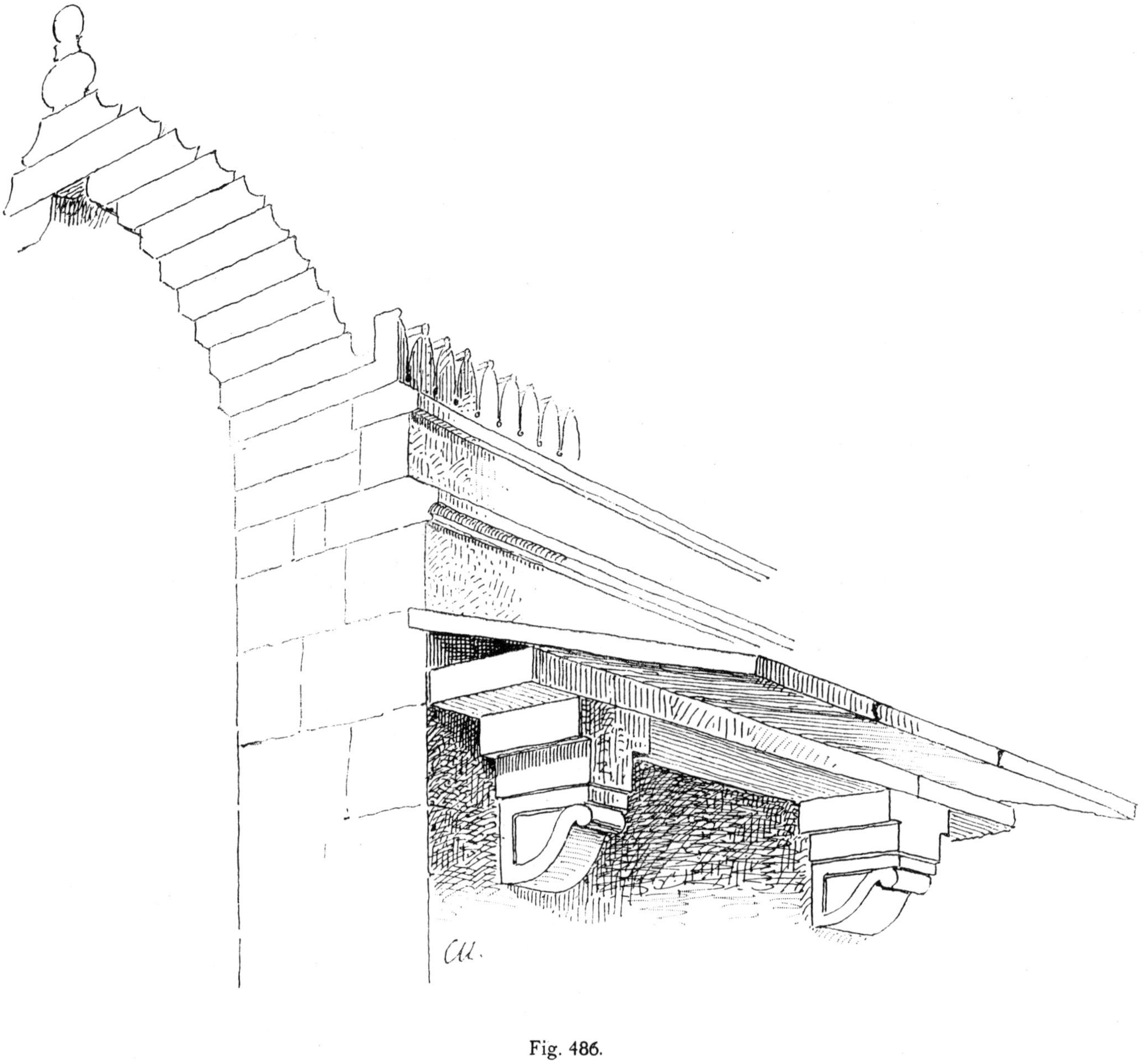

Fig. 486.

Hauptgesimse eines Jaina-Tempels in Bhangurh im Staate Ulwur, erbaut um 1300.

Ecken etwas vor, was der Verkämmung der hölzernen Vorbilder entspricht; die Ecke scheint dadurch ganz glücklich ausgezeichnet. Zwischen diesem Gebälk und der Säule liegt ein besonderes, würfelförmiges Glied, das man wohl als Abakus ansprechen darf, obgleich es eigentlich das Mittelstück des Hammers ist. Wie man sieht, sind die seitlich vorspringenden Teile des Hammers zu ganz selbständigen Formen ausgebildet. Während der obere Teil dieses Gebäudes einen erfreulichen Sinn für die Eigentümlichkeiten der Steinkonstruktion zeigt und glücklich die vertikale Richtung der Säule weiterführt und endigt, lässt die Säule mit ihren gewagten Einschnürungen und Detailhäufungen das schwere Material unberücksichtigt. Sie würde sich weit besser als zierlicher Lichthalter

Fig. 487.

Von einem Pavillon am Tempel zu Bailoor in Mysore, XIII. Jahrhundert.

denn als schwerbelasteter Träger eignen. So sind auch hier die Widersprüche der Herkunft indischer Architektur nicht überwunden.

Eine andere steinere Gesimsebildung giebt Fig. 486 (um 1300 n. Chr.).

Wir erkennen eine durch Steinvorkragung geschaffene Wölbung, deren Fussbegrenzung ein fortlaufendes Zackenornament, wie ein ausgesägtes Brett bildet, das seinerseits eine textile Spitzenendigung nachahmt. Darunter kommen einige Profilstreifen, die an gotische Hohlkehlen erinnern und wie diese äusserst materialentsprechend, d. h. praktisch gebildet sind. Zu unterst liegt eine Konsolenreihe, auf deren eigentlichen Gliedern das Kopfende eines Gebälkstückes ruht — offenbar wieder abgeleitet von einem die Wand durchstossenden Balkenkopfende.

Zum Schutze solcher Balkenköpfe war an wirklichen Holzhäusern ein kleines, schräg darauf gelegtes Brettchen nötig. Bei den Holzhäusern ist dieser Schutz des Balkens zu einem auch den Menschen vor Sonne und Regen schirmenden Flugdachvorsprung erweitert.

Aus beiden Motiven lässt sich jene Steinplattenschicht ableiten, die wir auf unserer Abbildung sehen. Dünne lange Steinplatten verbinden die Gebälkstücke unter sich, darauf ruhen schrägvorspringende Platten; auch hier blieb man in der vorbildlichen Holzform befangen. Während die oberen Gesimseteile eigentümliche Profile zeigen, ist man darunter wieder bei der unselbständigen Nachahmung stehen geblieben.

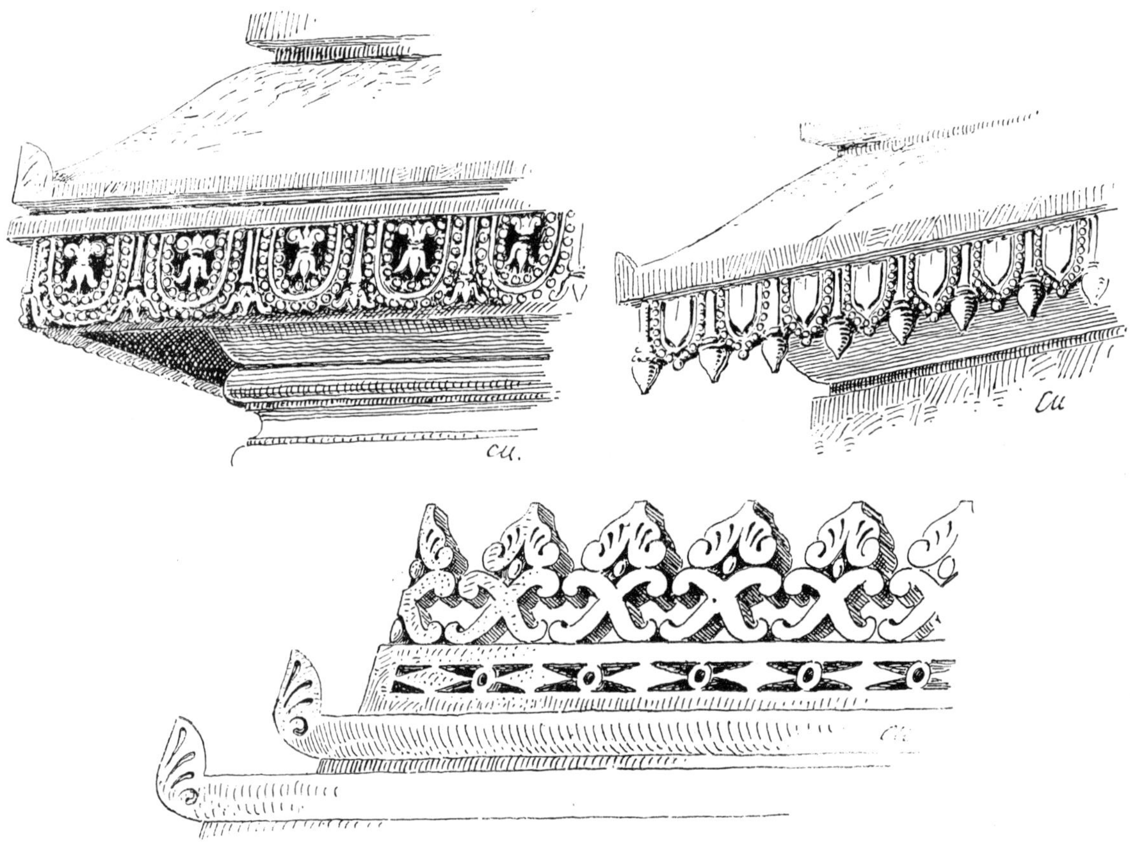

Fig. 488.

Details vom Tempel zu Bailoor – die untere Figur vom Tempel zu Ahmedabad.

Eine ganz überschwengliche Verwendung fremder Vorbilder bemerken wir an Fig. 487 (XIII. Jahrh.) einem steinernen Pavillon eines Tempels.

Hier ist Zelt und Holzbau auf das innigste verbunden.

Dem Holz entsprechen die Pfeiler und die weit vorspringende Balkenlage der Decke, an der sogar die Köpfe der Holznägel nicht fehlen. Brüstung, Gesimse und Dach muss man indessen ausschliesslich auf das Zelt, also auf textile Vorbilder zurückführen, die möglichst genau kopiert wurden. Keine Spur eines allmähligen Vergehens jener uralten Vorbilder ist zu bemerken, keine Spur eines zunehmenden Verständnisses für die Bedingungen des Steins. Die Fransen und Troddeln der Teppiche hängen überall da herab, wo sie sein würden, wenn wirklich Teppiche benutzt wären. Man sieht also das richtige Gefühl für die eigentümliche Verwendung des textilen Vorbildes gewahrt.

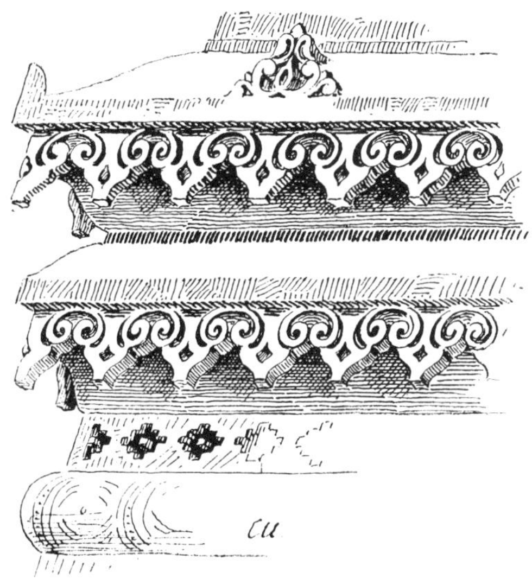

Fig. 489.
Details vom Tempel zu Ahmedabad.

Das Dach ist wohl als doppelt unterstütztes Zeltdach, aus zwei oder drei getrennten Teppichlagen aufzufassen. Man hat nur oben und unten die herabhängenden Ecken der Gewebe in die Höhe gerichtet.

Fig. 490.
Kapitäl eines Tempels von Kumurpals in Palitana.

Solche Fransengesimse zeigen auch Fig. 488 und Fig. 489.

Bei letzteren möchte man aber an die Vermittelung des Holzes glauben. Es sind ausgeschnittene Bretter nachgeahmt, deren Muster wieder auf textile Vorbilder zurückgehen, daher sind die Formen stilisierter, als in den vorhergehenden Figuren.

Solchen textilen Behängen an Steinsäulen und anderwärts begegnen wir auf Schritt und Tritt.

Fig. 490 giebt ein besonders reiches Kopfstück einer solchen Säule wieder mit reich ornamentiertem Echinus.

Fig. 491.
Freistehender monolither Pfeiler in der Nähe des Tempels zu Peroor.

Schliesslich zeigt Fig. 491 die völlige Ueberziehung einer Säule mit textilem Ornament, wo sogar Metall zu Hülfe genommen ist, um den Eindruck zu verstärken. Freilich haben wir es hier mit einer nicht belasteten Säule zu thun, aber man vergleiche damit Fig. 484, um sich zu überzeugen, dass man in Indien konstruktive von dekorativen Formen selten unterschied.

Fig. 492.

Moschee von Akmedabad, erbaut 1430—1450.

Einige jüngere, mohamedanische Bauten Indiens mögen ferner diese Eigentümlichkeiten erläutern. Ihre vielfach abendländischen (arabischen) Formen können hier natürlich nicht erörtert werden.

Fig. 492 zeigt den Typus ähnlich Fig. 486 in reichster Detailausbildung.

Die Verwendung textiler Muster ist überall deutlich sichtbar. Die Pfeiler sind schlank und charakteristischer profiliert, als die bisher beschriebenen. Die vorspringenden

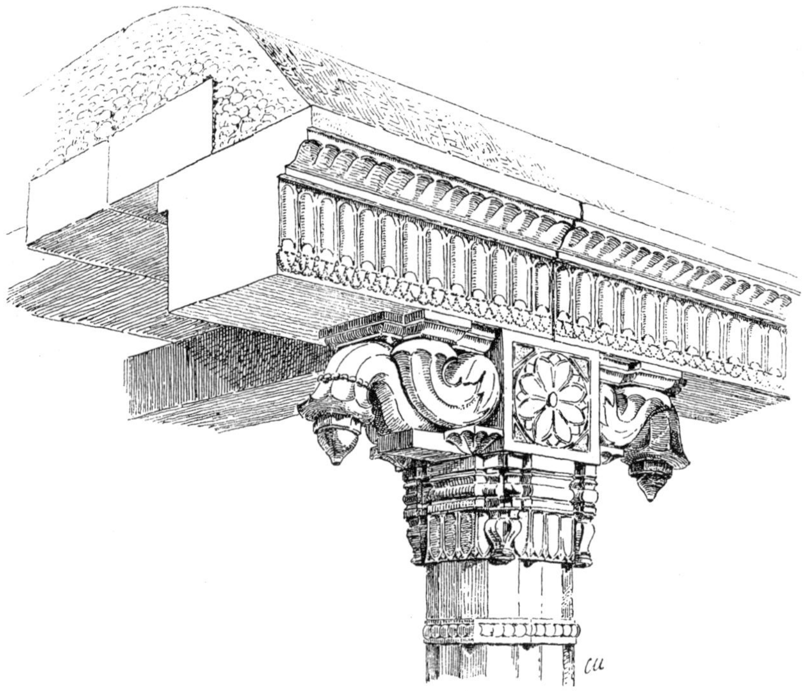

Fig. 493.
Gebälk vom Hof der Moschee in Pervor. XVI. Jahrhundert.

Fig. 494.
Von einem Steinpavillon am Mausoleum des Königs Akbar, erbaut im Anfang des XVII. Jahrhunderts in Secundra.

Steinplatten ruhen direkt, nicht mehr hohl auf dem dreigeteilten Architrav. Hier wird arabisches Kunstgefühl gewirkt haben. Die Deckbalken sind dekorativ über die Architrave hinaus fortgesetzt, wie es die ursprünglich durch Verkämmung zusammengehaltene Holzkonstruktion nötig machte.

Eine ähnliche Fortbildung bereits bekannter Formen giebt Fig. 493 (XVI. Jahrhundert), die man vergleichen mag mit Fig. 485 und 484.

Fig. 495.

Erker an der Eingangshalle des Mausoleum, gen. Mehter-Mahal.

Da kehrt die Abakus-(Hammer-)bildung der letzteren Figur im wesentlichen wieder. Der Schmuck des Gebälkes beschränkt sich auf den Architrav, wie bei Fig. 485, nur weit feiner durchgebildet. Vor allem ist der rohe Maueraufsatz auf dem Gebälk fortgefallen, der deckende Estrich ist gegen den Dachrand hin abgeschrägt. Der obere Abschluss ist weit kräftiger, als bei Fig. 485, das Kyma erinnert mehr an Fig. 484. Die ganze Fläche des Steinbalkens ist mit der Nachahmung eines in Fransen auslaufenden Gewebes behängt, die recht glücklich Säule und Gesimse verbindet.

Ganz und gar der Holzkonstruktion nachgebildet ist Fig. 494, bis zu der ganz hölzernen Abfasung der Pfeiler (XVII. Jahrhundert).

Eine ganz arabische Holzkonstruktion kehrt wieder in dem kleinen Steinerker der Fig. 495 (um 1500).

Fig. 496.
Vom Haupteingange der Moschee zu Jaunpur.

Ebenfalls arabischen Einfluss zeigt die Thürumrahmung von Fig. 496 (1438—48).

Während das Detail der vorspringenden Konsolen meist auf indische Motive zurückgeht, ist die in feinem Relief ausgeführte Umrahmung den gestanzten oder getriebenen Messingblecharbeiten nachgebildet, wie solche noch heute in jenen Gegenden massenweise angefertigt werden.

Fig. 497.
Von einem Thor der Südseite des in eine Moschee umgewandelten Tempels zu Kootub bei Delhi, erbaut Mitte des XIII. Jahrhunderts.

Aehnlichen Charakter besonders durch seine Metallornamentik zeigt das Stück von einem Thore des Tempels zu Kootub Fig. 497.

Die peinlichste Wiedergabe einzelner hölzerner Konstruktionsteile sehen wir auf Fig. 498 (erbaut 1620—1633).

Die aus der Textilkunst in das Holz und schliesslich in Stein übergegangenen Formen treffen wir gleichfalls wieder. Die Abtreppung der Streben nach oben hin mit den hängenden Knaufen ist arabisch (Stalaktiten).

Fig. 498.

Hauptgesimse vom Mausoleum des Sultans Tajy in Bedjapour, erbaut 1620 1633.

Fig. 499 zeigt eine solche Konstruktion wirklich in Holz (1557—1600) ausgeführt. Endlich geben wir noch einige Details indischer Steinprofile in Fig. 500.

Die beiden letzten Stücke der Figur sind bei a—a zusammenzufügen und bilden dann eine ununterbrochene Folge.

Was uns sogleich auffällt, ist die Gleichwertigkeit der Glieder. Nach unserem ästhetischen Gefühl unterdrückt eins das andere, keine durch die Profile verdeutlichte Funktion kann zu wirksamer Geltung kommen. Hier haben wir wieder die eigentümliche Schwäche der indischen Baukunst festzustellen. Die Elemente zu einem nach unserem Gefühl scharfen sinngemässen Kunstausdruck sind da, aber sie werden nicht gesondert und hervorgehoben.

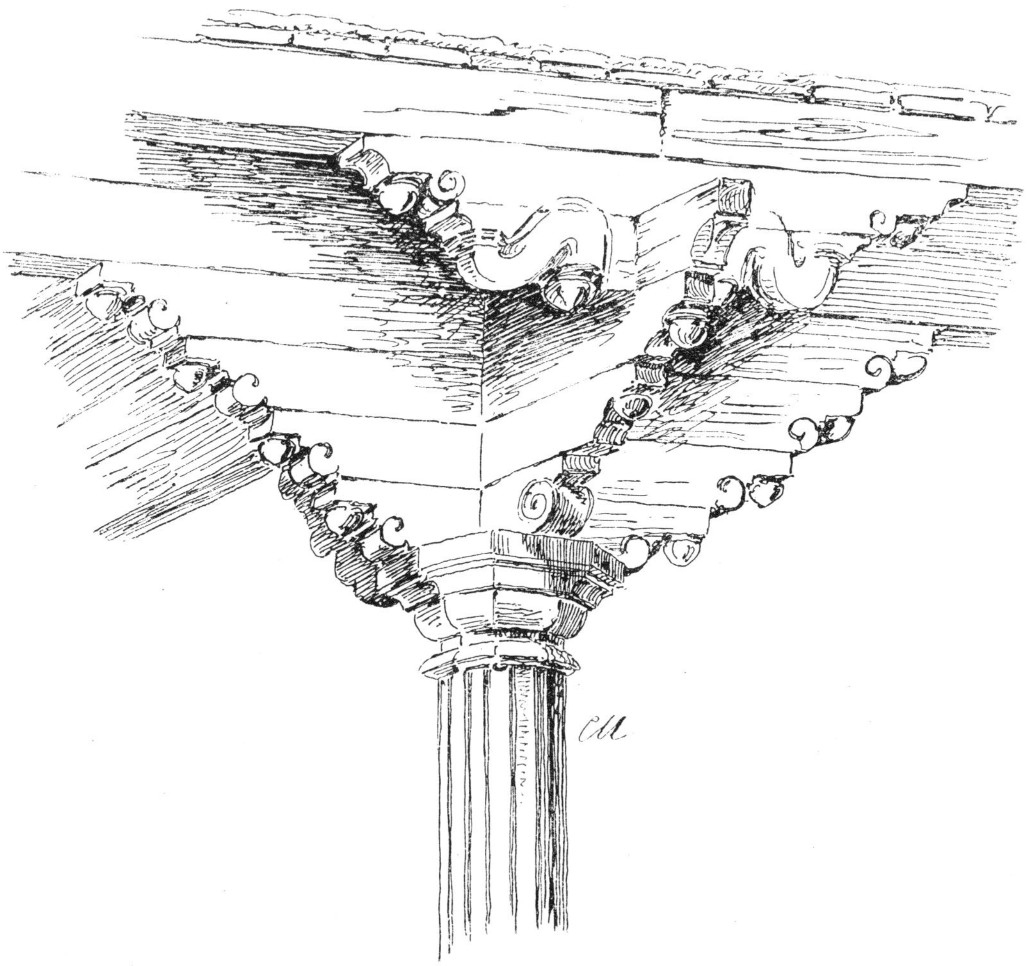

Fig. 499.

Moschee, jetzt in Ruinen, in Bedjapour, Indien, erbaut 1557—1600.

Eine zusammenhanglose Folge von Gurten, Wulsten, stehenden und gestürzten Simalinien und Blattreihungen, von denen zwar jedes einzelne Stück fähig ist, eine Funktion trefflich auszudrücken, die aber in ihrer Gesamtheit sich gegenseitig aufheben, nicht mehr organisch wirken und deshalb die innere konstruktive Einteilung des Bauwerks nicht zur Geltung bringen.

Eine sinn- und masslose Anhäufung von Profilen verhindert uns, zu unterscheiden zwischen Wandfläche, Sockel, Gurt- und Kranzgesimse. Die ganze Wand sieht man unterschiedslos in mehr oder weniger profilierte Streifen aufgelöst. Das Detail der Profile bleibt wesentlich Dekoration und hat mit dem wirklichen konstruktiven Organismus keinen Zusammenhang.

INDISCHE PROFILE

**Fig. 500.**
Indische Profile.

Fig. 501.

Die einzelnen Profile selbst geben so mannigfache Uebereinstimmungen mit der Antike, dass wir ihre Ableitung daher annehmen dürfen, aber sie wirken wie eine Karrikatur der antiken, sich aus der Konstruktion organisch ergebenden Gesimse. Hier ist alles äusserlich angeklebt, übertrieben, willkürlich durcheinandergeworfen — ein Mischmasch.

Das abschliessende Gesimse erscheint als ganz besonders charakteristische Verschmelzung antiker organischer Formen (Hängeplatte, Konsolen u. s. w.) und ganz

Fig. 502.

phantastischer willkürlicher Zuthaten. Scheint doch aus der Hängeplatte jener uns bekannte zeltdachartige Vorbau (Fig. 484) geworden zu sein!

Alle Ornamente sind nicht, wie bei antiken Blattreihungen, in das Profil eingeschnitten, sondern sind plastisch aufgesetzt, kommen daher zu vordringlicher Wirkung. Allen anderen Formen haftet ihr fremder Ursprung aus Geweben und Metallbeschlag noch ganz sichtbar an.

Das Gesagte wird durch die drei Fig. 501, 502, 503 ganz klargestellt werden.

Fig. 503.

Kap. XVII.

# Japan.

Wir gehen weiter nach Osten. Die Holzarchitektur Nepals, die wir in Stein übertragen in ganz Indien wiederfanden, hat wesentliche Züge mit der ostasiatischen Archi-

Fig. 504. Bibliothek einer Pagode in Luang Prabang bei den Laos. Globus 1874.

tektur gemein. Wir wollen von der letzteren nur ihre am meisten künstlerisch ausgebildeten Typen im äussersten Osten, in Japan, betrachten.

Den Uebergang mag Fig. 504 bezeichnen, ein anamitisches Holzgebäude auf steinernem Unterbau.

Fig. 505. Ein buddistischer Tempel in Nagasaki. Globus 1867.

Fig. 506. Die Tempel von Nikko, Japan. Globus 1889, pag. 284.

Fast alles Charakteristische daran haben wir schon kennen gelernt oder sehen wir in Japan wiederkehren. Die feine Schnitzerei der Stützen und die Absätze des Daches sind beachtenswert, ohne eigentlich neues zu bringen.

Fig. 507.
Die berühmte Pagode, gen. Tenno-Ji in Osaka. Transactions of the Royal Institute, vol. 2.

Japan ist bis in die Gegenwart beim Holzbau stehen geblieben; der Holzreichtum der gebirgigen Inseln und die Erdbeben sind die Veranlassung. Daher haben die Bauten kein so hohes Alter wie in Indien; wir können keine historische Reihenfolge von verschiedenen Stilarten feststellen.

Die japanische Architektur ist etwas in sich abgeschlossenes und eigenartiges, indessen mit den anderen Gebieten Asiens nahe verwandt.

Wie in Nepal fehlen die schrägen Streben in den Wänden. Das Prinzip ausschliesslich rechtwinkliger Wandverbindungen giebt den Bauten etwas ungemein charakteristisches

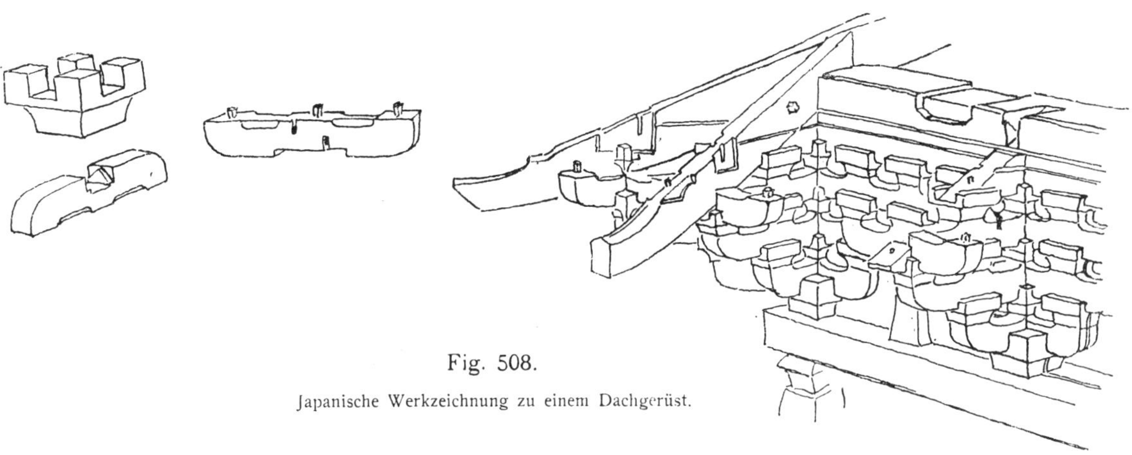

Fig. 508.
Japanische Werkzeichnung zu einem Dachgerüst.

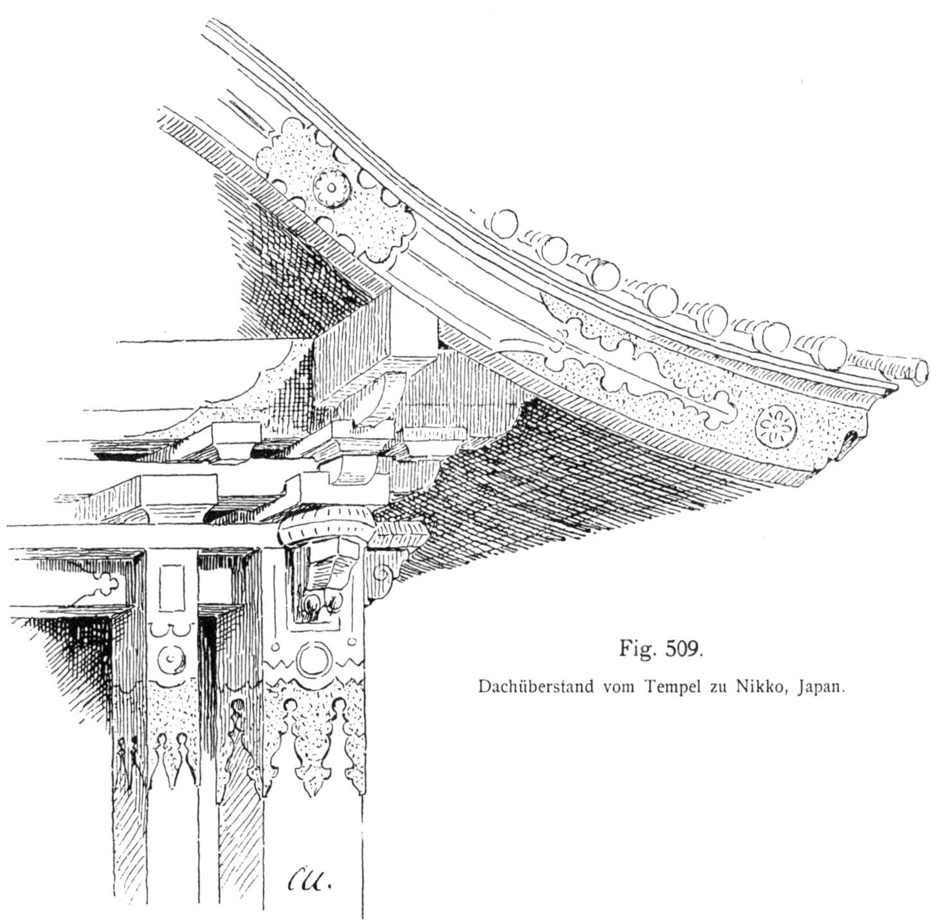

Fig. 509.
Dachüberstand vom Tempel zu Nikko, Japan.

und wirkt weiter auf den Kunstausdruck z. B. in der Innenausstattung, der Geländer u. s. w., sodass es geradezu stilbildend ist. Dies ist merkwürdig, da diese rechtwinkligen Konstruktionen durchaus nicht sehr fest zusammenhalten können.

Fig. 510.

Dachüberstand der Tennoji-Pagode in Osaka.

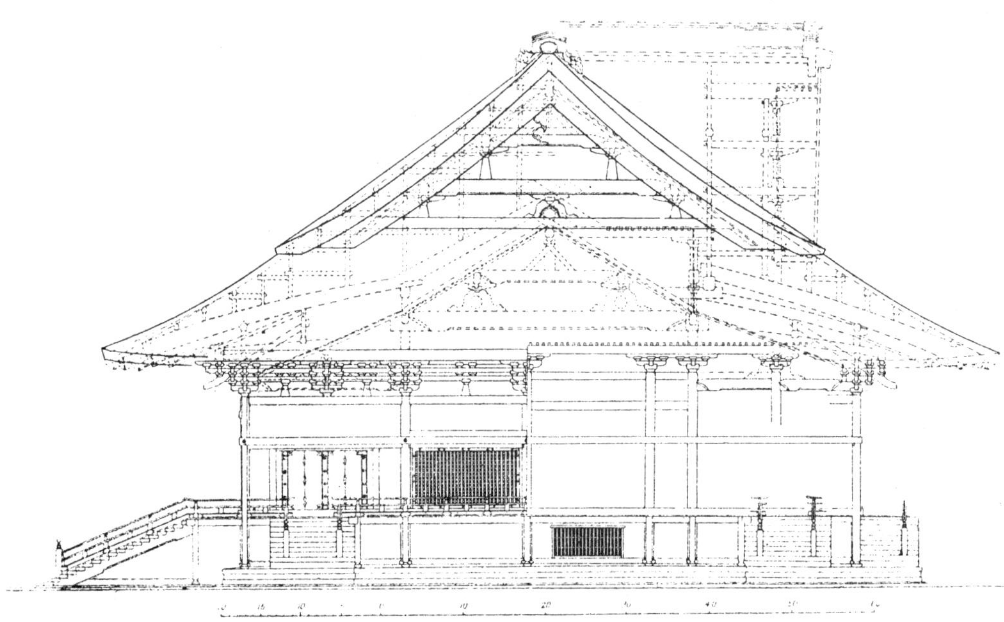

Fig. 511.

Ceremonienhalle im Palast von Kyoto; teils Schnitt, teils Ansicht Transactions etc. 1887.

Die Ständer stehen meist auf steinerner Untermauerung, Fig. 505, Tempel zu Nagasaki und sind durch Querriegel nach Bedarf verbunden.

Ein Dach von ungemein schwerer Konstruktion lastet auf luftigem Unterbau, Fig. 506, Tempel in Nikko.

Die Wände sind nicht mit Mauerwerk oder Bohlen gefüllt, sondern mit Brettern, Leisten, Gitterwerk oder verschiebbaren Läden aus Holz, ja Papier geschlossen, Fig. 507, Pagode in Osaka.

Die Ueberleitung des vertikalen Unterbaues in das Dach veranschaulichen Fig. 508 bis 511.

Fig. 512.

Tempel Miyo-Fin, Kanda Tohyo. Seitenansicht.

Die Verbindung der vertikalen Wand mit dem schräg aufgebogenen Dache wird vermittelt durch eine Reihe kurzer, in einander verkämmter Schwellen- und Rahmstücke, welche konsolenförmig nach vorn vortreten und das Gesperre tragen. Fig. 508.

Die konsolartigen Unterzüge sind in Fig. 510 sogar noch durch phantastische Tiergestalten ornamentiert oder, wie in Fig. 509, ihre Endigungen in reich ausgestatteten Blechhülsen eingeschlossen.

Die äussere Form des Daches ist eine geschweifte, welche nach oben steiler, nach unten flacher ausläuft, Fig. 511. Dieses Aufstülpen des Daches soll nach Fergusson den Zweck haben, die darunter befindlichen Räume besser beleuchten zu können. Jedenfalls ist diese Anordnung unkonstruktiv, da das Dach da am flachsten ist, wo sich das meiste Himmelswasser ansammelt und die Gefahr des Durchregnens somit vergrössert wird.

Die Giebelseiten sind wohl den analogen Stroh- und Schilfkonstruktionen nachgebildet — halb Walm, halb Giebel. Fig. 512.

Mehrstöckige Bauten kommen ausser bei den Pagoden kaum vor. Diese zeigen das von Indien her bekannte regelmässige Zurückweichen der Stockwerke, Fig. 507.

Die interessante Konstruktion können wir in Fig. 513 erkennen.

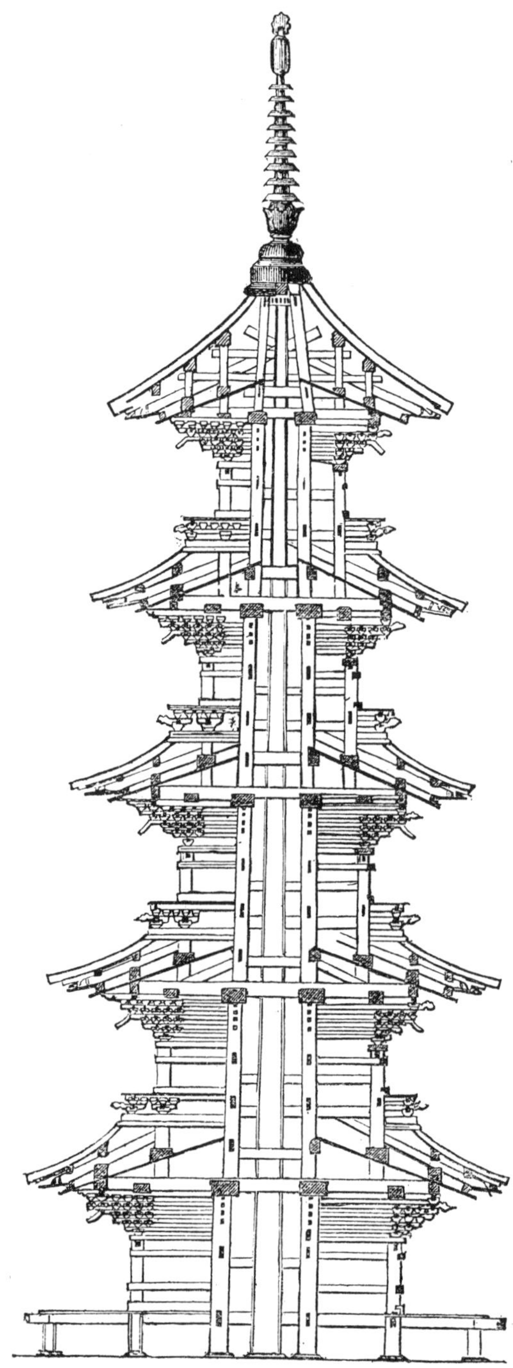

Fig. 513.

Konstruktion einer japanischen Pagode. Building News 1883.

In der Mitte derselben steht ein vertikal durchlaufender Stift, der Kaiserstiel. Um ihn bauen sich die vielstöckigen, vielfach horizontal geschichteten Hölzer auf. Der Kaiserstiel hängt ohne Fuss in der Mitte der Konstruktion, so dass er unten zunächst nicht aufsteht, sondern frei schwebt. Daher können sich die einzelnen Verbindungen senken und der ganze Turm sich strecken. Erst dann wird der Kaiserstiel durch Keile

Fig. 514.

Altarschrank im Tempel von Miyo-Jin-Ahagi. Transactions of British Architects 1883.

am Boden angetrieben und ins Lot gebracht, so dass das ganze Gebäude auf dem Mittelpfosten pendelt. Diese Konstruktion soll bei Wind und Erdbeben die Schwankungen mildern und die Holzverbindungen besser zusammenhalten.

Fig. 515. Der Shiba-Tempel in Tokio. [Globus 1889, pag. 290.

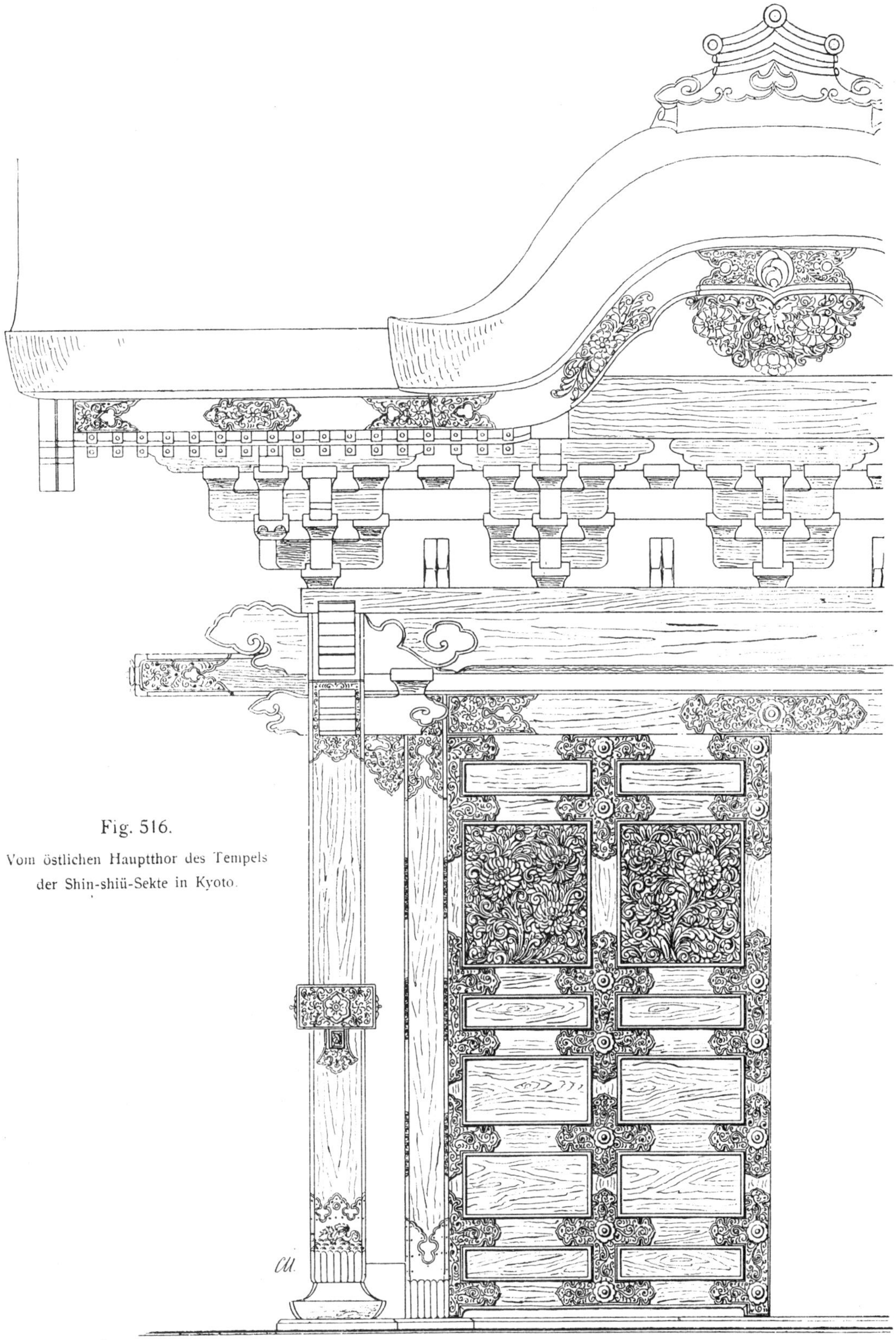

Fig. 516.
Vom östlichen Hauptthor des Tempels
der Shin-shiū-Sekte in Kyoto.

Merkwürdig, dass im Gegensatz hierzu die Konstruktion der einstöckigen Gebäude mit ihren Wänden ohne spreizende Streben, mit den wenig haltbaren Füllungen und den schweren Dächern so wenig solide gegen seitliche Schwankungen eingerichtet ist.

Es sind dies völlig eigentümliche, für die Holzkonstruktion charakteristische Formen.

Im allgemeinen herrscht das Bestreben, organisch zu schmücken, d. h. die Wirkung der Konstruktion künstlerisch zu heben. Daher treten die dünnen Wandfüllungen stets hinter den konstruktiv bedeutsamen Teilen zurück. Verschalungen, Verheimlichungen kommen nie vor. Wie wirksam ist daher das Gebälk von Fig. 514 und 515.

Freilich stört uns das reiche Ueberwuchern dekorativer Details da, wo sie zur Verdeutlichung der Konstruktion nicht weiter beitragen können und daher nur kleinlich wirken. Uebrigens ist dieses Detail selbst mit hervorragendem Geschmack gebildet.

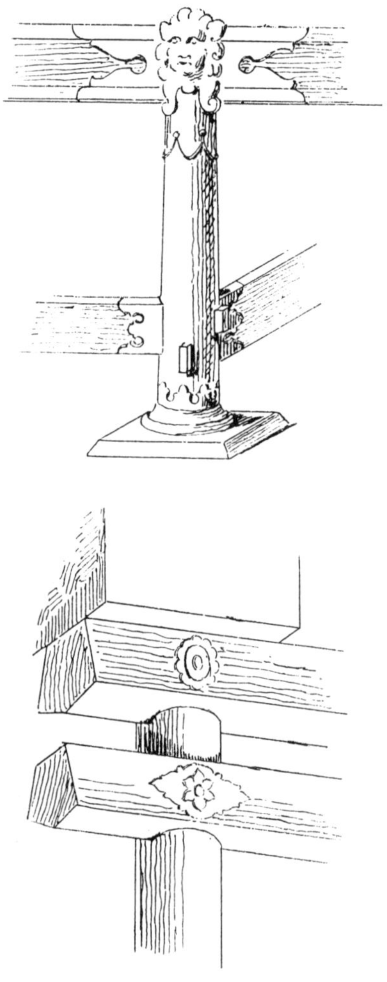

Fig. 517.

Japanische Details in Holz. Vom Tempel Nikko Yometmon.

Fig. 516 giebt ein charakteristisches Beispiel dafür.

Zur Würdigung dieser zierlichen Einzelheiten werden einige weitere Abbildungen dienen.

Auf Fig. 517 sehen wir einige durch Riegel verbundene Ständer.

Die Kopf- und Fussenden sämtlicher Hölzer stecken zum Schutz gegen Fäulnis in reich gearbeiteten Bronzekapseln, die ihrerseits die Zapfenverbindungen des Holzes künstlerisch fein hervorheben.

Aehnlichen Bronzebeschlag zeigen die Kreuzungen der Deckbalken auf Fig. 518.

Auch auf Fig. 516 sehen wir eine Thür mit entsprechend beschlagenem Bronzerahmenwerk und reich geschnitzter hölzerner Füllung (Chrysanthemen).

Fig. 518. Teil einer Holzdecke im Gedächtnistempel zu Uyeno bei Tokio.

Fig. 519.

Dach vom Shinto-Tempel zu Nikko, Japan.

Fig. 520.

Holzsäule mit Gebälk in einem japanischen Tempel.

Fig 521. zeigt das Innere eines teilweise offenen Dachstuhles; jedes einzelne Glied der ausgebildeten Konstruktion ist seiner Funktion entsprechend eigenartig verziert. Eine eigentliche Profilbildung aber, wie diese im Abendlande, wenn auch im Anschluss an den Steinbau, sich entwickelt hat, kennt der Japaner nicht. Er erreicht den Reichtum des künstlerischen Schmuckes durch das Hervorheben der Konstruktion, durch Zuhilfenahme eines anderen Materials, des Metalls und durch die Farbe.

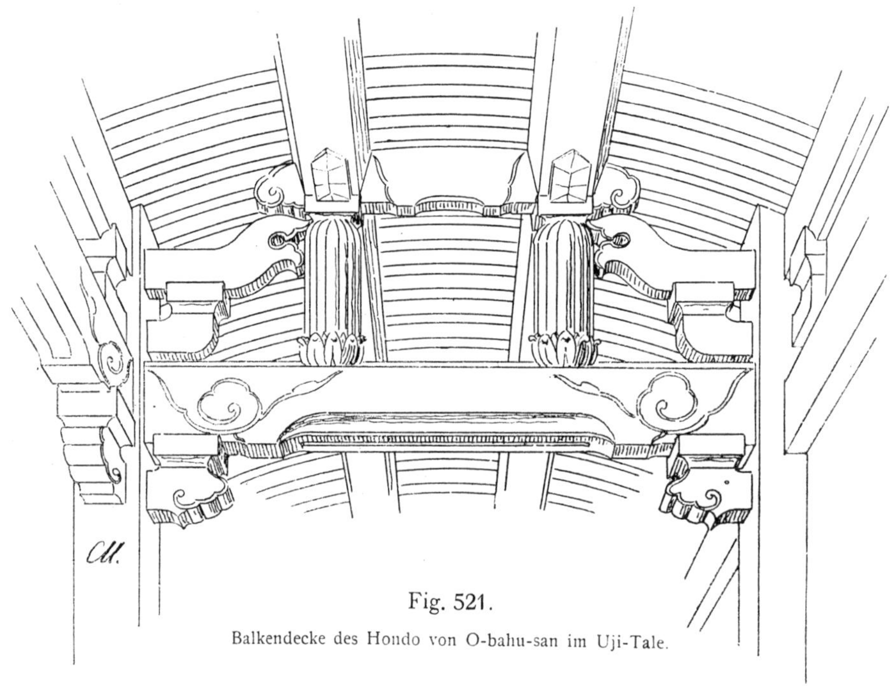

Fig. 521.
Balkendecke des Hondo von O-bahu-san im Uji-Tale.

Zu wirklich monumentaler Wirkung können alle diese Bauten nicht kommen. Daran hindert sie besonders die wegen der Erdbebengefahr stets nur einstöckige Anlage und die zu reiche Ausschmückung des Details, welche die Einheit der Holzverbindungen notwendig stören musste. Denn obgleich die Zierate mit richtigem Verständnis angebracht sind, hat man sie doch gegenüber der Wirkung des Ganzen zu sehr hervortreten lassen.

Der Holzbau hat überhaupt nicht die Fähigkeit, im grossen Stil monumental zu wirken, wie der Steinbau es vermag. Es mag das wohl zusammenhängen mit der konstruktiven Notwendigkeit, die Konstruktionselemente jedes einzeln für sich zu belassen und zur Geltung zu bringen, dadurch aber das Bauwerk in kleine Einzelheiten aufzulösen. Der Stein- und besonders der Quaderbau vereinigt dagegen durch das Gefüge die einzelnen Steine zu grossen Massen und wirkt durch diese in monumentaler Richtung. Aehnliches ist zu bemerken an der abendländischen Holzarchitektur, bei der jedoch infolge des Einflusses der Steinbauten eine klarere Gliederung der architektonischen Konstruktion eintrat.

Kap. XVIII.

## Yucatan.

Anhangsweise wollen wir einige alte, mittelamerikanische Monumente betrachten, bei denen wir ebenfalls eine Uebereinstimmung mit unseren bisherigen Betrachtungen antreffen.

Fig. 522. Tempelpalast Sayit, Yucatan. Globus 1895, pag. 259.

Wir haben es mit noch recht wenig entwickelten Bauten zu thun, die mit Skulpturen überladen sind und im wesentlichen aus Stein bestehen. Der Schmuck hat sich noch nicht von seinem Vorbilde — auch hier Gewebe und Holz — befreit und die Steintechnik scheint noch nicht über ein Mauerwerk in horizontalen Schichten hinausgegangen zu sein.

Einfachste rohe, aber richtig empfundene Elemente zeigt Fig. 522.

Die schweren Säulenschäfte mit leichter Ausbauchung und mit Abakus sind durchaus steinern gedacht.

Die dicht nebeneinanderstehenden, eine Wand bildenden dünnen Trommeln sind dagegen Nachbildungen zusammengestellter Rundhölzer.

Fig. 523

Aus den Ruinen von Uamal Yucatan. Globus 1863, Bd. 4, pag. 129.

Das Gebälk über den Säulen zeigt eine primitive, aber den europäischen Formen analoge Vorstufe, zunächst einen Architravbalken und darüber ein vorspringendes wuchtiges Gesimse. Letzteres ist zusammengesetzt aus einer Reihung von runden Klötzen, welche von zwei breiten Gurten eingefasst sind. Die Ornamente des Oberbaues gehen auf Holzverbindungen und deren Ausschmückung zurück.

Andere vielfach vorkommende Wandverzierungen bilden Gitterwerke und ähnliche eckige Linienornamente, die ebenfalls hölzerne oder gewebte Vorbilder erkennen lassen. Fig. 523.

Fig. 524 bringt Bauten mit verwandten Ornamenten, darunter ein mäanderähnliches Motiv und oben als Abschluss ein um einen Stab fortlaufendes Bandornament.

Wie spielend Vorbilder in widerstrebendem Material nachgeahmt wurden, beweist die Treppe in Fig. 525 — ein unten aufgerollter Teppich!

Fig. 524 Von einer Hausthür im Palast des Gouverneurs in Usemal. Globus 1884

Fig. 525. Treppe und Inneres des Palastes von Kabats. Globus 1884.

Amerika steht bei seinen alten Bauten noch ganz und gar in den Anfängen — jeder Versuch einer belebenden, die harten Uebergänge vermittelnden Profilbildung fehlt.

Fig. 526. Basrelief aus einem Saale des Flachtlihauses. Globus 1884, pag. 373.

Alle diese Formen sind die gleichen Urelemente der Kunst. Sie kehren überall und zu allen Zeiten wieder, wo im Volk seine Kunstübung beginnt oder auf eine niedere Stufe zurücksinkt.

## Einschlägige Litteratur.


Viollet-le-Duc, Dictionnaire raisonné de l'architecture.
Kunstdenkmäler, die, der Rheinprovinz.
Transactions of the Royal institute of British Architects.
Dollmann and Jobbins, Analysis of ancient domestic architecture of Great-Britain.
Palustre, La renaissance en France.
Lachner, Geschichte der Holzbaukunst in Deutschland.
The Building News 1883.
Strassburg und seine Bauten.
Paulus, die Kunst- und Altertumsdenkmäler im Königreich Württemberg.
Die Baudenkmäler in Frankfurt a. M.
Fergusson, J, the palaces of Niniveh and Persepolis.
Pugins, Details of ancient Timber houses.
Fergusson, the Parthenon.
Simpson, W., Architecture in the Himalayas.
Bebenhausen, die Cisterzienser Abtei.
Encyclopedie d'architecture 1878.
Gailhabaud, l'architecture du V au XVII siècle et les arts qui en dépendent Tom III.
Allgemeine Bauzeitung 1888.
Zeitschrift für Bauwesen 1894.
Gladbach, der Schweizer Holzstil.
Vivian, G., Scenery of Portugal and Spain.
Klenze, Sammlung architektonischer Entwürfe.
Schinkel, Entwürfe zu einem Königspalast auf der Akropolis zu Athen.
Gurlitt, die Baukunst Frankreichs
Raguenet, Petits édifices historiques vol. 1—4.
Uhde, Baudenkmäler in Spanien und Portugal.
Uhde, Baudenkmäler in Grossbritannien.